国家自然科学基金项目(52374219)资助
山东省自然科学基金面上项目(ZR2023ME115)资助
山东省高等学校青年创新团队支持计划项目(2023KJ086)资助
矿山安全高效开采安徽省高校工程技术研究中心开放课题(SECM2202)资助
新疆煤炭资源绿色开采教育部重点实验室开放课题(KLXGY-KB2501)资助

煤自燃过程中声波效应及其监测预警技术

孔 彪 陆 伟 胡相明 张 斌◎著

中国矿业大学出版社
·徐州·

内容提要

煤自燃是严重威胁我国煤矿安全生产的主要灾害之一，高效的监测预警煤自然发火符合国家安全生产的重大需求。本书基于声学测温技术的应用场景广、实时连续性强等优势，进行煤自燃过程中声波效应及前兆特征研究，理论分析了煤岩热损伤破裂演化过程、声波传输特征，研究了煤升温及燃烧过程中次声波、声发射和声波声速的时序、空间和非线性特征，揭示了煤自燃过程中声波信号产生机制，提出了煤自燃过程中声波探测预警方法和技术。

本书可作为煤矿生产、建设、科研、设计和工程技术管理人员学习参考书，也可作为普通高等学校安全工程、采矿工程等专业的教学用书。

图书在版编目(CIP)数据

煤自燃过程中声波效应及其监测预警技术 / 孔彪等著. — 徐州 ：中国矿业大学出版社，2025. 2. — ISBN 978-7-5646-6661-3

Ⅰ. TD75

中国国家版本馆 CIP 数据核字第 202555F01Y 号

书　　名　煤自燃过程中声波效应及其监测预警技术

著　　者　孔　彪　陆　伟　胡相明　张　斌

责任编辑　黄本斌

出版发行　中国矿业大学出版社有限责任公司

（江苏省徐州市解放南路　邮编 221008）

营销热线　(0516)83885370　83884103

出版服务　(0516)83995789　83884920

网　　址　http://www.cumtp.com　**E-mail**:cumtpvip@cumtp.com

印　　刷　苏州市古得堡数码印刷有限公司

开　　本　787 mm×1092 mm　1/16　**印张** 10.5　**字数** 269 千字

版次印次　2025 年 2 月第 1 版　2025 年 2 月第 1 次印刷

定　　价　46.00 元

（图书出现印装质量问题，本社负责调换）

前　言

煤炭是我们国家的基础能源和重要的工业原料，但是在煤炭开采、储存过程中煤的自然发火问题十分突出，且煤自燃极易引起瓦斯爆炸、矿井塌陷等二次灾害，不仅造成大量的资源浪费、经济损失和环境破坏，还严重制约煤矿的安全生产和绿色发展。由于煤自燃蓄热期时间不定、发火地点隐蔽、发火前兆不明显，在明火燃烧前很难被直接监测。现阶段，虽然针对不同的使用环境和要求，煤自燃监测方法不断被优化完善，但井下环境复杂，干扰信息较多，导致探测信息反演的准确性容易受到较大影响。

本书从声学测温技术原理及应用延伸，借助声波技术能够直观反演煤岩体内部裂隙演化过程，分析煤岩体损伤过程产生的声波信号以及包含的大量变形破裂的前兆信息，表征煤岩体损伤破坏的演化过程，为利用煤矿井下地音、微震进行灾害预警奠定理论基础。然后，建立了多种尺寸的煤自燃声波信息测试系统，对煤自燃过程中产生的声波信号和主动源声波信号变化情况展开研究；分析声波信号多个参数，对煤自燃过程中声波信号的时序特征、空间特征、非线性特征及频谱变化等进行实验分析。最后，基于声波技术对松散煤体升温过程中高温区域进行反演重建及误差分析，通过重构的二维声速场反映松散煤体温度场的分布规律，形成了较为全面的声波信号监测煤温异常情况的逻辑思路和应用方法。

本书结合新疆大泉湖火区煤田高温异常区声电前兆信号及其规律的综合分析，利用声电信号对高温异常区域煤温进行预测预判，实现煤田高温异常区域的温度变化监测。本书的研究成果为煤田高温异常区域的联合监测预警提供了一定的理论支撑，为精确判定高温异常区域提供了依据，对于煤矿采空区遗煤自燃、煤田自燃及其他隐蔽火源的早期监测预警和精准防治都具有极为重要的现实意义和应用价值。

在撰写本书过程中，研究生高李阳、庄则栋、张晓颖、时林超、孙晓磊、李加辉、刘纪凡等做了相关研究工作，研究生钟建辉、冯新、郑永超、朱思想、牛思雨、赵延阳、万会锦等做了编辑工作。

本书的出版得到了国家自然科学基金项目(52374219)、山东省自然科学基金面上项目(ZR2023ME115)、山东省高等学校青年创新团队支持计划项目(2023KJ086)、矿山安全高效开采安徽省高校工程技术研究中心开放课题(SECM2202)、新疆煤炭资源绿色开采教育部重点实验室开放课题(KLXGY-KB2501)的资助,以及山东科技大学各级领导和同事的鼓励和支持,在此一并表达诚挚的谢意。

在撰写本书过程中,兄弟院校的同仁提出了很多宝贵意见,谨向他们表示衷心的感谢。最后,特别向中国矿业大学出版社的领导和编辑为本书的出版给予的支持和帮助表示诚挚的谢意。

目 录

变量注释表

变量	注释
c	声波在理想细圆管中的传播速度，m/s
c_0	声波在相同温度与压力下自由声场中的速度，m/s
a	理想细圆管半径，m
η	切向黏性系数，Pa·s
ρ_0	理想细圆管中介质的静态密度，kg/m^3
ω	质点振动的角速度，rad/s
f	声波频率，Hz
η_e	考虑热交换时的切向黏性系数，Pa·s
γ	介质的比热比，无量纲
κ	介质的热传导率，W/(m·K)
c_p	介质的比定压热容，J/(kg·K)
v	气体运动黏滞系数，无量纲
F	复合热力学系数，无量纲
τ	弯曲系数，即声波传播距离与传感器距离之比，无量纲
c_1	测试所得声速，传感器距离与声时的比值，m/s
V	相对压力下吸附的氮气量，cm^3/g
V_m	单分子最大氮气吸附量，cm^3/g
C	常数，无量纲
p	气体吸附平衡压力，MPa
p_0	饱和蒸气压，MPa
A	双对数曲线的斜率，无量纲
D_1	高压段分形维数，即孔隙结构分形维数，无量纲
D_2	低压段分形维数，即孔隙表面分形维数，无量纲
d	平行板的间距，m
ΔC	d 发生变化时电容的变化，F
ε	介电介质的常数，F/m
k	静电力常数，无量纲
S	平行板的面积，m^2

续表

变量	注释
RA	信号的上升时间与最大振幅之比,ms/V
AF	声发射信号振铃计数与声发射撞击的持续时间之比,kHz
b	反映岩石破裂过程的一个参数,无量纲
A	声发射的最大振幅,dB
$A_{\min}$	每个时间窗口声发射事件的最小幅度,dB
X_i	时间序列,无量纲
$\tau(q)$	质量指数,无量纲
α	奇异指数,无量纲
$f(\alpha)$	α表示的子集在整个子集集合中出现的概率,无量纲
$\gamma(l)$	半变异函数值,无量纲
λ_i	权重系数,无量纲
N, n	采样点,个
E_{A}	声波信号的总能量,J
P_{ij}	声波信号的总能量占比,无量纲
β	噪声强度,dB
R	气体常数,通常为 8.314 J/(mol·K)
T	热力学绝对温度,K
m	气体分子量,kg/mol
Z	给定气体的常数,无量纲
t	时间,s

第一章　煤自燃火灾探测预警技术概述

第一节　煤自燃火灾的现状

我国煤炭资源储存量大，是我国主要能源之一。据《世界能源统计年鉴 2024》，与2022 年相比，2023 年全球煤炭产量增长了 3.1%，首次突破 90 亿 t，达到历史新高[1]。国家统计局发布的《中华人民共和国 2023 年国民经济和社会发展统计公报》显示，2023 年我国能源消费总量为 57.2 亿 t 标准煤，比上年增长 5.7%。煤炭消费量增长5.6%，原油消费量增长 9.1%，天然气消费量增长 7.2%，电力消费量增长 6.7%，但煤炭消费量占能源消费总量比重仍为 55.3%[2]，就目前来看煤炭仍是我国能源安全的压舱石。2012—2023 年我国煤炭产量及 2023 年一次能源消费占比如图 1-1 所示。

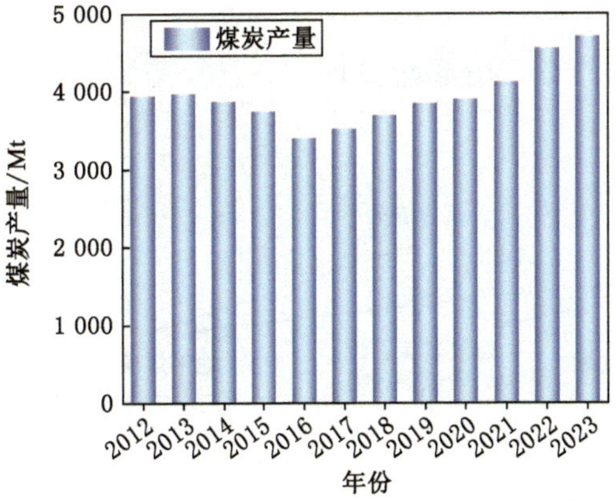

(a) 2012—2023年我国煤炭产量

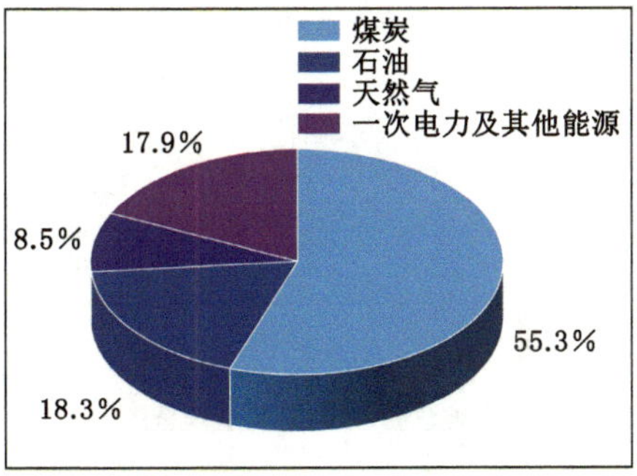

(b) 2023年我国一次能源消费占比

图 1-1　2012—2023 年我国煤炭产量及 2023 年一次能源消费占比[3]

目前世界各主要产煤国家的煤矿安全状况都有不同程度的改善，事故死亡人数不断降低。美国、南非等国的采矿业已成为本国比较安全的行业之一。近 10 年来，尽管我国煤炭安全形势不断好转，但煤炭百万吨死亡率与美国、澳大利亚等国的相比仍存在较大差距。从资源开采来说，目前煤炭最大开采深度已达 1 500 m，地热开采深度超过 3 000 m，未来深部资源开采将成为常态。随着开采深度的日益增大，深部矿井的数量不断增加[4]。未来 10 年，我国多地煤矿将全面进入深部开采阶段，在深部高地应力、高地温、高瓦斯等环境下，矿井灾害显现越来越频繁，如冲击地压、煤与瓦斯突出、矿井突水、巷道围岩大变形等，会使煤岩破碎量增大，为自然发火提供了蓄热条件，易增大矿井火灾的危险性[5]。

我国是矿井火灾最严重的国家，56%以上的煤层具有自燃倾向性，全国重点煤矿易自燃煤层占 55%，每年因煤田火灾而烧损煤量达 2 000 万 t。西部地区浅埋易燃煤层，因埋深浅、开采强度大、综放采空区遗煤多、漏风供氧充分等原因，更易引起热量积聚和遗煤自燃。现已经查明全国正在燃烧的煤田火区共有 56 处，总面积 720 km^2，呈东西向分布，燃烧强度自东向西逐渐增强，主要集中分布在新疆、宁夏、内蒙古、甘肃、青海、陕西、山西等省（自治区）。另外，四川叙水、福建龙岩、湖南怀化等地也出现了新的煤田火区[6-7]。

煤矿火灾造成的危害是多方面的，煤自燃火灾的发生和发展会烧毁大量的煤炭资源，产生大量的有毒有害气体和高温烟流，危害井下工作人员的生命安全和污染环境。大量 H_2S、CO 等气体还会诱发瓦斯煤尘爆炸事故；煤火燃烧形成地下空洞，导致地表沉陷与坍塌，直接威胁地表居民区的基础设施与生产生活的安全；煤火的发生还引发了植被退化、土地退化、水体污染、生态环境破坏等问题。实现煤自燃的高效防治符合我国“碳达峰、碳中和”的战略目标，对早日实现“双碳”目标具有重要的推动作用。

第二节　煤自燃火灾分类及机理

一、煤自燃火灾分类

国内外对于煤炭自燃火灾的定义有多种，根据火灾的成因和形成条件，其类型主要有矿井煤自燃、煤田自燃火灾、地面储煤堆自燃和煤矸石山自燃，如图 1-2 所示。

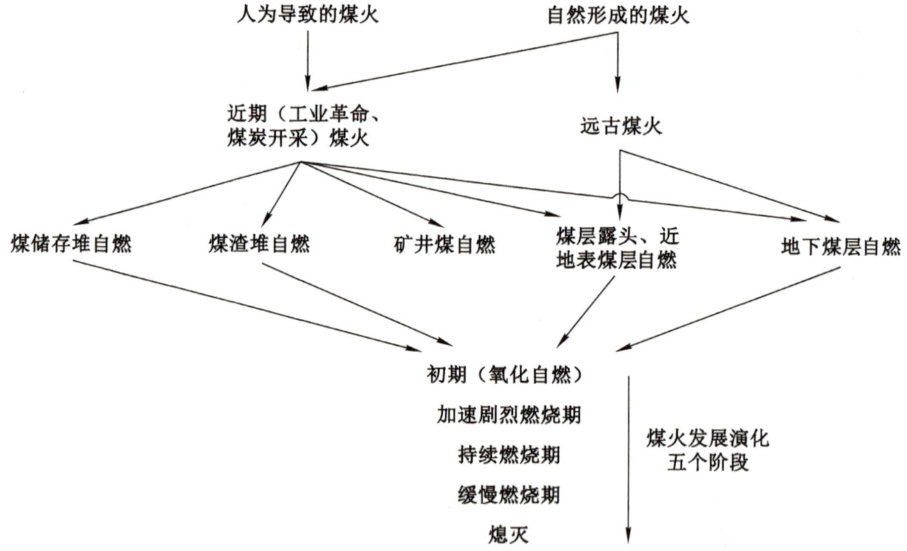

图 1-2　煤自燃火灾的分类

（1）矿井煤自燃。矿井煤自燃具有如下特点：火源点隐蔽，通常相对位置较高，呈立体分布；松散煤体蓄热性好，热量不易散失；能低温贫氧氧化，且温度越高，反应速度越快，放热量越多；由温差产生气体热力循环，自然对流自供氧；窒息灭火周期长，灭后易复燃；产生有毒有害气体等特点[8-9]。

（2）煤田自燃火灾。不同于矿井煤自燃，煤田自燃火灾是发生在相对开放空间、依靠空气-烟气温度差引起的密度差导致自热循环为供氧动力的大面积的煤炭燃烧。地下煤田自燃火灾的定义：在自然条件下，赋存于地下的煤体与空气接触后发生一系列化学反应，从氧化自燃到剧烈燃烧后形成一定规模，并对环境产生一定影响的煤自燃现象。有研究将煤火定义为一切发生在煤体内部的火灾，包括煤自燃火灾（地下煤田自燃火灾和煤层露头自燃）、煤堆自燃、采空区自燃等。

煤田自燃火灾特点：燃烧时间长、范围大、位置难确定，降温困难，易复燃，灭火工程的实施较困难；煤层露头风化破碎和煤体烧成灰烬产生大量空洞，以及上覆岩层受高温烘烤，其强度降低，导致地表塌陷，形成的裂隙漏风通道复杂，堵漏风难；煤岩体温度升高形成的热力风压，火区进、回风侧气体浓度差，以及边坡的风压差，导致火区漏风增大，供氧充分，燃烧动力强，促使煤火不断向纵深快速发展蔓延；煤田露头周边小窑数量多，采煤活动几乎波及全部煤田的浅部，情况复杂，采动区域与火区交融在一起，为火区快速蔓延提供了条件[10-11]。

(3) 地面储煤堆自燃。煤在露天堆放过程中会与空气中的氧气发生反应，放出热量，在煤堆的某些特殊位置处，煤氧复合作用放出的热量大于其向外部环境放出的热量，煤的温度就会逐渐升高，最终演化为自燃[12]。煤堆自燃时，开始是看到烟雾的，火源是从煤堆内部燃烧到煤堆表面。由于煤堆暴露在空气中，燃烧供氧充分，经过不断积蓄热量，可以很快出现明火，蔓延开来，煤堆自然发火地点并不在煤堆表面和底部，而在煤堆内部。煤堆自燃并不是发生在煤堆内的某一固定层，往往其着火点是在堆内的粉煤中[13]。因粉煤单位体积的表面积大，易被氧化，而混煤堆中块煤间的空隙较大，容易进入空气，对粉煤进行充分氧化。

(4) 煤矸石山自燃。煤矸石山自燃是堆置的煤矸石中可燃成分在自然条件下氧化发热达到燃点发生燃烧的现象。煤矸石山发生自燃须具备以下条件：① 煤矸石具有自燃倾向性；② 有连续的氧气供给；③ 有热量积聚的环境；④ 以上条件应维持足够时间以达到自燃点[14]。

煤矸石山自燃具有两个特征：① 煤矸石山的自燃取决于供氧条件，而矸石山内部利于氧化热积聚，燃烧一般从矸石山内部先开始。② 煤矸石在开始自燃时，通过孔隙和孔道输送空气的速度较缓慢，且孔隙和孔道容积较小，故可燃物不能与氧充分化合反应。煤矸石燃烧是在供氧不足的情况下进行的，其属于不完全燃烧[15]。

二、煤自燃机理研究现状

煤自燃机理从 17 世纪最早出现的黄铁矿作用学说以来，陆续又出现了细菌导因学说、酚基导因学说以及煤氧复合理论[16]，如图 1-3 所示。目前在学术界中煤氧复合理论被普遍接受，但是煤氧复合理论真正的反应机理还没有被真正了解[17]。20 世纪 90 年代之后，学者们又陆续提出了一些更加具体的学说。1990 年，Дрхимнаук 等首次向外界提出电化学学说，主要与煤中存在的 Fe^{2+} 和 Fe^{3+} 有关，当煤与氧气发生氧化还原反应时，变价的铁离子对反应起到了催化作用，加速了煤的活化，从而加速了煤氧反应，促进自燃[18]。

1996 年，中国矿业大学李增华提出了自由基学说，该理论认为煤在被破坏时内部必然会发生破碎并造成煤分子中共价键的断裂，这一过程会产生大量的自由基，这些自由基大量分布在裂纹表面和破碎面，促进了煤自燃[19]。1998 年，D. Lopez 等提出了氢原子作用学说，他们认为在煤氧化初期，氢原子在煤中各个基团之间的活动增强了这些基团的活性，对煤自

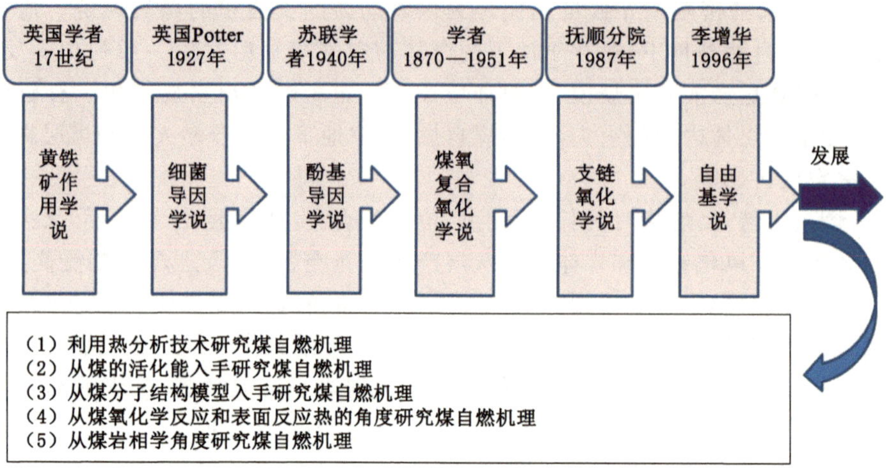

图 1-3　煤自燃机理

燃起到了促进作用[20]。1999 年，H. Wang 等认为煤中存在树状的孔隙结构，这些树状结构能够使煤的内部颗粒同样可以与外界接触，使得煤中的各个基团可以与氧气充分反应，因此提出了基团作用学说[21]。

随着煤自燃事故的频发，学者们在前人理论的基础之上通过多种方法以及更加先进的实验手段对煤的自燃机理做了进一步的研究，丰富了煤自燃机理。2001 年，徐精彩认为煤自燃是煤氧化放热引起的，可以通过测定放热强度、指标气体浓度等参数推算煤自燃的极限参数，并划定煤自燃的危险区域[22]。2007 年，陆伟等对煤自燃过程进行了动力学分析，提出了煤自燃逐步自活化反应理论，发现煤中不同的官能团的化学活性不同，发生反应需要的能量也不同。在煤氧化初期，活化能较低的官能团首先发生反应释放能量，释放的能量进一步激发活化能更高的基团参与反应，并释放出更多的能量，这个过程反复循环，煤中的官能团最终均会被激活并发生自燃[23]。2013 年，谭波等利用数学方法建立了一种煤自燃模型，该模型分析了煤自燃极限特征参数以及热传导的影响，得到了多种条件下煤放热与温度的对应关系，提出了煤自燃温度场理论[24]。2014 年，在煤自燃理论的基础上，邓军等对煤自燃的氧化过程的动力学参数以及官能团的变化规律进行了分析，得到了煤自燃过程中活性基团的氧化放热机制，并从微观上解释了煤氧复合反应，进一步结合现场经验提出了煤田火灾防治理论，并针对煤矿生产提出了相关的防治措施[25]。

第三节　煤自燃预警及探测技术

煤自燃的形成与发展过程是自发、缓慢且动态变化的，随着温度的持续上升，煤氧复合反应有加快的趋势，越是到了反应后期，其反应速度和煤体升温速度就变得更快，这就造成了煤自然发火的预防和控制变得更加困难，因此煤自燃的有效预防和控制最重要的是实现对煤自燃的早期精准预警[26]。由于采空区存在漏风，使得采空区中的松散煤体长期暴露在有氧的环境下，采空区松散煤体着火危险性增加也是显而易见的。但煤矿井下煤自燃的地点通常比较隐蔽，在煤自燃蓄热阶段特征并不明显，很难被直观监测到，即使出现煤自燃的征兆或者已经发生煤自燃，也很难定位煤自燃的准确着火地点[27]。所以，准确测量采空区内的煤自燃范围和煤自燃危险区域的实时温度，对于采空区煤自燃和其他地下隐蔽火源的早期预警和精确防治有着重大的实际意义[28]。煤层自燃的研究主要从煤层自燃机理、煤层自燃预测预警、煤层自燃火灾探测、煤层自燃火灾防治等方面展开[29]。

一、煤自燃预警技术

煤自燃预警的主要方法是测温法和气体法。其中，测温法是目前国内外应用最为广泛的一种方法，根据探测地点的不同可分为地面探测和井下探测，具体的探测方式主要包括红外测温法以及光纤测温法[30]。程卫民等通过采空区埋设热电偶、布置分布式光纤测温系统等对煤自燃隐蔽火源进行了探测[31]。王省身等通过研究采用钻探测温、红外测温以及光纤测温等方式进行了煤自燃温度的测试及分析[32]。

(1) 红外检测法主要是利用红外热成像仪对煤体表面的温度进行分析，该方法具有简单、快捷等优点，被广泛应用于煤矿企业[33]。研究表明，虽然红外测温法在测试煤堆、煤壁、煤柱时有良好的效果，但是只能感知物体表面的温度且中间不能有任何的遮挡，因此并不能对巷道内和采空区中遗煤的发火进行监测[34]。

(2) 光纤测温技术在英美等国研究较早，我国在 20 世纪 80 年代才开始研究。其原理是光在光纤中的传播与温度有着良好的相关性，通过解调传输的信号光可以获得监测区域的温度信息[35]。该技术结合光纤的高速传输能力和传感特性，仅需要一根光纤就能实现整个监测区域内的温度采集和传输。相比一般的温度传感器，光纤测温能够准确地探测温度的变化，具有灵敏、精准、耐高温、耐腐蚀等优点。但是光纤测温技术存在成本较高、铺设困难且强度较低易损坏等缺点[36]。

温度是煤自燃最直观的测试指标，测温法精确度较高，但是受煤体导热性差的影响，测温法的测试区域受限问题需要进一步解决。

气体法是利用标志性气体(CO、CO_2、C_2H_4等)的产生量来判断煤自燃的状态，根据煤体在不同温度时产生气体成分和浓度的变化，判定煤体温度和高温异常区域的范围。周心权、邓军等对煤氧化升温指标气体进行测试分析，采用仪器或束管监测系统检测煤自燃升温释放的气体，判定煤自燃现场危险程度，实现煤自燃的预测预警[37-38]。A. Adamus 等采用气体分析法对火灾进行了预测预报研究，气体法对煤自燃判断准确，并应用广泛，已形成了单一指标和复合指标的预测预报方法及体系[39]。

由于测试原理不同，气体法还分为直接测试法与间接测试法两种。

(1) 直接测试法就是通过采集分析煤自燃指标气体判断探测区域的发火危险程度。煤是一种大分子有机物，自燃过程中内部会发生复杂的物理化学反应，并释放出 CO、CO_2、C_2H_4等一系列的气体，这些气体在煤自燃的不同阶段的浓度、产生速率等具有明显差异，与温度有良好的对应性[40]。通过分析这些气体的浓度变化，对煤自燃的发生发展状况进行判定。指标气体的采样方法主要有人工采集、传感器监测、束管监测等。人工采集就是将采集点的气体人工采集到地面，并借助气相色谱仪等仪器进行分析。传感器监测是通过布置在井下的大量气体传感器将不同组分的气体浓度参数进行采集并传输到地面。束管监测是利用气泵把监测区域内的气体输送到地面然后检测气体组分，能够连续采集气体[41-42]。

(2) 另一种气体探测法是将一些在常温下稳定而高温时热解的气体注入采空区，如 SF_6，然后在采样点检测气体成分的变化从而间接分析判断采空区内隐患区域的温度[43]。其中测氡法就是一种间接判断煤自燃的方法，通过专用的设备对煤层中氡气的释放量进行测试，从而分析测试区域的温度分布，判断煤自燃的发展状况。目前，测氡法在理论上可以探测地下 800～1 200 m 的深度范围，在矿井中已有广泛的应用[44]。刘洪福研究了煤田火灾氡气的变化规律，确定了氡气浓度与温度的相关性[45]。作者所在课题组通过同位素测氡法实现了东滩煤矿高温异常区域的圈定。虽然测氡法具有操作简单、成本低和不受地形限制的优势，但存在精度低、易受地质条件和气候条件的影响等不足，导致火源定位存在较大的误差。

近年来，学者借助数学理论和计算机等技术，对煤自燃预警指标和技术进行了深入研究，取得了长足进步。文虎结合煤自燃各阶段的气体表征参数突变特征和量化对应关系，确定煤自燃灾害六级预警指标气体阈值[46]。郭庆等归纳了不同标志气体的初现温度、拐点温度的统计学特征，构建了煤自燃预警系统，进行了煤自燃危险阶段划分[47]。赵晓虎等以煤矿采空区自然发火预警为背景，采用 TDLAS（可调谐半导体激光吸收光谱）技术设计了一套高集成度的多气体在线检测系统，用于监测采空区煤自燃指标气体浓度[48]。邓军等基于多源信息融合技术，集成了煤矿安全监控系统、火灾束管监测系统、无线自组网温度监测系统和分布式光纤温度监测系统的指标数据，建立了矿井火灾多源信息融合预警系统[49]。

二、煤自燃探测技术

煤自燃火灾探测是根据煤自燃升温及燃烧改变了煤岩体的物理化学（磁场、电场、光场和热场）特征，从而采取相应方法进行隐蔽火源探测[50]。目前，煤自燃火灾的探测技术分为直接调查法、钻探法、物探法和化探法[51]。

直接调查法是通过实地走访疑似的地下煤火区，根据实际测量来确定煤自燃隐蔽火区[52]；钻探法通过钻探取芯分析，获取煤岩体温度、CO 浓度及煤岩体的物理化学参数，进而确定煤层所处状态[53]。地面调查和钻探方法费时费力，局限性大，其主要作为物探和化探的前期准备和后期验证。

磁法勘探简称磁法，是通过勘探探测对象与围岩的磁性差异导致的局部磁异常现象，并在此基础上分析探测对象的某种规律的地球物理方法。煤自燃过程中的温度变化会使围岩的磁场发生变化，通过测试磁场的变化数据进行火区反演，能够得到煤自燃火区的空间分布，且磁法具有操作简单、数据便于处理、可靠性高的优点，因此被广泛应用于煤田火灾的探测[54]。

煤层自燃时，高温烘烤后的上覆岩石的磁性随自燃温度升高而增强，在地面通过磁力仪探测火区的剩余磁化强度，可以确定煤层从燃烧中心到熄灭降温带的范围。张秀山对煤岩燃烧磁性特征进行研究，使用磁法探测圈定煤田火区，进行了地下煤火的现场测试[55]。R. Sternberg 等证明了自燃火区的烧变岩改变了自身的磁场特征，F. K. Bandelow 等进一步指出磁法是煤自燃火区探测的有效方法[56-57]。在此基础上，G. Schaumann 等通过磁法成功圈定了不同煤田的火区范围，进一步证明了磁法探测火区的可行性[58]。磁法的研究较早，但是已有研究缺乏煤自燃过程中磁异常的原因、机理分析和时空演变特征，且磁法只对高温火区产生明显的响应，无法实现煤自燃火区的超前预警，存在一定的局限性。

煤自燃火灾的发生，不仅会导致火区周围温度场的改变，在高温作用下，火区周围的电性特征、磁场、电场等物理化学参数都会发生改变。随着煤自燃过程的进行，水分蒸发，煤体发生损伤破坏，高温异常区域的电阻率和电位也会发生变化。陈龙采集了汝箕沟煤自燃火区的自然电位信号，并采用自然电位法确定了新疆和什托洛盖的火区范围[59]。卢放等在煤矿底层和地质构造的基础上研究了自然电位等地球物理特征，并进行钻孔验证，证明了煤火和自然电位的变化存在明显的相关性[60]。

自然电位法操作简单，便于数据处理，能够有效探测地下隐蔽火源的位置，但是探测过程中容易受到大地杂散电流的影响，导致无法确定具体引起自然电位异常的原因，隐蔽火源定位不准确，且在矿井深度较大时，自然电位信号衰减较大。因此，自然电位主要用于对露天煤矿和煤田火灾的探测，对埋深较大的深部矿井的火源探测效果较差。

在温度正常且稳定的情况下，煤岩体的电阻率是基本保持稳定的。在煤体氧化升温过程中，由于温度的作用会导致煤体内部的物理与化学特性发生改变，这就导致煤岩体电阻率会随温度的变化而改变，现有的研究结果显示，在煤初始氧化阶段，电阻率呈现随温度升高而下降的规律[61]。随着煤温的进一步升高直至煤体开始燃烧，在这个过程中会伴随着煤体水分的蒸发与内部结构的剧烈变化，电阻率数值呈现大幅增大的趋势，可通过分析电阻率的变化趋势来判断异常区域是否存在煤自燃现象[62]。A. King 在澳大利亚的煤田火区进行了电磁法探测，发现加热到 800 ℃的煤层具有显著的低阻异常[63]。邵振鲁等采用高密度电法对煤田火区进行探测，圈定了煤田高温异常区域[64]。电阻率探测反演温度的方法已在实验室得到研究，但在实际应用过程中存在灵敏度受限、受环境影响大、稳定性差等弊端。

瞬变电磁法（TEM）是人工可控源电磁法的一种。与其他物理探测方法相比，瞬变电磁法具有探测距离大、方向性强和效率高的特点。瞬变电磁法主要用于探测石油、金属、煤等矿产资源的储量，随着技术的逐步发展，已经逐渐应用于煤自燃火灾的监测预警。

1937 年，苏联科学家 A. Kraev 在“Eltran”法基础上提出了瞬变电磁法，之后大量学者进行了瞬变电磁的理论和现场探测，取得了长足的进展[65]。1971 年，美国的 M. N. Nabighian 提出了经典瞬变电磁“烟圈”理论，促进了瞬变电磁的进一步理论发展[66]。随着计算机技术的不断发展，有限元、积分方程、边界元等导电求解模型促进了瞬变电磁正反演的进一步发展。随着瞬变电磁技术的不断进步，该方法逐渐被应用于煤自燃火灾探测。蔡忠勇通过瞬变电磁法实现了不同煤矿火区的圈定，表明瞬变电磁法可以有效实现对煤自燃火区的探测[67]。朱红青等采用瞬变电磁法对井下上覆煤层进行超前探测和剖面探测，并根据视电阻率的特征确定了上覆煤层的自然发火区域[68]。

作者所在课题组对煤岩升温过程中的电磁信号进行研究，提出了电磁辐射探测煤自燃隐蔽火灾方法，并对煤田高温异常区域进行了现场验证，测试得到电磁信号与温度具有较好的对应性结论。虽然电磁法具有非接触探测以及定向定位的优势，但是测试过程中电磁信号的产生机制、测试过程中干扰因素的排除以及有效信号的提取和分析都需要进一步研究。不同煤自燃监测预警方法的优缺点如表 1-1 所列。

表 1-1 不同煤自燃监测预警方法的优缺点

方法	优点	局限性
统计类比预测法	可靠度比较高	判定对象单一、火区判定不精确
地表测温法	能有效判断煤自燃高温区域煤层温度及发火情况	效率低、成本高和难以大范围探测火区
自然电位法	操作简单、数据易处理	容易受大地杂散电流的影响；定位不准确；探测深度较小
瞬变电磁法	探测距离大、方向性强和效率高	受地质条件影响大
磁法	操作简单、数据易处理、可靠性高	无法实现超前预警
束管监测法	能有效预测煤氧化自燃程度	受风流影响大，很难推断火区位置
测氡法	操作简单、成本低、不受地形限制	测量精度低，受地质和气候条件影响大
红外探测法	操作简便，结果直观，响应迅速、非接触测温	探测深度较小
无线电波法	探测精度高，成本低，工作量小，维护简单，温度探测较为准确	可靠性和稳定性较差，衰减大，技术限制多
分布式光纤测温法	温度敏感性高、准确定位、距离长、不间断测量	光纤容易被破坏，难以实现火区精准定位

运用物探方法进行煤自燃隐蔽火灾探测的前景十分广阔，已取得较大进展，但是每种物探方法均有自身的优、缺点和使用范围；磁法探测和电阻率法探测在封闭火区或者火源温度较高时准确率较高，对于井下高温异常区域的探测面临较多问题；直流电法在进行煤层自燃高温火区探测时，需要对火区发展过程进行建模，高温异常信息的挖掘还需要进一步加强。随着研究的深入，煤自燃过程中的地球物理响应特征方面的研究越来越受到重视，通过研究揭示煤岩升温地球物理响应、时空演化过程和产生机制，对于提高煤层自燃隐蔽火灾探测准确率非常重要。

第二章　声学测温技术及原理

第一节　声学测温技术

煤岩体损伤破裂过程中释放热能、弹性能、电能、磁能、声能等，而声能是煤岩等材料在变形破裂过程中以声波的形式释放出来。煤岩声波探测技术是一种准确快速实现危险源定位的地球物理勘探技术。热能对煤岩体产生热损伤破裂，伴随产生声波信号，通过声波信号能够实现对煤层自燃区域的探测及定位，这是基于声波技术探测预警煤自燃火灾的理论基础[69]。

近年来，声波探测技术发展迅速，在安全、环保、医疗等领域广泛应用。声波技术在安全领域的应用主要包括声波探测和识别、防盗报警和爆炸探测等。声波技术可以通过探测声波的特征来识别和定位目标，实现安全检查和预警，随着科技的不断进步，声波技术将在更多的领域得到应用，为人们的生活和工作带来更多的便利。

一、声波定义及分类

声波是一种机械波，由振源振动产生，需要借助质点之间的相互作用才能实现传播。在受到外力影响下，弹性介质的一端会产生扰动，质点通过相互作用带动周边的质点发生振动，通过这种形式使介质中的振动一直传播下去，从而形成了机械波。声波按照质点振荡方向与传递方向的差异可以分为纵波和横波两种，其中纵波的质点振动方向与声波方向相同，而横波的质点振动方向垂直于声波传播方向，两种声波类型如图 2-1 所示。在纵波的传播过程中由于质点沿着声波方向振动，从而会形成压缩和膨胀区域，而在横波传播过程中质点振动方向垂直于声波方向，从而会形成横向振动。

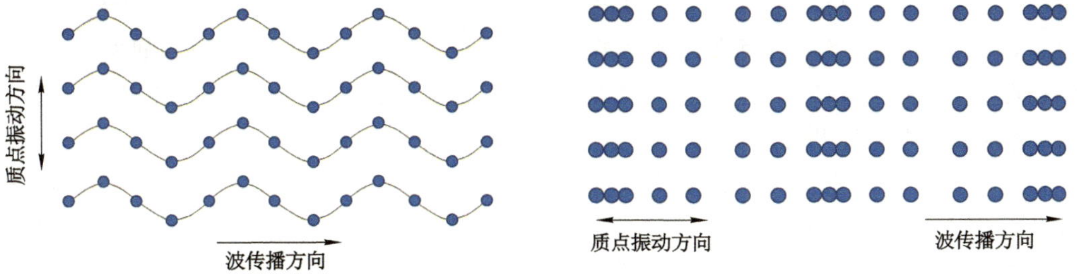

图 2-1　声波类型示意图

声波信号是由物体振动产生的，井下的环境较为复杂，机器的运转、煤层的扰动等均会产生声波信号，对利用声波监测煤自燃产生了影响。已有研究表明，声波信号频域成分丰富，如图 2-2 所示，包括次声波段、声发射段、超声波段[70]。声波的频域分析能将时域信号隐藏的信息在频域内释放出来，可根据声波信号频率的不同，通过滤波对某一频段的信号进行监测。

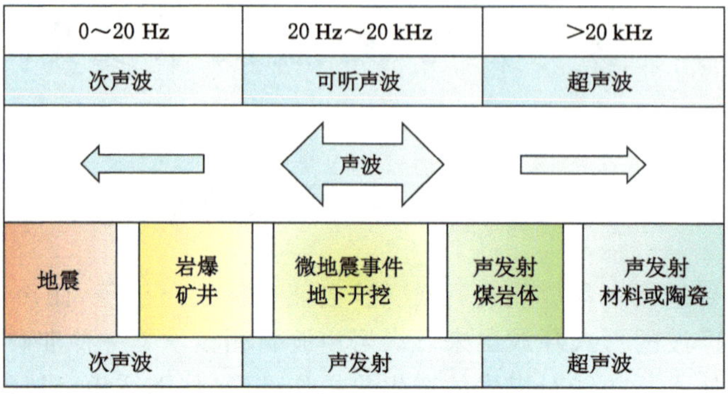

图 2-2 声波频率分布图

所以，若想有效探测煤田火区发出的声波，就要选择合适的波段，以最大限度降低环境噪声的干扰，同时需保证煤田火区产生的声波中包含此波段的信号。因此，研究煤自燃过程中声波信号的频域特征，分析其变化规律与主要频带，可以为声波在煤自燃监测预警中的实际应用提供理论基础和依据。

根据声源的不同，矿山声波探测可分为主动测试和被动测试两种[71]；在主动测试中，声波由人工激发，如波速测定；在被动测试中，声波是煤岩体遭受自然界或者其他力的作用时，在变形或破裂过程中，由煤岩体自身产生，如声发射等。

声发射监测是一种实时、无损的监测手段，其技术与设备的发展已较为成熟[72]。声发射技术能够直观地反映煤岩体内部裂隙演化过程。谢和平院士、何满潮院士等对煤岩破裂声发射理论、信号分析、频谱特征和现场测试进行了大量研究[73-74]。矿山声波探测能够解决岩体的工程地质分类、确定围岩松动圈的范围、煤岩柱稳定性评价、煤岩动力灾害的监测预警等问题。

相关的专家学者已将声发射应用于煤自燃监测监控领域，然而随着其应用范围的扩大，对于一些条件复杂、难以耦合、需要长距离传播的井下采空区，该预测方法会受到传输距离的限制，影响监测的准确性，而频率低的次声波信号变化规律逐渐被探索和研究，次声波的频率较低，所以其波长较长，这使得声波在传播时不易衰减，容易绕过障碍物传播很远的距离，因此利用次声波监测法可有效地减少由于传播衰减造成的声波信息丢失。

煤岩次声波与声发射为同源辐射，次声波在地震、泥石流、火山、滑坡等灾害预测中得到了较多的应用。之后，李世愚等测试验证了岩石破裂过程次声波信号[75]，魏建平等在测试受载煤岩变形破裂过程中发现次声波信号与应力有较好的对应，在次声波监测和预警煤岩动力灾害可行性的相关研究中发现砂岩在温度影响下具有明显的声波现象，大理岩在加载初期就具有活跃的声发射信号，岩盐在整个加温过程中都有声发射事件产生，花岗岩在温-压作用下有强烈的声发射现象[76]。A. Chmel 等采用声发射技术研究三种花岗岩，在 20～600 ℃的热破裂过程中发现，声发射信号的幅频响应与裂纹尺度存在联系：不同的声发射信号主频特征对应不同尺寸的裂纹群体[77]。

二、声学测温技术及应用

声波在介质中传播时，声速和频率的变化与传输介质温度密切相关，因此可以通过测量穿越介质的声波速度并利用声学法温度场反演算法对温度场进行重构。

国外研究者于 1873 年提出了通过声学参数的变化来确定气体热力条件的思路，并于此后几年正式提出声学测温这一非接触测温方法。1989 年，美国的 John A. Kleppe 在前人声学测温理论的基础上继续完善了声学测温理论，并推出专著 *Engineering Applications of Acoustics*，这本专著的出版为声学测温打下了坚实基础[78]。同一年美国电力研究院通过设计的声学测温系统对锅炉进行了炉膛测温实验，实验结果表明声学测温结果与传统热电偶测温结果一致，声学测温技术表现出较好的温度测量准确性[79]。到 20 世纪 90 年代，基于声学法温度场重建的技术逐渐成熟，声学测温技术逐渐应用于实际。1996 年，M. Kahrs 等将数字信号处理技术引入声学法温度场重建中，提高了温度场重建的精度，推动了声学测温技术的现场应用[80]。1998 年，K. J. Young 等研究了气体常数取值等因素对声学测温结果的影响，并讨论了不同因素对测温结果的影响程度，进一步完善了声学测温技术的理论基础，提高了声学测温技术的准确性[81]。

21 世纪初更多学者关注到声学测温这一领域，并利用此技术进行了更多的实验测试。2000 年，日本 J. Lu 等学者提出声波在不均匀温度场中传播过程中存在声波折射的现象，即在不均匀温度场声学测温过程中存在声波“弯曲效应”，研究者在弯曲效应的基础之上提出利用最小二乘法进行温度场反演，并通过迭代的方法降低声波弯曲效应带来的误差，基于最小二乘法和迭代技术的融合算法在实际应用过程中取得了较好的反演效果[82]。在最近十多年的研究中，声学法温度场重建技术逐渐成熟。2011 年，德国莱比锡大学的 M. Barth 和 A. Raabe 在风洞之中利用同步迭代重建算法进行了三维空间中温度场重建并取得较为满意的效果[83]。2017 年，波兰华沙工业大学Ś. Łukasz 等在锅炉的燃烧控制中引入声学法温度场重建技术，并以此提高锅炉的燃烧效率[84]。现阶段，声层析成像测温技术主要被应用在工业热力控制中，与此同时，相关学者也针对声层析成像系统在自然界中的应用进行了研究，并在大气、海洋等自然环境中的监测过程中得到了相关应用[85]。

国外对声学测温技术的研究较多，而美国、英国、日本等发达国家在声学测温技术起源的初期对其研究较多。国内针对声学法温度场检测技术的研究起步相对较晚，开始于 1990 年，冯鸣将美国电力研究所声学测温技术的文章翻译为中文，为我国声学测温技术研究奠定了基础[86]。1999 年，邵富群等基于傅立叶正则思想提出了新的重建算法，新算法有效提高了声学法温度场重建的精确性[87]。21 世纪初，声学测温技术得到国内研究者的广泛关注，并在声学法温度场重建原理和温度反演算法上进行了一系列研究。2000 年，黄庆康对国外声学测温的基本理论、软硬件设备、数据处理、温度场反演进行了总结分析，推动了声学测温在国内的发展[88]。2003 年，田丰等针对声学测温中的弯曲效应提出通过费马定理和最小二乘法重建温度场，后续又引入神经网络算法提高声学法温度场重建的反演精度[89]。关于声学测温技术在最近十年的研究中，研究者更多围绕新的温度场重建算法和应用领域进行研究与改进。四川大学周新志教授课题组、华北电力大学姜根山教授课题组提出使用高斯函数、逆二次函数和反 S 型函数的径向基函数等，联合矩阵分解方法，对声学法温度场进行重建，提高了温度场重建的准确性[90-91]。T. Yu 等使用模拟退火算法进行温度场重建[92]，刘厦在温度场重建中尝试使用灰狼优化算法和集成烟花算法，新尝试的算法表现出良好的重构性能，对声学测温技术的推广和应用起到了积极的作用[93]。

随着声学测温技术的不断发展以及新的温度场反演方法的引入，其应用范围不断扩展，并取得了较好的反演效果。

第二节　煤岩体声学测温技术

煤岩体声波技术是一种非常具有前景的地球物理勘探技术，当煤岩体微裂纹萌生、发展、贯通直至失稳，就会有不同频率和能量级的弹性波产生。煤岩体损伤过程中产生的声波信号包含大量信息，对声波信号处理和分析，可获得煤岩体损伤破坏各阶段的空间演化过程。

一、煤岩体热损伤破坏过程中产生声波特征规律

（一）实验系统

深部矿井环境复杂，受到高地温、高地应力等作用，为了探究煤岩体在热-力条件下变形破裂产生的声发射信号时频特征，建立了煤岩体不同损伤条件下的声发射测试系统，测试分析无约束升温、单轴压缩、分级加载及热力耦合四种破坏条件下的声发射信息，探究煤岩体变形破裂的演化规律。测试系统如图 2-3 所示。

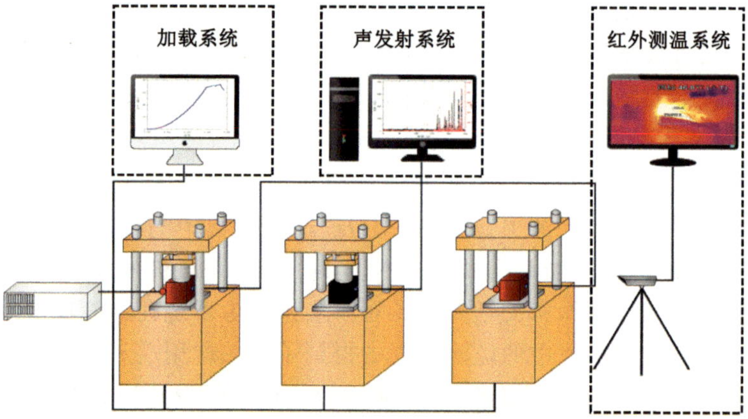

图 2-3　力学-温度-声发射测试系统

（1）加载系统：主要由 SANS 微机控制电液伺服压力试验机组成。

（2）升温及测温系统：煤岩体升温及测温系统包括加热管升温装置和红外测温装置，加热管升温装置主要由加热棒、交流接触器等组成。红外测温装置主要由红外热成像仪组成。该系统的基本工作原理：先将加热管用耐热胶带固定到煤岩侧表面，然后通电使加热棒正常运行，对接触的煤岩表面进行加热，加热过程中通过 Fluke TiS 红外热像仪对煤岩体表面热成像图持续进行记录并存储，后续采用特定的软件对热成像图进行分析，得到实验过程中煤岩体表面温度。

（3）声发射监测系统：本次实验采用 CTA-1 型声发射动态数据采集系统。前置放大器的放大率为 40 dB，门槛值设定为 45 dB，采样率设定为 1 MSPS，实物如图 2-4 所示。该系

统能够对 8 个通道的声发射信号进行同步、高效的采集，实现数据和频谱的实时分析。

图 2-4　CTA-1 型声发射动态数据采集系统

(4) 实验煤样：实验所用煤岩体试样均来自山西朔州白芦煤矿(BL)，煤为长焰煤，岩石为砂岩。煤岩体试样严格按国际岩土力学学会规范要求加工，采用钻芯取样法对大块煤岩进行制样，试件为 ϕ50 mm×100 mm 的圆柱体，试件加工精度满足两端面不平行度小于 0.05 mm，端面不平整度小于 0.02 mm。

(二) 无约束条件下煤岩体受热升温声发射时序特征

温度是煤岩体出现声发射的主要影响因素之一，通过对煤岩体升温过程中的声发射振铃计数和能量与时间的关系进行分析研究，探讨煤岩体在升温过程中声发射参数的变化规律。

如图 2-5 所示，在 80 ℃前均无明显声发射信号产生，这表明初始升温阶段由于温度较

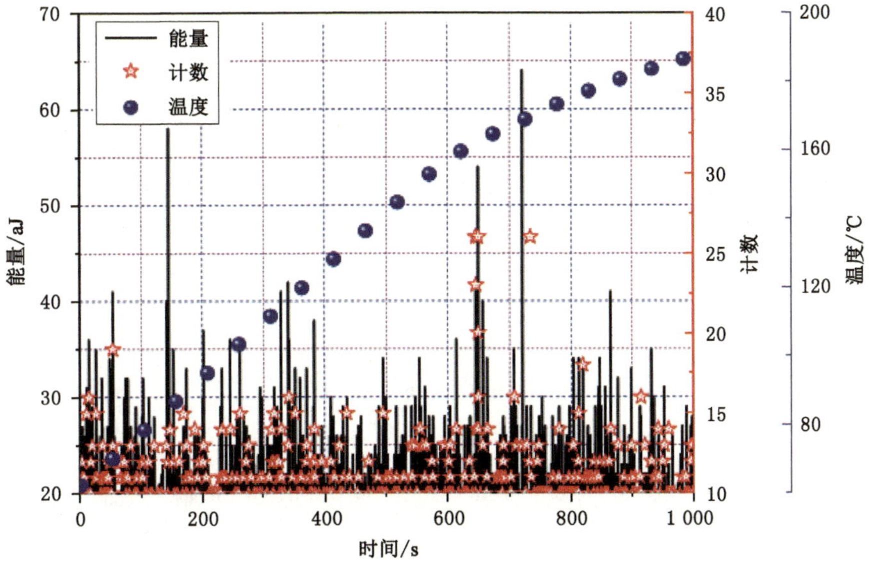

(a) 长焰煤

图 2-5　煤岩无约束升温声发射测试图

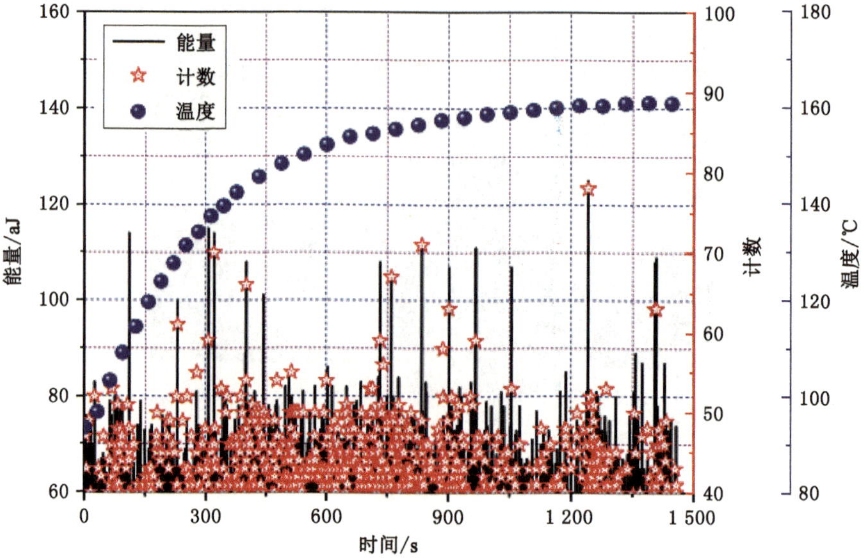

(b) 砂岩

图 2-5 （续）

低，煤岩体受热后结构并无明显变化，因此只能监测到微弱声发射信号，继续升温，煤岩体裂隙发育扩展并相互贯通，声发射信号开始增强。升温至 90 ℃时，长焰煤声发射能量增加到 58 aJ，到达第一个峰值，之后声发射信号呈波动变化，升温至 165 ℃时，声发射计数达到 25，能量达到 65 aJ，均达到最大值。随着温度的升高，砂岩声发射信号的变化呈现多阶段波动特征，整体呈增大的趋势，直到最终破裂释放出大量能量，并产生大量强声发射事件。声发射信号能够反映煤岩体内部变形破坏情况，随着温度的升高，声发射信号逐渐增加，表明煤的变形破坏逐渐加剧。

（三）单轴压缩条件下煤岩体声发射时序特征

煤岩体的应力-应变关系曲线，表征煤岩由初始变形，经逐渐破坏，至最终失稳破坏的全过程，是研究煤岩体损伤破坏过程的经典方法，单轴压缩实验过程中得到的应力-应变关系曲线如图 2-6 所示，将该实验过程分为压密、弹性、塑性、破坏四个阶段。

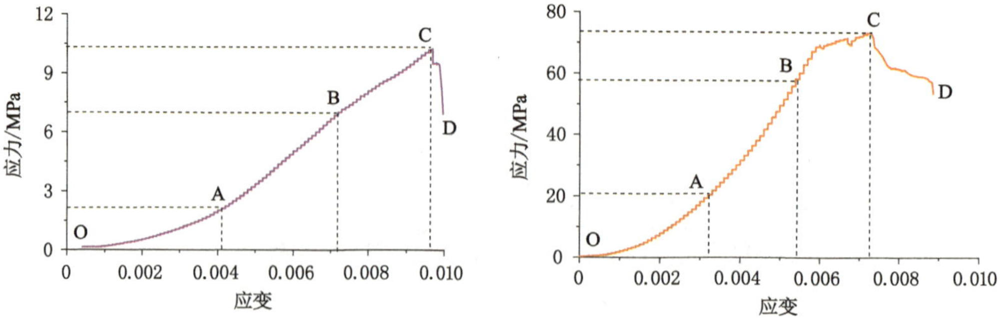

(a) 长焰煤　　(b) 砂岩

图 2-6　煤岩应力-应变关系曲线

选择声发射计数与能量两个常用的参数，分析单轴压缩条件下煤岩试样的声发射时序特征，绘制煤岩声发射测试图，如图 2-7 所示。

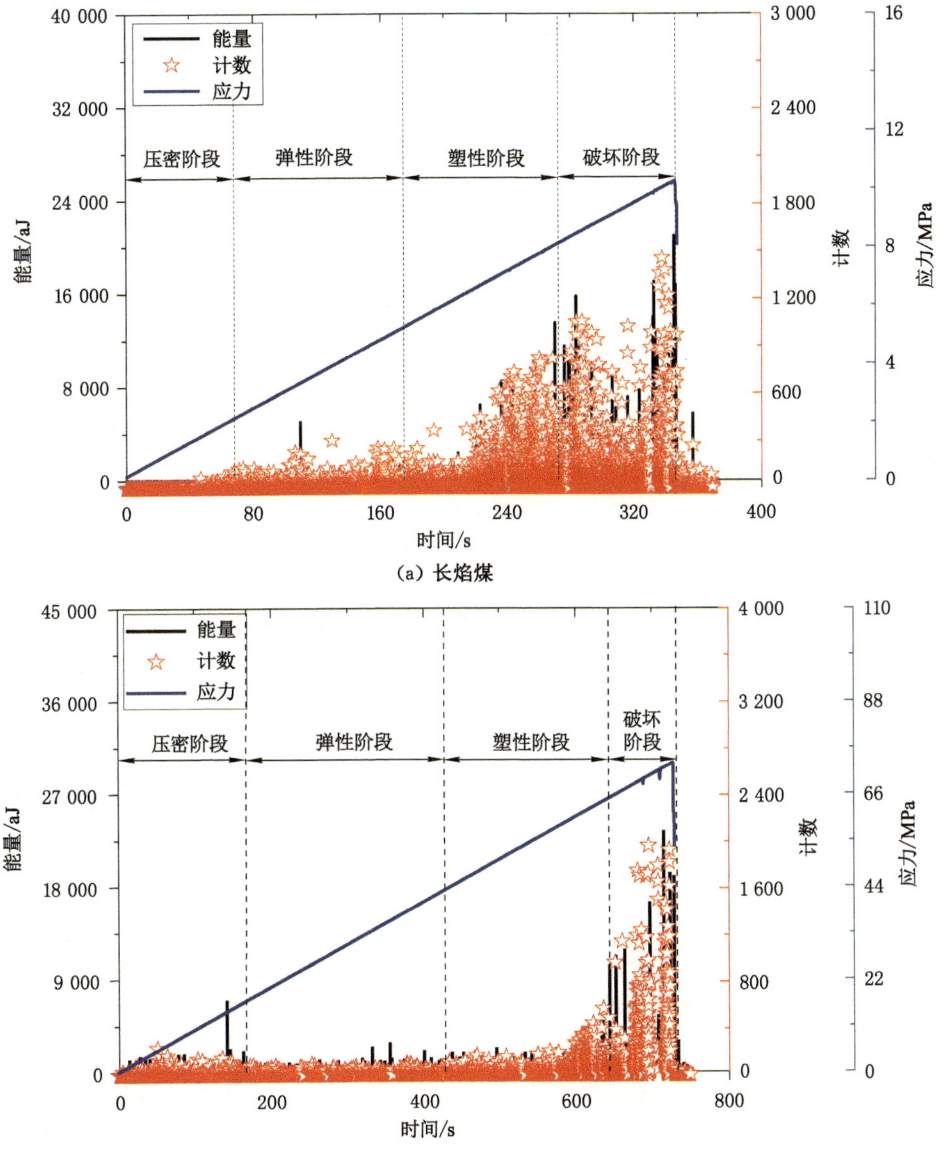

(a) 长焰煤

(b) 砂岩

图 2-7　煤岩单轴压缩声发射测试图

由图 2-7 可知，在不同的加载阶段，煤岩试样释放出的声发射信号表现出显著的区域特征，将实验过程仍分为四个阶段：① 压密阶段；② 弹性变形阶段；③ 塑性变形阶段；④ 破坏阶段。这四个阶段的声发射信号特征各不相同。

加载初期煤岩处于压密阶段前期，声发射较少，甚至没有，随着加载继续进行，压密阶段后期，煤岩初始裂纹开始闭合，由于煤岩不规则表面被压平，产生少量的声发射信号，且声发射能量和计数都很低；在弹性阶段，持续加载，煤岩微裂纹开始扩展，并且出现新的裂纹，但此阶段声发射活动仍然不活跃，这是因为此时外部施加的应力小于煤岩结构应力不足以使这些裂隙扩展；塑性阶段，此时外部施加的应力逐渐大于结构应力，微裂纹开始扩展、贯通，并逐步形成宏观裂纹，声发射活动开始进入活跃阶段，产生高强度声发射信号。继续加压，煤岩内部裂隙开始出现失稳扩展，当荷载逐渐接近应力峰值时，产生强烈声发射信号，声发射计数与能量都出现明显的升高，并在一定时间内达到峰值，表明此时的声发射强度最大。可将声发射能量和计数的迅速增加作为煤岩体失稳破坏的前兆。

观察应力-时间关系曲线，发现在到达峰值应力前期，声发射计数与能量都有大幅度降低的现象，且在较短的时间内会有一个相对平稳的过程，出现声发射相对平静现象，可以把声发射相对平静期作为煤岩失稳破坏的前兆特征。

（四）煤岩分级加载条件下声发射时序特征

通过建立的实验系统，分别进行三种分级加载实验：

① 对煤在 0～200 s 内以 25 N/s 的速率加载至 5 kN，然后迅速加载至 10 kN，保持荷载为 10 kN 在 200～1 100 s 内恒定，然后继续以 25 N/s 的速率加载直到煤样破裂，简称分级加载 1；

② 对煤在 0～200 s 内以 25 N/s 的速率加载至 5 kN，保持荷载为 5 kN 在 200～1 100 s 内恒定，然后继续以 25 N/s 的速率加载直到煤样破裂，简称分级加载 2；

③ 对砂岩在 0～300 s 内以 100 N/s 速率加载至 30 kN，保持荷载为 30 kN 在 300～900 s 内恒定，然后继续以 30 N/s 的速率加载直到岩样破裂，简称分级加载 3。

根据实验所得数据，对声发射计数和能量两个参数变化规律进行分析，绘制分级加载条件下应力-应变关系曲线及声发射测试图（图 2-8），研究三种分级加载条件下试样的声发射信号变化规律。

观察时间-应变关系曲线与时间-应力关系曲线，在加载阶段，应力及应变随荷载的增大而增大，而在分级加载阶段，应力、应变值均基本保持不变，没有出现突然增大和下降的情况，分级加载阶段结束后，应力、应变值再次增大。

由图 2-8(a)可知，分级加载 1 实验的声发射信号强度从大到小的顺序为：三次加载阶段、二次加载过程、分级加载阶段、一次加载阶段。在一次加载阶段，长焰煤声发射计数最高达到 250，整体保持低值现象，在此阶段温度较低，长焰煤原生裂隙开始闭合并产生新裂隙，但是外部施加的应力小于内部结构应力，不足以使这些裂隙错动扩展；在第 2 次加载过程中，裂隙开始稳定扩展和扩容，该阶段声发射信号突增，较上一次加载阶段提高 200%；在分级加载阶段前期，声发射活动较少，而在分级加载阶段的中期及后期，由于持续温度升高，煤体内部热应力集聚，应力水平提高，超过结构应力，煤体结构被破坏，内部损伤程度高，在持续受载下产生宏观裂隙，声发射计数和能量有所增加，但是都仍小于第 2 次加载阶段的；在第 3 次加载阶段，裂纹迅速扩展，与前三个阶段相比，声发射计数显著增加，直至煤失稳破坏，声发射计数增加至 1 600，达到峰值。

由图 2-8(b)可知，分级加载 2 实验的声发射信号强度由大到小的顺序为：二次加载阶段、一次加载阶段、分级加载阶段。在一次加载阶段，微裂隙开始闭合并且有新生裂纹出现，但此时裂隙还未开始扩展贯通，声发射活动很少，能量和数量都很低；在分级加载阶段前期，监测到产生微弱的声发射信号，420 s 时声发射能量增加至 3 000 aJ，声发射计数增加至 400，出现一个小峰值，此阶段仍存在微裂隙闭合与新生裂隙形成，但形成的速率较低，在分

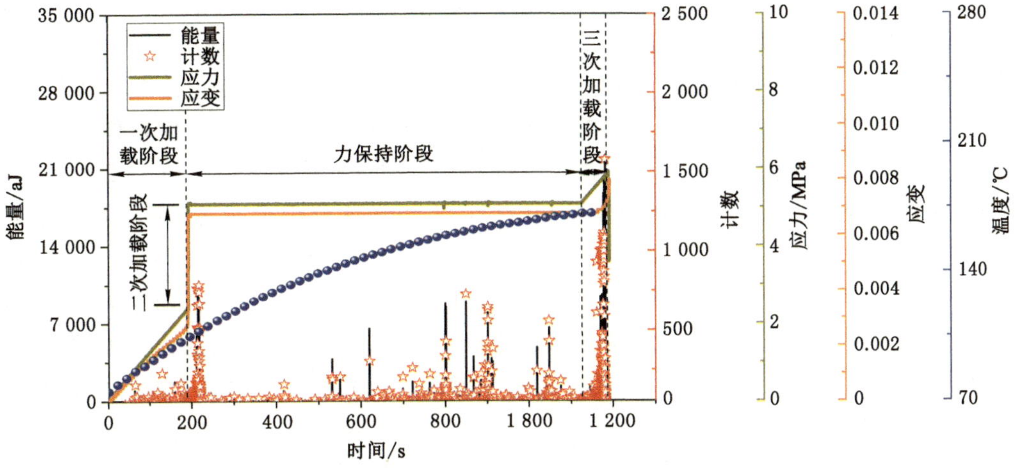

(a) 长焰煤分级加载1

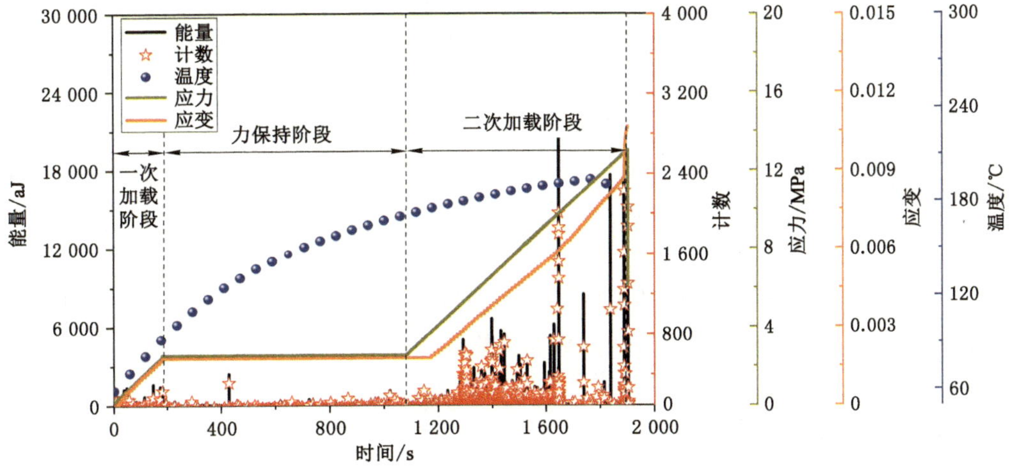

(b) 长焰煤分级加载2

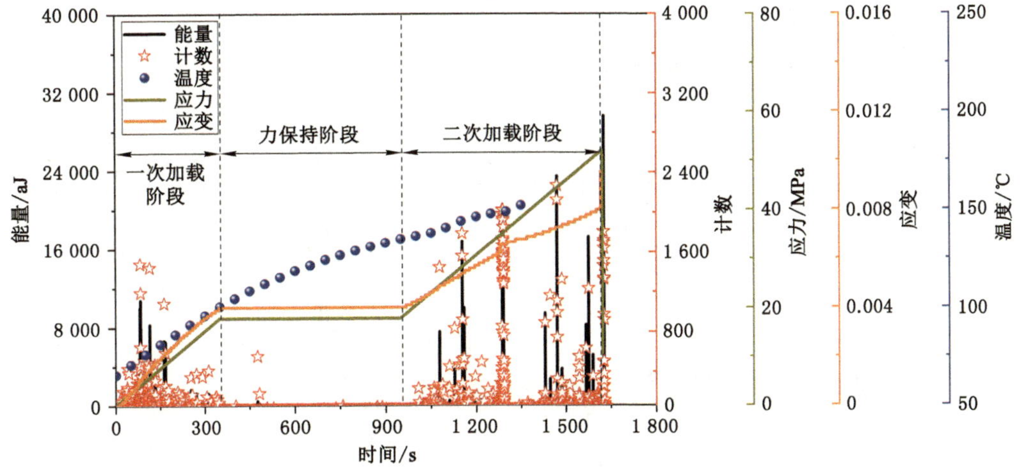

(c) 砂岩分级加载3

图 2-8 煤岩分级加载声发射测试图

级加载阶段的末期，声发射信号微弱，说明此时极少有新生裂纹出现；在第 2 次力加载过程中，裂隙迅速发育扩展，并相互贯通，声发射计数和能量突增，在实验进行中的 1 600 s 时声发射能量达到 22 000 aJ，声发射计数增加至 2 200，随着声发射信号峰值的到来煤岩破裂失稳。图 2-8(c)与图 2-8(b)总体变化趋势相同，砂岩分级加载 3 实验的声发射信号强度从大到小的顺序为：二次加载阶段、一次加载阶段、分级加载阶段，但砂岩在一次加载阶段的前期就产生较明显的声发射信号，说明砂岩在此阶段由于煤岩不规则表面被压平，产生较多明显声发射信号。

在分级加载条件下，声发射信号在荷载恒定时基本保持不变；当荷载超过前期施加的最大荷载时，声发射信号迅速增加，在煤岩接近破坏时声发射能量和计数急剧增加并在失稳破坏时达到最大值，对加载方向受到的最大历史应力表现出明显的记忆能力，表明煤岩在不同的分级加载阶段均存在着显著的声发射 Kaiser 效应。声发射 Kaiser 效应是由于岩石在破坏时产生的声发射信号主要由裂纹的形成和扩展引起的，当荷载再次施加在已承受过一定应力作用的岩石上时，由于部分微元已经受到损伤破裂，并且这种破裂是不可逆的，因此在该应力水平下，不会再次发生微破裂，极少产生声发射事件，只有当施加的荷载大于历史载荷时，声发射信号才能再次出现。

（五）热力耦合条件下煤岩损伤声发射时序特性

根据实验测得数据，分析热力耦合条件下煤岩声发射测试图及应力-应变关系曲线，如图 2-9 所示。

分析图 2-9 可知，热力耦合条件下声发射信号变化最显著，在压密阶段就已产生较明显的声发射信号，此阶段煤岩受热，其结构强度随温度的增加而降低，因而在连续的加压作用下，煤岩结构更容易破坏，声发射活动明显比单轴压缩条件下的显著；在弹性阶段，随着温度

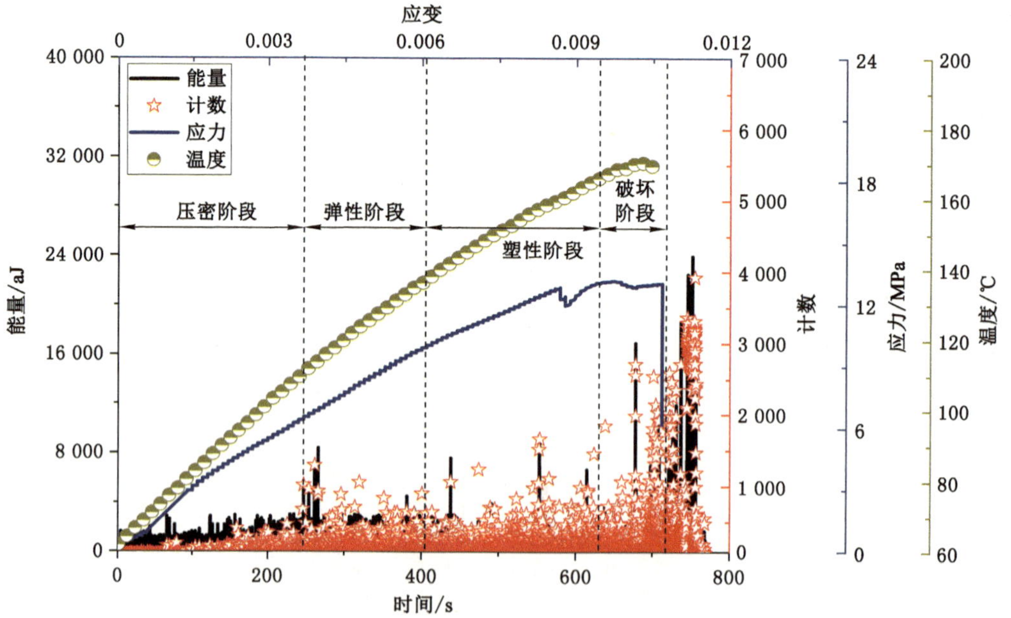

(a) 长焰煤

图 2-9　煤岩热力耦合声发射测试图

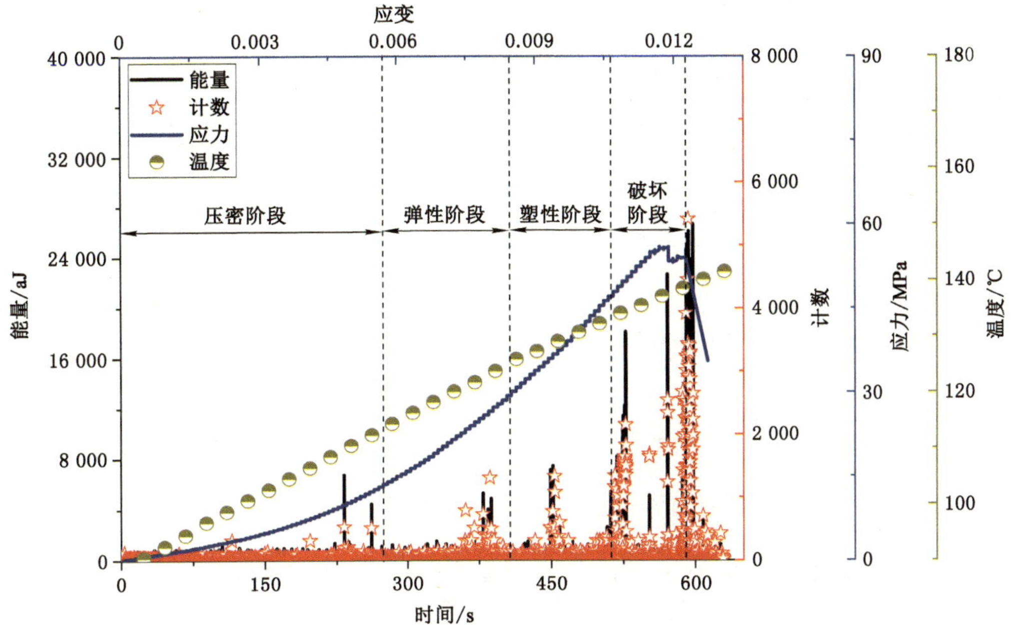

(b) 砂岩

图 2-9　(续)

升高,应力增大,煤岩结构继续被破坏,裂纹开始发育扩展并产生新裂纹,声发射信号变得活跃,计数和能量均得到提高;在塑性阶段,强度和脆性都有所减弱,没有裂隙的区域也开始破碎,微裂隙持续扩张直至形成宏观裂隙,声发射计数和能量开始急剧增大;在破坏阶段,声发射计数和能量持续增加,并在煤岩体完全破坏时达到最大值。

二、煤岩不同损伤破坏产生声波差异

对比四种不同条件下煤岩损伤破坏声发射时序特性,可以看出声发射信号变化具有显著差异。热力耦合条件下声发射变化明显比无约束升温、单轴加载以及分级加载条件下声发射变化显著。煤岩在无约束升温及热力耦合条件下的声发射信号差异特性如表 2-1 所列。

表 2-1　煤岩在无约束升温及热力耦合条件下的声发射信号差异特性

序号	温度阶段	无约束升温		热力耦合	
		煤样	岩样	煤样	岩样
1	0～70 ℃	产生声发射信号,比较弱	产生声发射信号,比较弱	声发射信号明显产生	声发射信号明显产生
2	70～120 ℃	信号波动	信号波动,有突变	信号有增强	信号有增强
3	120～170 ℃	信号逐渐增强,比较明显	信号波动	信号逐渐增强,比较明显	信号逐渐增强,比较明显
4	>170 ℃	信号减弱明显	信号波动	信号逐渐增强	信号逐渐增强

煤岩单轴压缩及热力耦合过程的声发射信号差异特性如表 2-2 所列。

表 2-2 煤岩单轴压缩及热力耦合过程的声发射信号差异特性

序号	受载阶段	单轴压缩		热力耦合	
		煤样	岩样	煤样	岩样
1	压密阶段	产生声发射信号，比较弱	产生声发射信号，比较弱	声发射信号明显产生	声发射信号明显产生
2	弹性阶段	信号比较弱	信号增强	信号增强	信号增强
3	塑性阶段	信号逐渐增强，比较明显	信号平稳	信号逐渐增强，比较明显	信号逐渐增强，比较明显
4	破坏阶段	信号迅速增强	信号迅速变化	信号逐渐增强	信号逐渐增强

煤岩分级加载及热力耦合过程的声发射信号差异特性如表 2-3 所列。

表 2-3 煤岩分级加载及热力耦合过程的声发射信号差异特性

序号	温度阶段	分级加载		热力耦合	
		煤样	岩样	煤样	岩样
1	0～70 ℃	声发射信号较弱	声发射信号明显产生	声发射信号明显产生	声发射信号明显产生
2	70～120 ℃	信号平稳	信号平稳	信号增强	信号增强
3	120～150 ℃	信号平稳	信号增强，比较明显	信号逐渐增强，比较明显	信号逐渐增强，比较明显
4	>150 ℃	信号增强，比较明显	信号逐渐增强	信号逐渐增强	信号逐渐增强

综合以上分析，煤岩热力耦合与单轴压缩、分级加载和无约束升温条件下产生的声发射信号有显著差异。热力耦合条件下产生的声发射信号明显强于升温条件下产生的声发射信号，说明热力耦合造成的复合损伤高于受热升温条件下造成的热损伤；在单轴压缩作用下，煤岩失稳破坏时发生脆性破坏，失稳前声发射信号突然增强，而热力耦合条件下温度使其延性增强，脆性减弱，初始加载阶段就产生明显的声发射信号，之后呈逐步增强的趋势，声发射信号明显比单轴压缩条件下的丰富。热力耦合和分级加载同为复合损伤，但分级加载条件下声发射信号主要出现在负载增加或荷载超过前期施加的最大荷载时，保持荷载不变时，声发射信号变化相对平稳(此时仅产生弱声发射信号)。

三、声波在松散煤体中的传输特性

声波在松散煤体中的传播与在空气中的传播有着显著的不同，对松散煤体中声波传输特性的深入研究能够为声学测温中声波信号选取和声波频率设定提供依据。在物理学中，声波被视为机械波的一种，是通过介质中的分子振动传递能量波。在理想情况下，声波在弹性介质中能够向无穷远处传播，然而在真实的声波传播过程中，介质的非理想状态会使声波在媒介中不断衰减。

声波在两相介质中传播时，会与固相颗粒以及连续相介质产生相互作用，随着传播距离增大，声波幅值逐渐减小。声波传输衰减示意图如图 2-10 所示，在传播过程中声波衰减的主要原因为：① 扩散衰减：由于声波在传播过程中自身性质导致声束的扩展引起的声衰减。② 反射衰减：基于波的性质，当声波接触煤体颗粒表面时发生反射，进而导致声波的减弱。③ 吸收衰减：介质自身对声波的吸收，是由于声波与介质材料在分子水平上作用直接产生的。④ 散射衰减[94]。声波在两相介质中传播遇到颗粒物时会在颗粒表面激起次级声波，也称为散射波，散射波在传输过程中会在多个两相界面不断衰减，故其很难被接收换能器接收。

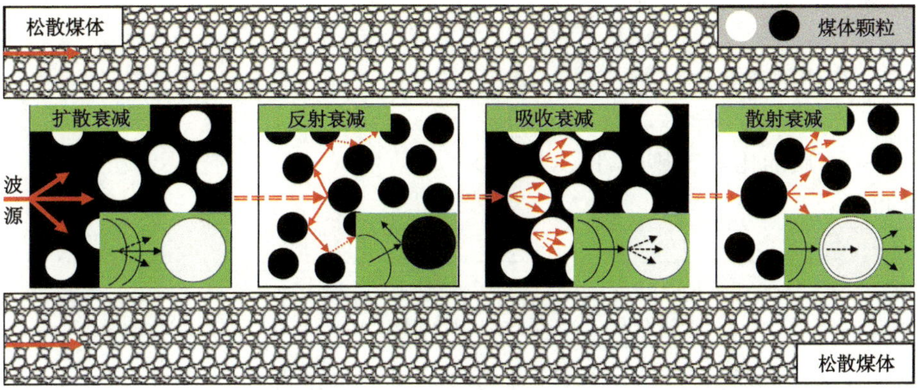

图 2-10　声波传输衰减示意图

经过现有研究的分析，得出声波在粮食和松散煤体中的传播方式符合声波在多孔介质中的传播理论。声波传播是通过多孔介质内部的气体通道进行的，这些通道可视为刚性的、圆柱形的、狭窄的管状结构。在多孔介质中存在着许多连通的与外界接触的孔隙，当声波传播进入多孔介质时，孔隙内的摩擦、黏滞力会使声波在传输过程中发生能量衰减，导致其传播特性发生变化。

声波在理想细圆管中的速度如式(2-1)所示[95-97]：

$$c = c_0\left(1-\frac{1}{2a}\sqrt{\frac{2\eta}{\rho_0\omega}}\right)=c_0\frac{1-\dfrac{\eta}{2a^2\rho_0\omega}}{1+\dfrac{1}{2a}\sqrt{\dfrac{2\eta}{\rho_0\omega}}} \tag{2-1}$$

式中　a——细管半径，m；

η——切向黏性系数，Pa · s；

ρ_0——细管中介质的静态密度，kg/m^3；

c_0——相同温度与压力下自由声场的声速，m/s；

ω——质点振动的角速度，rad/s。

又因为 $\omega=2\pi f$，可得：

$$c = c_0\frac{1-\dfrac{\eta}{4\pi a^2\rho_0 f}}{1+\dfrac{1}{2a}\sqrt{\dfrac{2\eta}{\rho_0\omega}}} \tag{2-2}$$

其中 η 可由 Tsilingiris 计算方法得出，当 $f=1\ 000$ Hz 时，$\dfrac{\eta}{4\pi a^2\rho_0 f}$ 的数量级为 10^{-3}，因此式(2-2)可化为：

$$c \approx c_0 \frac{1}{1+\frac{1}{2a}\sqrt{\frac{2\eta}{\rho_0 \omega}}} \tag{2-3}$$

在声波传播过程中，细管内的介质与管壁之间会发生热交换而导致热损耗，因此在实际计算中应考虑这个因素，此时式(2-3)中的 η 应该用 η_e 来表示。

$$\eta_e = \eta\left[1+(\gamma-1)\sqrt{\frac{\kappa}{\gamma c_p \eta}}\right] \tag{2-4}$$

式中 γ——介质的比热比；

κ——介质的热传导率，W/(m·K)；

c_p——介质的比定压热容，J/(kg·K)。

由此可得：

$$c = c_0 \frac{1}{1+\frac{1}{2a}\sqrt{\frac{2\eta_e}{\rho_0 \omega}}} = c_0 \frac{1}{1+\frac{1}{2a}\sqrt{\frac{2}{\omega}\left[\frac{\eta}{\rho_0}+\left(\sqrt{\gamma}-\frac{1}{\sqrt{\gamma}}\right)\sqrt{\frac{\kappa\eta}{\rho_0^2 c_p}}\right]}} \tag{2-5}$$

根据气体运动黏滞系数 $\nu = \frac{\eta}{\rho_0}$，可将式(2-5)进一步化为：

$$c = \frac{c_0}{1+\frac{1}{2a\sqrt{\pi f}}\sqrt{\nu+\left(\sqrt{\gamma}-\frac{1}{\sqrt{\gamma}}\right)\sqrt{\frac{\kappa\nu}{\rho_0 c_p}}}} \tag{2-6}$$

为了更清楚地反映细圆管中声速的影响因素，在此可定义复合热力学系数 F，其表达式为：

$$F = \sqrt{\nu+\left(\sqrt{\gamma}-\frac{1}{\sqrt{\gamma}}\right)\sqrt{\frac{\kappa\nu}{\rho_0 c_p}}} \tag{2-7}$$

将式(2-7)代入式(2-6)，可得到：

$$c = \frac{c_0}{1+\frac{F}{2a\sqrt{\pi f}}} \tag{2-8}$$

上述公式表示了细圆管中声速的计算，该计算考虑了热黏滞和热传递效应的影响。

根据多孔介质声学理论，可将松散煤体孔隙构造简化为细圆管，声波在其中的传播过程可简化为在互通的细圆管中进行传播。因为松散煤体颗粒的非均质性，声波在传输时产生折射，从而使传播路径并非为一条直线。为了表示这一现象，将声波传播距离与传感器距离之比定义为弯曲系数 τ，测试的声速 c_1 为传感器距离与声时的比值，则 c_1 与细圆管中声速 c 之间的关系式为：

$$c_1 = \frac{c}{\tau} \tag{2-9}$$

结合式(2-8)，可以得到：

$$c_1 = \frac{c_0}{\tau\left(1+\frac{F}{2a\sqrt{\pi f}}\right)} \tag{2-10}$$

声波在不同的气体中传播的特性差异很大，不同气体的热力学参数如表 2-4 所列。

表 2-4　不同气体的热学属性参数

气体	声速c_0/(m/s)	比热比 γ	黏滞系数 ν/(m^2/s)	热扩散系数 ζ/(m^2/s)	复合热力学系数 F/(m^2/s)
空气	347	1.4	1.57×10^{-5}	2.21×10^{-5}	5.6×10^{-3}
二氧化碳	271	1.3	1.13×10^{-5}	1.09×10^{-5}	4.2×10^{-3}

根据以上推导可得出，声速在松散煤体中的传播速度与声源发出的声波频率和松散煤体空隙间的气体热力学性质存在密切联系。此外，堆积的松散煤体物理特性也会对等效圆管直径和弯曲系数产生影响，进而影响声波在松散煤体中的传播速度。

第三节　声学测温原理

一、煤岩热损伤微观变形破裂规律

（一）煤岩热损伤过程中孔隙变化

为分析不同温度处理后煤样表面孔、裂隙变化情况，采用型号为 Apreo S HiVac 的扫描电子显微镜对试样进行观察，实验步骤如下：

（1）煤样预处理

实验选用的煤样为东滩煤矿（DT）的烟煤和白芨沟煤矿（BJG）的无烟煤。将包装好的新鲜煤样运输到实验室后，使用地质锤将整块煤样敲取成长宽高不超过 1 cm 的小块煤样。将小块煤样放入程序升温炉中恒温处理 3 h 并自然冷却，将处理后的煤样同未经温度处理的常温煤样组成 8 组实验样品。

（2）采集 SEM 图像

使用 Apreo S HiVac 型扫描电子显微镜（图 2-11）进行实验，在实验前先对 8 组不同温度处理过后的煤样进行喷金处理，实验时为保证实验的客观性，避免人为干扰，影响实验结果，在随机截取位置处截取图像。

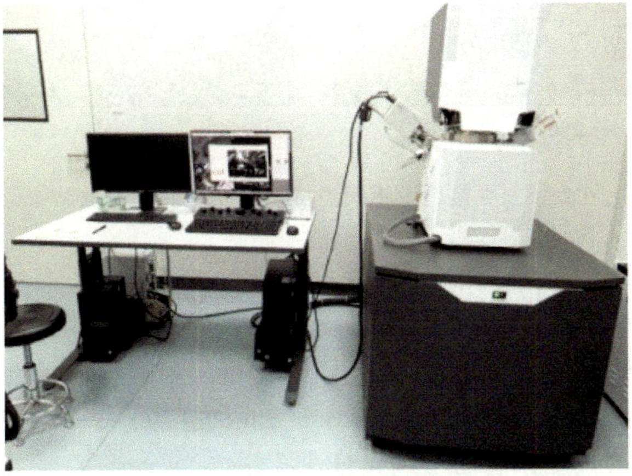

图 2-11　Apreo S HiVac 型扫描电子显微镜

截取 8 000 倍、120 000 倍两种尺度的煤表面图像如图 2-12 至图 2-15 所示，定义上述两种放大倍数分别为中、高倍镜。由图 2-12 可知，常温条件下（30 ℃），DT 煤样低倍镜下结构紧致，完整性好，孔隙结构单一。煤表面附着成煤过程中留下的原生孔，其孔径基本在 10 μm 以下，大小不一。100 ℃处理后煤样完整性遭到轻微破坏，表面小裂隙数量增多并存在相互贯通的趋势，部分小裂隙与原生裂隙贯通，表面孔隙数量增多。200 ℃处理后煤样完整性遭到一定破坏，煤表面结构受热膨胀从煤样上整体脱落，煤表面出现大量呈区域排布的孔隙团，并出现宽度为 5 μm 左右裂隙，裂隙边缘较为光滑，气孔尺寸相比常温下有明显增大。300 ℃处理后，煤样完整性遭到较严重破坏，表面孔隙团数量明显增加，形状多呈椭圆形和圆形，且呈明显的区域分布，煤体表面被大量碎粒状物质附着，表面裂隙明显增多、增宽且裂隙边缘处粗糙，裂隙内部被碎粒状物质填充，部分裂隙相互贯通，连通性好。

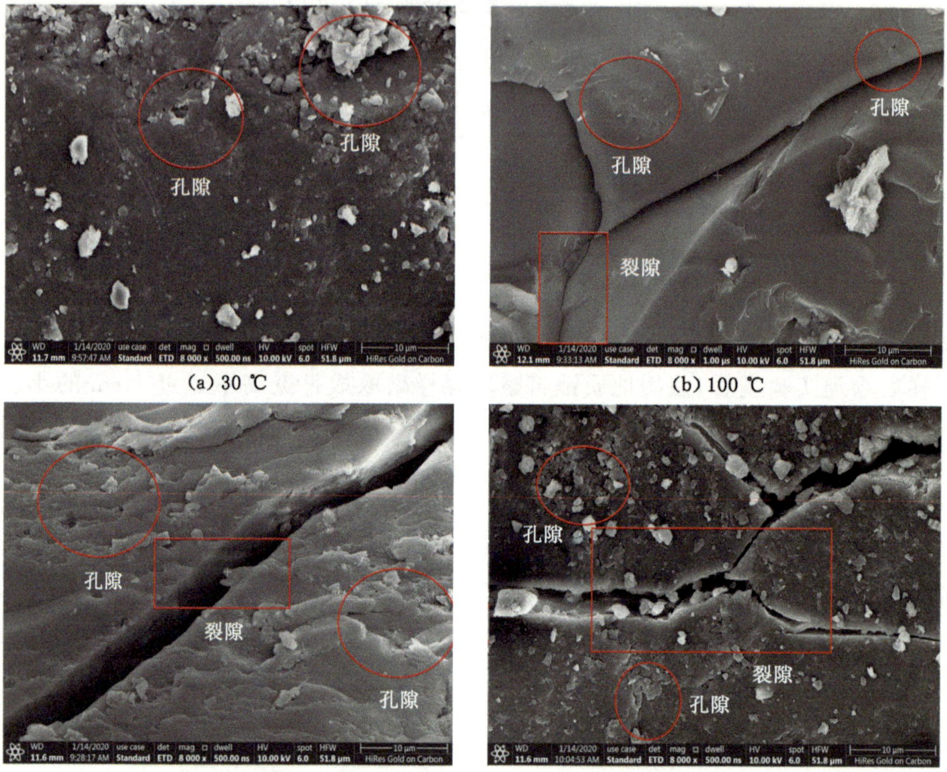

(a) 30 ℃　(b) 100 ℃

(c) 200 ℃　(d) 300 ℃

图 2-12　中倍镜下不同温度 DT 煤样的孔裂隙结构

由图 2-13 可知，高倍镜下的常温 DT 煤样表面较为光滑，可观察到煤体表面裂隙形状多呈菱形。100 ℃处理后的煤样，由于煤体受热蒸发，煤体内部水分及易挥发物质挥发消失，表面出现宽度小于 0.5 μm 的裂隙，且表面气孔较常温煤样明显增多。在 200 ℃下处理过后的煤样表面孔径尺寸增大，出现直径为 0.5 μm 的孔隙。300 ℃处理后的样品表面出现直径大于 1 μm 的孔隙，且煤体表面出现大量浅孔。

由图 2-14 可知，常温下 BJG 煤样结构紧致，表面平整有光泽，仅有少量成煤期形成的孔隙群分布在表面。100 ℃处理后煤样完整性遭到轻微破坏，无明显裂隙，中倍镜下孔隙数量增多并呈明显聚集分布。200 ℃处理后煤样完整性遭到一定破坏，中倍镜下煤体表面较平

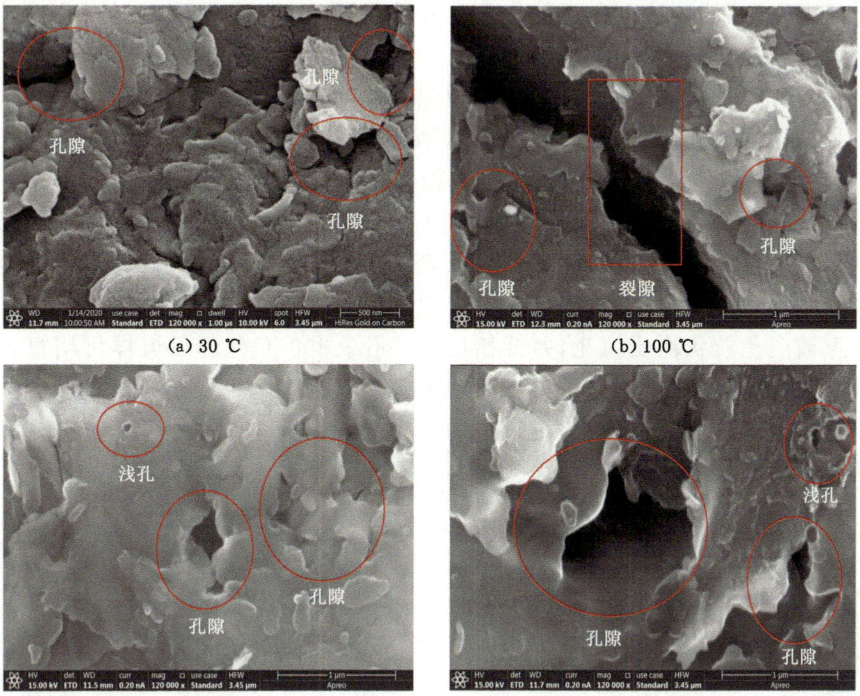

(a) 30 ℃　(b) 100 ℃　(c) 200 ℃　(d) 300 ℃

图 2-13　高倍镜下不同温度 DT 煤样的孔裂隙结构

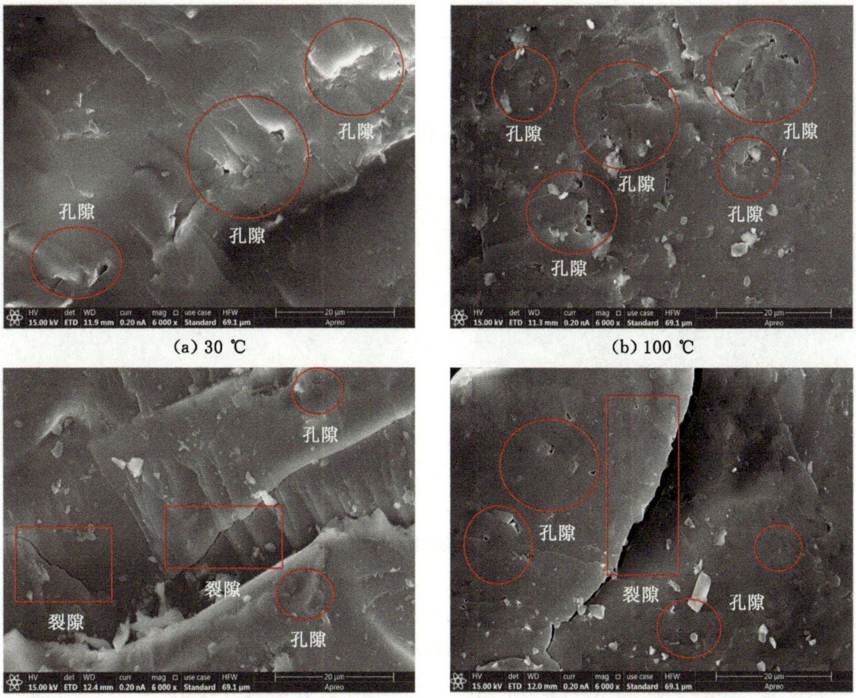

(a) 30 ℃　(b) 100 ℃　(c) 200 ℃　(d) 300 ℃

图 2-14　中倍镜下不同温度 BJG 煤样的孔裂隙结构

整，但可明显观察到裂隙，且部分裂隙将多个孔隙贯通。300 ℃处理后煤样完整性遭到一定破坏，低倍镜下能够观察到大裂隙，各裂隙之间相互贯通，连通性较好，煤体表面结构有膨胀脱落迹象。裂隙结构、孔隙数量明显增多，裂隙宽度显著增加，裂缝边缘光滑，煤体表面虽然同样被白色碎粒状物质附着，但数量相比烟煤要少。

由图 2-15 可知，高倍镜下常温煤样表面较为平整，存在少量直径小于 2 μm 的小孔隙，形状多呈圆形、椭圆形，且无明显孔裂隙。100 ℃处理后煤样完整性遭到轻微破坏，无明显裂隙，孔隙相邻分布，形状多呈椭圆形、圆形，煤表面有较多白色粒状物质，并可观察到直径小于 0.5 μm 的小孔。200 ℃处理后煤样表面开始附着白色粒状物质，孔隙形状多呈三角形，部分孔隙被白色粒状物质填充，并开始出现浅孔。300 ℃处理后煤样可明显观察到孔隙数量明显增多，孔隙多呈聚集分布，可明显观察到形状为椭圆形及长条形的浅孔。对比烟煤与无烟煤三种不同放大倍数的扫描图像可明显发现，相同温度下无烟煤受到热损伤程度更小，由此推断不同变质程度的煤，其煤阶越高对温度的忍耐度越好。

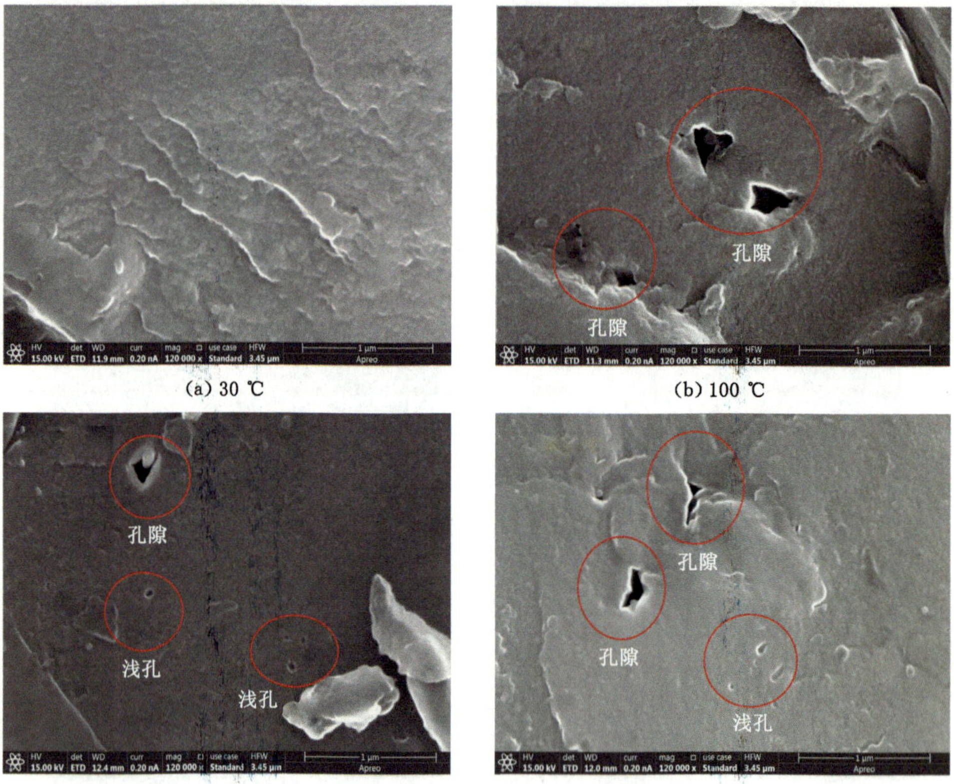

(a) 30 ℃　(b) 100 ℃　(c) 200 ℃　(d) 300 ℃

图 2-15　高倍镜下不同温度 BJG 煤样的孔裂隙结构

（二）煤岩热损伤过程中成分变化

为探究温度对煤体内部成分的影响，对四种不同温度处理后的 DT 煤样进行 X 射线衍射分析（XRD）实验，XRD 采用 XRD-700 型 X 射线衍射仪（图 2-16）。为了保证煤样的原始特征不被破坏，因此不做脱灰处理。煤的粒径为 0.178～0.25 mm，取绿豆粒大小的煤样放入玻璃载玻片，然后均匀铺开，装入 XRD 分析仪样品架进行分析。

图 2-16　XRD-700 型 X 射线衍射仪

实验采用铜靶辐射，持续扫描模式，设置管压为 40 kV，管流为 40 mA，扫描 2θ 角范围为10°～80°，扫描速度为 4°/min。原始数据波形曲线如图 2-17 所示。

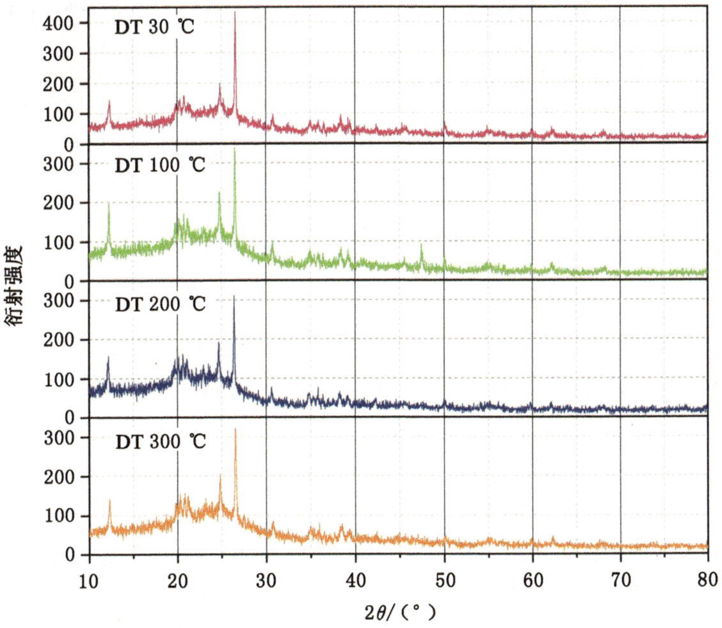

图 2-17　原始数据波形图

采用 Jade6.5 软件对原始谱图处理得到不同温度下的煤样矿物成分，并对煤中部分常见矿物成分进行定量分析。

由图 2-18 可知，随着温度的增加，四种矿物的相对含量存在明显的变化，高岭石、珍珠石与地开石的分子式均为 $Al_4[Si_4O_{10}](OH)_8$，其差别在于内部晶体结构不同。埃洛石晶体结构与高岭石相似，但结构单元层之间有层间水存在，也被称为多水高岭石，分子式为 $Al_2[Si_2O_5](OH)_4 \cdot 2H_2O$。在常温至 100 ℃温度段，地开石相对含量显著增加，表明部分矿物晶体结构发生变化，转化为结晶更好的塔形晶体，从而变为地开石，新生成的地开石不排除是由其他三种相同分子式的矿物转化而来，100 ℃之后，地开石仍有较为明显的增加，但转化效率明显降低，表明在常温至 100 ℃温度段矿物转化效率最高；埃洛石在温度升高之后内部结晶水逐渐蒸发消失从而转化为高岭石，因此随着温度增加，其矿物含量占比显著降

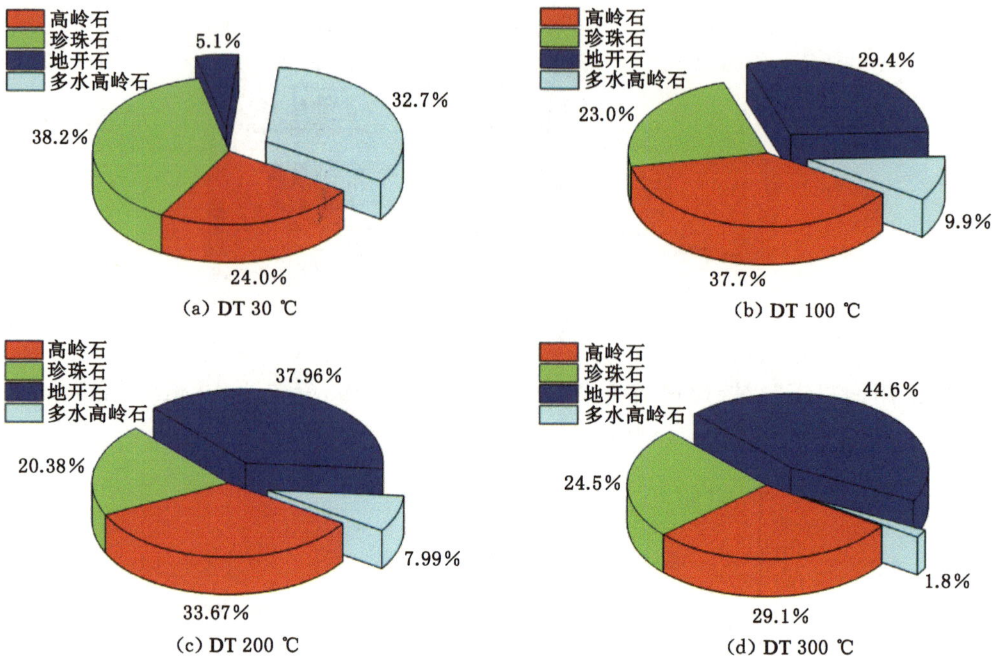

图 2-18　原始数据衍射图

低，其中在 30 ℃至 100 ℃温度段降低趋势最为明显。高岭石与珍珠石矿物占比始终维持在较高的水平，表明该两种矿物结构较为稳定，在 300 ℃之前其结构并无明显变化。由 XRD 实验可知，常温至 100 ℃温度段内，煤体内部矿物晶体结构变化显著，该温度段大量结晶水受热蒸发消失，从而可观察到煤体表面出现大量气孔，总孔容也因此相应增加达到所测得的最大值。

（三）煤岩热损伤过程中内部官能团变化

为探究不同温度处理后煤的官能团变化及差异特性，对平庄煤矿（PZ）的褐煤、东滩煤矿（DT）的烟煤和白芨沟煤矿（BJG）的无烟煤进行傅立叶变换红外光谱（FTIR）实验。在进行 FTIR 实验时，首先在干燥箱中以 30 ℃的低温将煤样干燥 5 h 去除水分，然后用压力机把研磨均匀的 KBr 在 10 MPa 压力下持续 2 min，制成半透明薄片，作为空白背景扫描。最后将 KBr 与 0.075 mm 粒径的煤样按 1∶150 比例混合研磨，采用同样的方法制成样品薄片后开始扫描。实验扫描范围为 400～4 000 cm^{-1}，分辨率为 1.92 cm^{-1}，重复扫描 32 次。

三种煤样在不同温度处理后的测试结果如图 2-19 所示。

以 DT 煤样为例，首先对谱峰位置在 1 264～1 255 cm^{-1} 附近的曲线通过 Peakfit 软件进行分峰拟合，如图 2-20 所示。

然后分别对谱峰位置在 1 379～1 373 cm^{-1}、1 760～1 680 cm^{-1}、2 858～2 847 cm^{-1} 处附近的曲线进行分峰拟合，分别得到了—CH_3、—COOH、—CH_2 含量随温度的变化规律，最终 DT 煤样四种官能团的变化特征如图 2-21 所示。

由图 2-21 可知，芳香醚在常温时的含量最高为 2.2%，300 ℃烘烤后其含量最低为 0.7%，随温度升高而逐渐降低，这是由于芳香醚与氧气发生反应持续被消耗。芳香醚具有较高的活性，低温下就容易与氧分子发生反应放出热量。芳香醚与氧气的反应也使得桥键

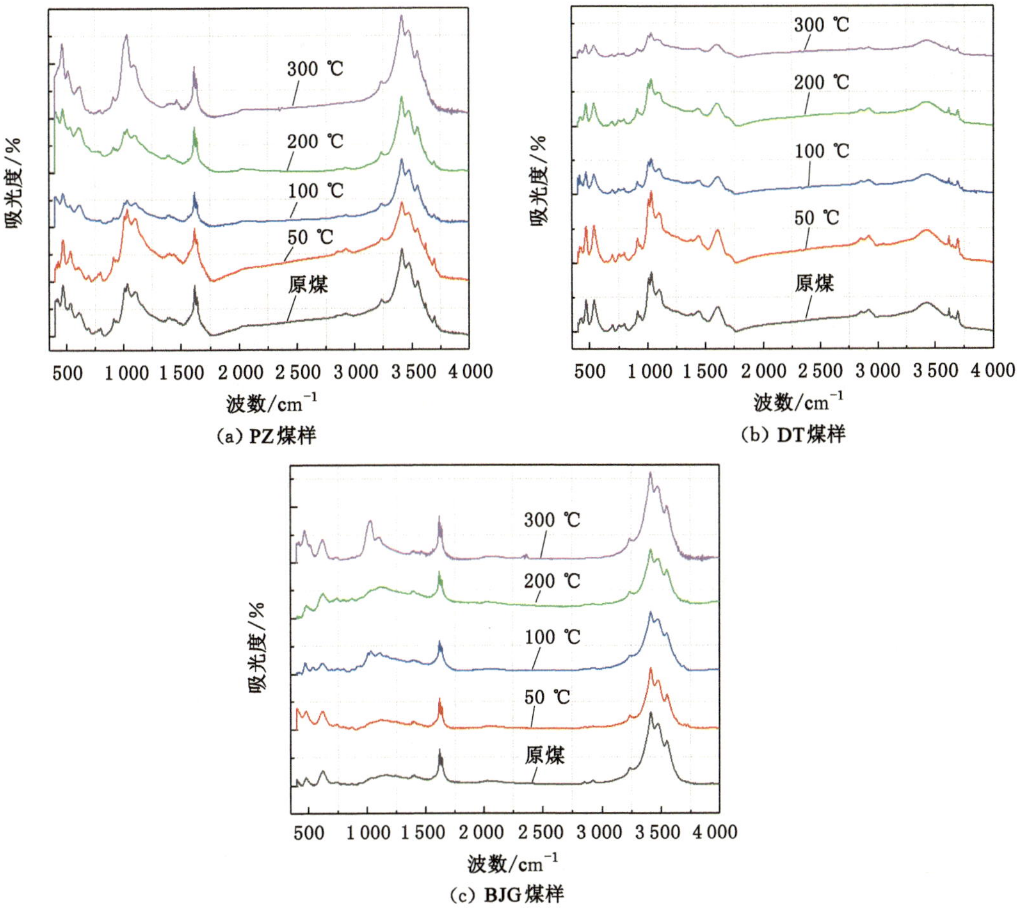

图 2-19　不同煤样的红外光谱测试图

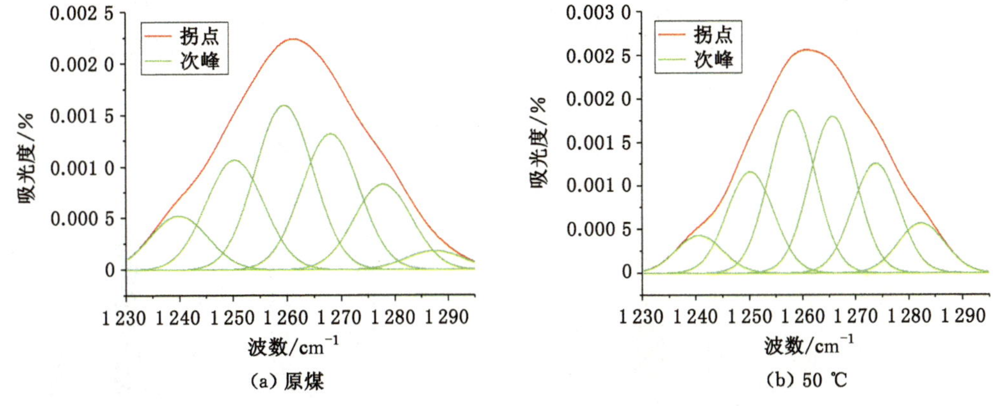

图 2-20　DT 煤样芳香醚的分峰曲线

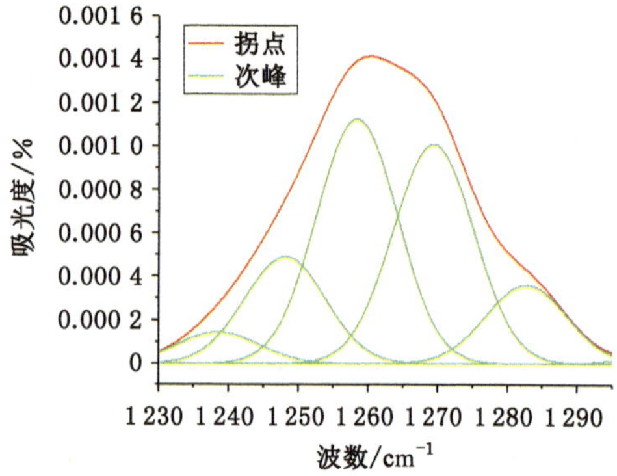

(c) 100 ℃

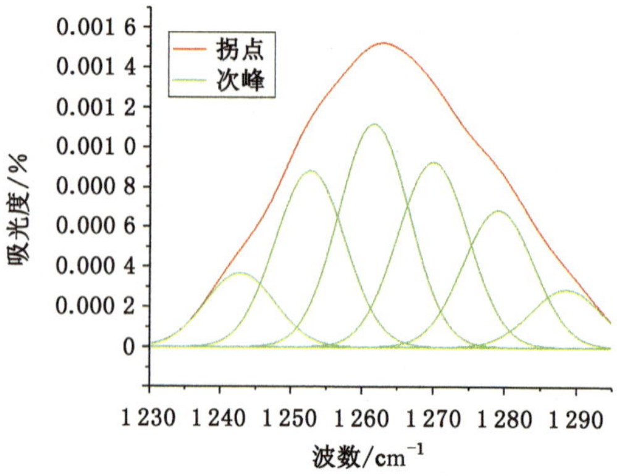

(d) 200 ℃

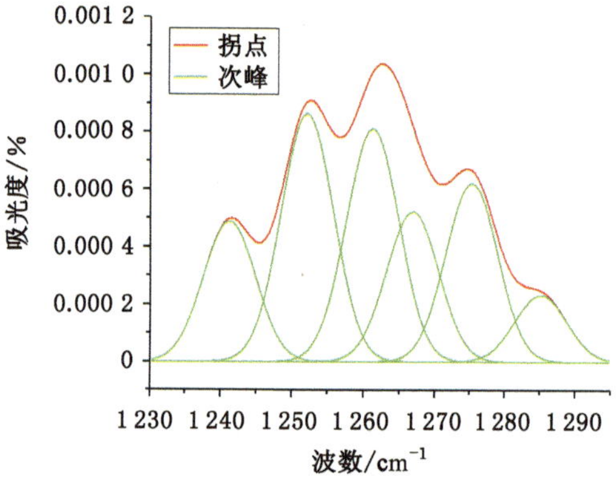

(e) 300 ℃

图 2-20 （续）

结构被破坏造成煤分子结构进一步裂解。—CH_3的含量随着烘烤温度的升高先增后减，在100 ℃时由1.3%升到1.75%，之后迅速降低至0.3%。从图中可以看出，—COOH在常温阶段的含量是2.5%，之后逐渐升高到100 ℃时的3.6%，之后开始降低，300 ℃最低为1.75%。这是由于脂肪烃（—CH_3、—CH_2）易与氧气反应生成—COOH，随着煤氧化反应的逐渐激烈，大量脂肪烃参与反应产生新的—COOH，而后随着脂肪烃的消耗以及—COOH

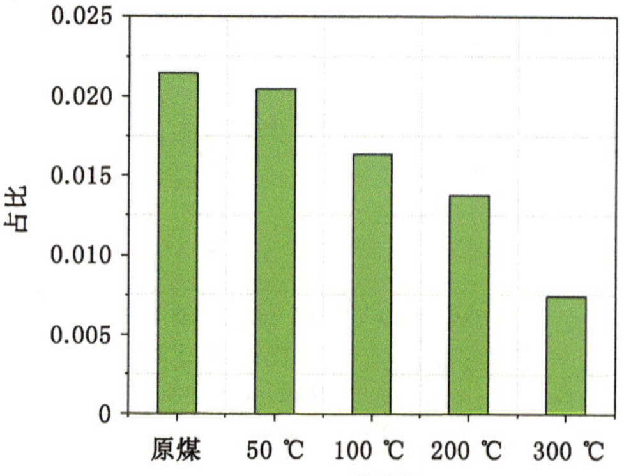

(a) 芳香醚

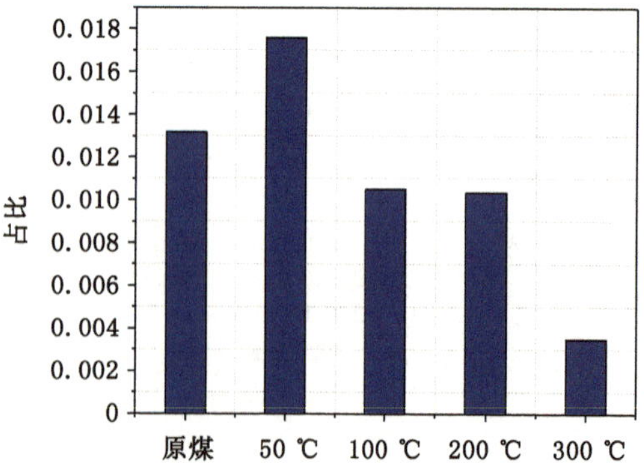

(b) 甲基

图 2-21　DT 煤样四种官能团的变化特征

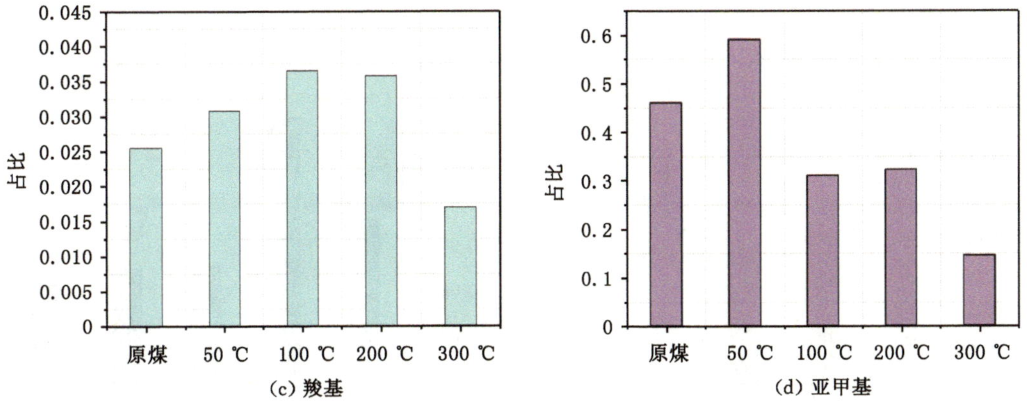

图 2-21　（续）

自身的快速分解使其含量迅速下降。

—CH_2含量与—CH_3含量的变化规律基本一致，均随温度的升高先增大后减小，常温阶段含量是 45%，之后逐渐升高到 50 ℃时的 58%，50 ℃之后开始降低，300 ℃时最低，降低到 14%。同样是因为脂肪烃在低温条件下生成量大于消耗量使得其含量增加，而随着温度的升高，—CH_2被氧化消耗，含量降低。

按照同样的办法，计算归纳 PZ 煤样以及 BJG 煤样的官能团变化特征，结果如图 2-22

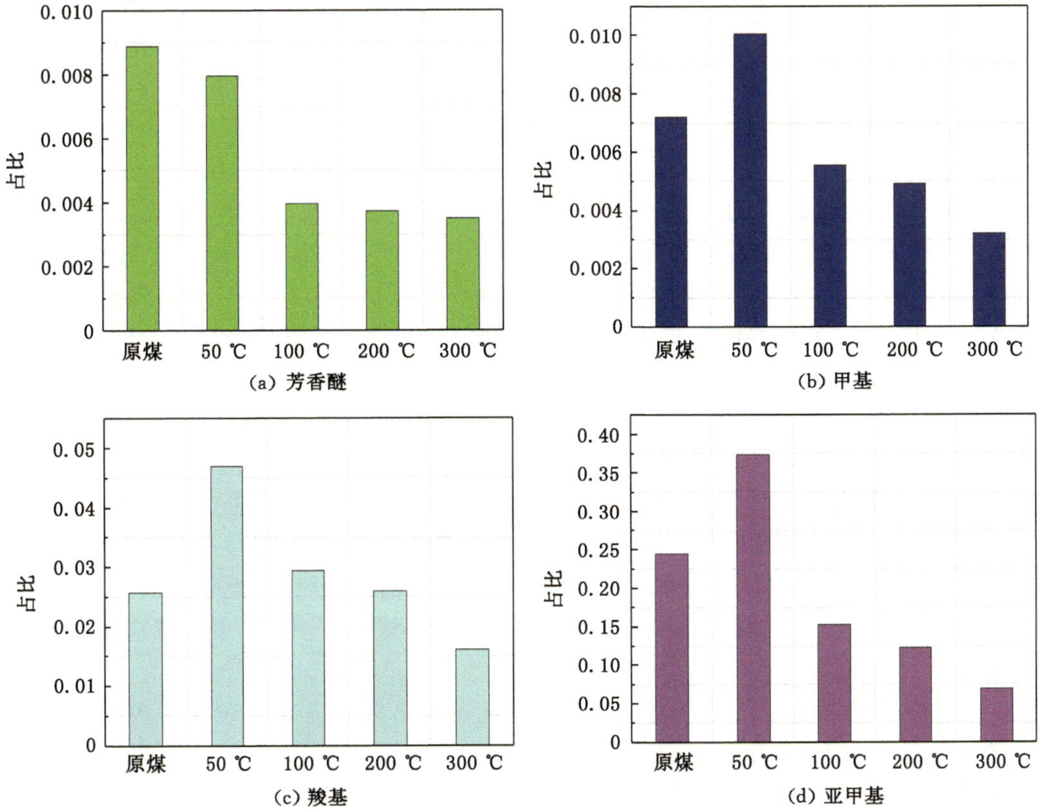

图 2-22　PZ 煤样官能团含量变化图

和图 2-23 所示。

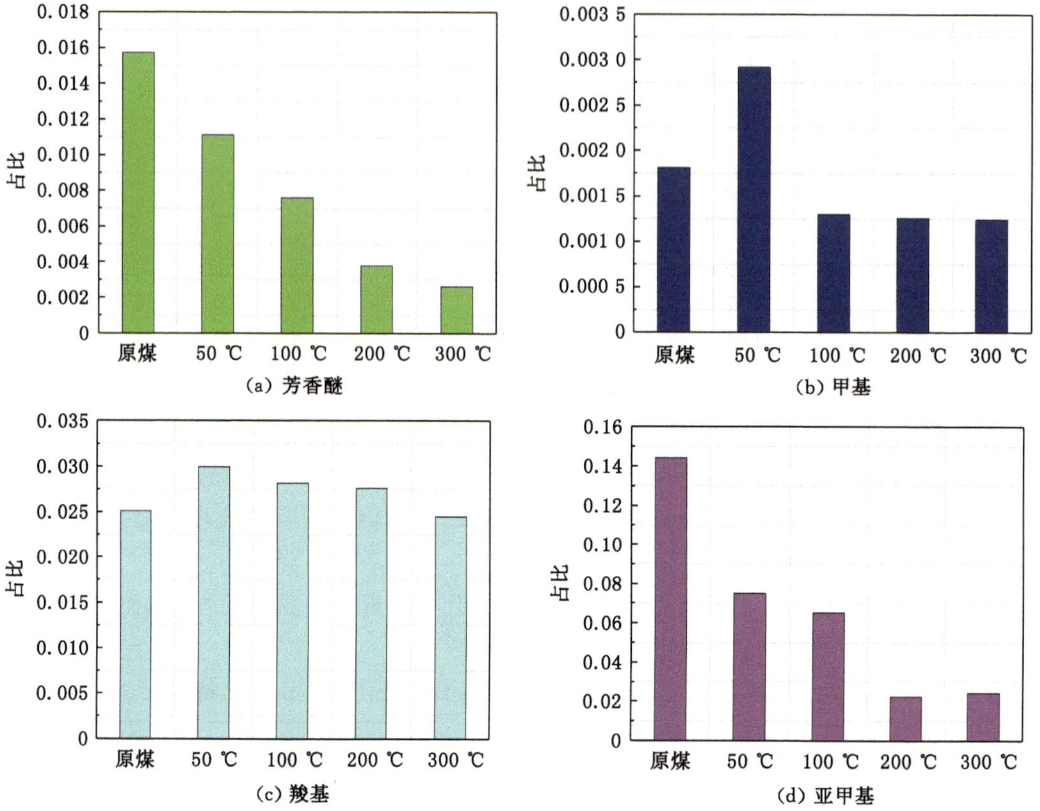

图 2-23　BJG 煤样官能团含量变化图

图 2-22 表明随着温度的升高，褐煤中芳香醚含量逐渐降低，由常温的 0.86%减少到 300 ℃时的 0.37%，随着温度的升高，芳香醚与氧气发生反应持续被消耗。羧基的含量先增后减，在常温状态下含量是 2.5%，之后在 50 ℃时升高到 4.7%，50 ℃后开始降低，300 ℃时含量最低为 1.6%。脂肪烃的含量随着温度的升高先增后减，含量最高的是 50 ℃处理的煤样，相比常温增加 30%～40%。之后开始减少，到 300 ℃时含量最低，—CH_3 从原来的 0.72% 减少到 0.31%，损失量大于 50%，—CH_2 含量从原来的 24%减少到 7%，损失量大于 70%。

图 2-23 表明随着温度的升高，芳香醚含量由常温时的 1.58% 到 300 ℃时减少到 0.24%。羧基的含量随着温度的升高先增后减，波动不大。BJG 煤样—CH_3 的含量随着温度的升高先增后减，—CH_2 却一直降低，—CH_2 含量最高的是原煤，随温度升高逐渐减少，到 300 ℃ 时含量最低从原来的 14.5%减少到 2.2%，损失量大于 80%，表明反应中脂肪烃被不断消耗。

对比分析三种煤样的 FTIR 数据，其中官能团总量最多的是 DT 煤样，最少的是 BJG 煤样，结果如图 2-24 所示。随着煤变质程度的提高，煤中活性官能团的含量先增后减。由图 2-24 可知，煤中含量最高的官能团是—CH_2，含量最少的是—CH_3，且—CH_2 是最活跃的基团，—CH_2 的含量随温度的升高变化幅度最大。随着温度升高 PZ、DT 煤样的—CH_2 含量先增后减，50 ℃以下温度作用使得两种煤样内部活性基团增多，温度大于 50 ℃后两种煤样内部活性基团数量开始减少。

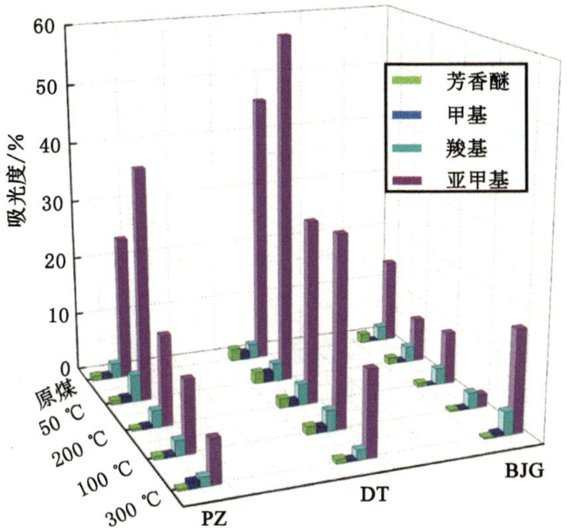

图 2-24　不同变质程度煤官能团变化规律图

（四）煤岩热损伤过程中孔隙结构的比表面积变化与分形特征

进行低温氮吸附探究煤岩热损伤过程中孔隙结构的比表面积与分形特征的变化规律，首先将不同温度处理过的煤样进行筛分，得到规格为 40～80 目的煤粉，然后将筛好的煤粉放入干燥的样品管脱气，煤岩体受热膨胀、破裂的过程不可逆，因此为避免脱气温度过高改变煤样孔裂隙结构，将煤样的脱气温度设置为低于处理温度，此时煤体孔裂隙结构不会受到影响。由于脱气需要去除水分及空气，常温下水分难以去除，因此将常温与 50 ℃处理的样品在 50 ℃下真空脱气 48 h，100 ℃、200 ℃、300 ℃处理的样品在 100 ℃下真空脱气 12 h。

通过 BET 模型计算煤样比表面积，其中比表面积的计算是基于相对压力 0.05～0.35 的氮气吸附数据，BET 模型方程为：

$$\frac{p/p_0}{V(1-p/p_0)}=\frac{C-1}{V_m C}\cdot p/p_0+\frac{1}{V_m C} \tag{2-11}$$

式中　p/p_0——相对压力；

V_m——单分子最大氮气吸附量，cm^3/g；

C——常数；

V——相对压力下吸附的氮气量，cm^3/g。

比表面积 S_{BET} 的计算公式为：

$$S_{BET}=\frac{V_m\cdot N\cdot A_{N_2}\times 10^{-3}}{22.4} \tag{2-12}$$

式中　N——阿伏伽德罗常数；

A_{N_2}——氮气原子表面面积。

根据 BET 方程绘制 BET 曲线，对曲线进行线性拟合，根据斜率与截距求得单分子层饱和吸附量，从而计算出样品的比表面积，如表 2-5 所列。

表 2-5 煤样比表面积

煤	DT					BJG				
温度/℃	30	50	100	200	300	30	50	100	200	300
比表面积/(m^2/g)	1.315 0	1.802 3	2.039 2	0.915 2	2.562 5	0.291 6	0.321 6	2.618 3	0.551 8	0.400 1

由表 2-5 分析得到，随着温度的升高，DT 煤样比表面积先增大后减小再增大。在常温到 100 ℃区间内，由于煤样的热蒸发作用，煤样中易挥发物质受热挥发产生大量孔隙，因此煤样比表面积增大了 55%。200 ℃时，煤样比表面积明显下降，并发生煤体热膨胀，使微孔被挤压导致数量减少，比表面积减小 55.1%。煤样在 300 ℃时比表面积大量增大，该温度下由于煤体出现热破裂并伴随热分解作用，结构受到严重破坏，出现大量孔裂隙，从而比表面积增大了 180%。BJG 煤样比表面积先增大后减小，在常温到 100 ℃区间内，由于热蒸发作用，煤样比表面积增大了 800%，在 200 ℃到 300 ℃区间内，由于热膨胀作用煤样比表面积降低了 84.7%。

煤的表面形态和孔隙结构具有自相似性，因此能够使用分形理论[98-99]对煤的表面形态和孔隙结构分形特征进行分析。通俗来说，分形具有以非整数维形式充填空间的形态特征。通常将分形定义为“一个粗糙或零碎的几何形状，可以分成多个部分，且每个部分都（至少近似的）是整体缩小后的形状”，即具有自相似的性质。分形一词，是芒德勃罗创造出来的，其原意具有不规则、支离破碎等意义。

分形维数 D 是分形理论中最重要的参数，用于定量表征材料结构的复杂性及粗糙程度，它可以通过不同的分形模型计算得到，为避免拉伸强度效应影响，在氮气吸附分支采用 FHH 模型对孔隙结构进行表征，该模型方程如下[100]。

$$\ln(V/V_m) = C' + A\ln[\ln(p_0/p)] \tag{2-13}$$

式中 p——气体吸附平衡压力，MPa；

p_0——饱和蒸气压，MPa；

V——平衡压力下气体吸附体积，mL/g；

V_m——单分子层吸附体积，mL/g；

C'——拟合常数；

A——$\ln(V/V_m)$与$\ln[\ln(p_0/p)]$绘制的双对数曲线的斜率[101]。

分形维数使用毛细力计算，即“$D=A+3$”，在“$\ln[\ln(p_0/p)]=0.5$”处将分形曲线分成两部分，两部分的分形维数分别用 D_1 和 D_2 表示，其中 D_1 为高压段分形维数，即孔隙结构分形维数，D_2 为低压段分形维数，即孔隙表面分形维数。

图 2-25、图 2-26 分别为 DT 与 BJG 煤样的分形维数特征图。

由图 2-25 可知，随着温度的升高，DT 烟煤孔隙表面分形维数（D_2）总体呈现上升趋势，表明煤表面孔裂隙结构趋于复杂，在常温到 100 ℃温度内，煤体表面水分及易挥发物质受热蒸发，从而煤表面气孔数量增多，并开始出现小裂纹，煤表面结构更加复杂；当温度达到 100 ℃时，D_2 呈现下降趋势，表明此温度下煤表面结构趋于平整，此温度下煤体由于受热膨胀，将表面部分孔裂隙挤压闭合，致使煤表面结构复杂性降低，D_2 相应降低；当温度达到

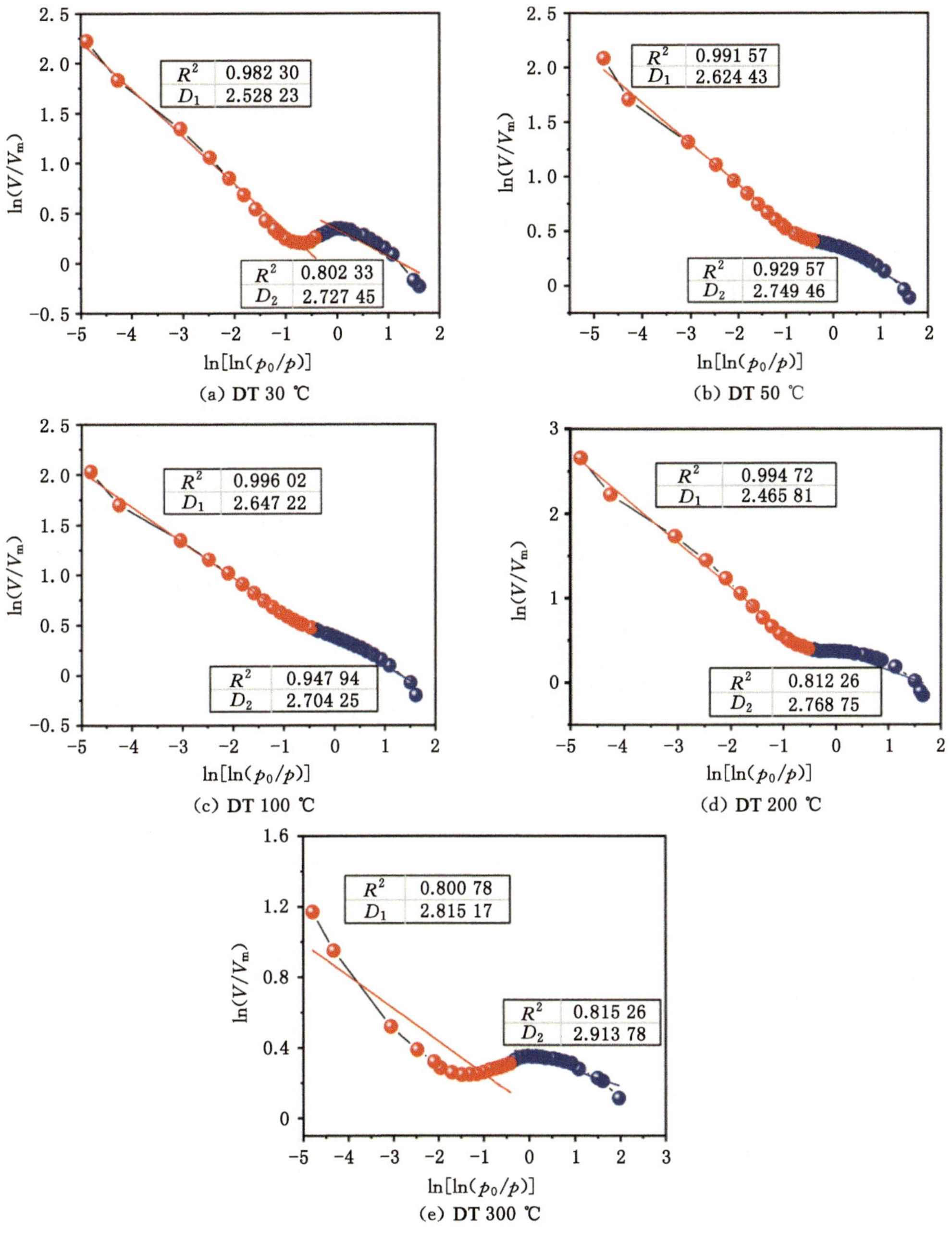

图 2-25　DT 煤样的分形维数特征

200 ℃以上时，由于煤的不均质性，组成煤各物质的热膨胀系数不同，热应力超过煤体结构可承受最大应力，致使煤体结构破裂，从而孔隙表面分形维数升高；300 ℃时煤在受热膨胀和热分解双重作用下出现脱水脱羧现象，表面结构被严重破坏。

DT 烟煤孔隙结构分形维数(D_1)在常温到 100 ℃区间内，随着温度升高由于热蒸发作用，煤体结构趋于复杂，D_1 增大；在 200 ℃时由于热膨胀作用，孔隙结构趋于平整，D_1 减小；

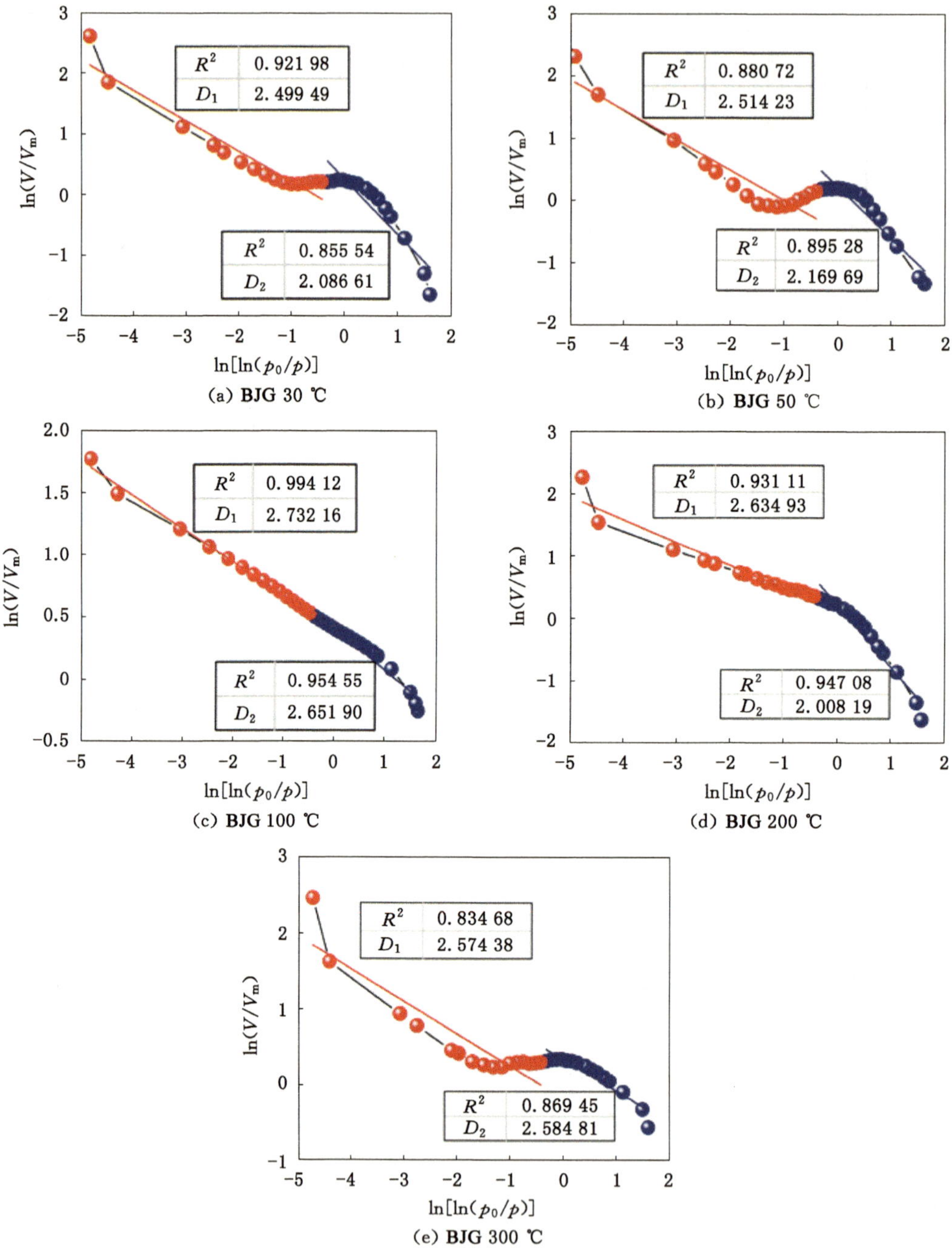

图 2-26　BJG 煤样的分形维数特征

300 ℃时热膨胀和热分解双重作用导致煤体结构趋于复杂。与 D_1 相比 D_2 下降的温度更多，这是由于 D_1 为结构分形维数即加热时煤体内部受热不完全，当表面温度为 100 ℃时其内部未达到该温度，因此分形维数下降点延后。BJG 无烟煤的 D_2 与 D_1 变化趋势同烟煤 D_1 大体相同，产生该趋势的原因也因此相同，但无烟煤 D_1 在 300 ℃时没有升高，可能是由于无烟煤煤阶更高，燃点更高，结构相对稳定，300 ℃不足以将其内部结构严重破坏。

二、煤岩升温损伤破坏过程中声信号产生机制

（一）煤岩升温损伤破坏过程中次声波产生机制

在煤自燃过程中煤岩结构破坏的根本原因就是温度造成的热损伤，这些热损伤类型主要包括共价键的断裂、裂纹的产生和扩展、裂纹间的相互作用等。相关研究表明，热损伤会造成煤体内部的微孔逐渐向介孔和大孔发育，促进了煤体内部裂隙的扩展和贯通，并且能破坏煤中分子链，造成煤体结构破坏，并且随着温度升高热损伤逐渐增大，因此煤自燃过程中次声波信号与热损伤紧密相关[102]。具体来说，热损伤对煤结构的破坏可分为三种类型。其中：

（1）挥发性物质逸散。在温度较低的时间段，煤中的自由水以及吸附的气体开始脱附，随着温度的升高逐渐出现热蒸发、热分解、烧结等作用，造成煤内部结合水以及挥发分逸散，这一过程不仅会造成煤结构一定程度的破坏，还会改变煤的导热性和热稳定性，加剧煤的热破裂。

（2）分子键断裂。煤中存在大量的共价键和官能团，在煤自燃过程中其内部结构的变化会导致一些共价键和分子键的断裂。此外，由于煤氧复合反应，煤内部的官能团会与氧气发生反应，造成煤分子侧链断裂，释放出烃类气体。温度继续升高，煤的芳香结构也会参与反应，煤结构变化逐渐剧烈。

（3）裂纹扩展和矿物颗粒破裂。煤体各矿物组分的热膨胀系数不同，因此在相同的温度下各矿物组分的膨胀变形存在差异，互相制约，这就在各矿物组分之间造成应力集中并产生了热应力。随着温度的逐渐升高，当热应力超过矿物颗粒之间的黏滞力时就会产生裂纹，并发生破裂。

煤的结构损伤是次声波产生的原因，进一步梳理得到次声波的来源主要有几个方面，如表 2-6 所列。

表 2-6　次声波的来源

	来源	类别
次声波来源	键能的释放	分子键断裂
		桥键断裂
	煤颗粒的断裂	胶结物断裂
		矿物质断裂
	裂纹的生成和扩展	原生裂纹的产生和扩展
		新裂纹的产生
	裂纹的发展	裂纹之间的碰撞和摩擦
	断裂	裂纹扩展引起断裂

其中：

（1）煤是大分子结构，内部存在大量的分子键，在外力的作用下分子基团破坏时会造成大量的共价键断裂。

(2) 煤内部有大量的矿物颗粒，这些矿物质通过胶结物连接，煤在受到破坏时矿物颗粒和胶结物断裂。

(3) 煤内部大量的裂纹在力的作用下扩展，并且会有新生裂纹产生。

(4) 在孔裂隙的发展过程中，裂隙之间相互接触并发生摩擦时也会造成结构破坏。

(5) 当煤中裂隙扩展到一定程度时会引起煤结构的宏观断裂，断裂会造成煤结构严重破坏。

由于煤是一种非均匀介质，孔隙是煤体内部重要的结构，可以把煤比作一个“海绵体”，内部充满了复杂的微小气孔与空洞，大量连续、非连续、贯通、非贯通的裂纹错综复杂，分布在内部空间中，矿物晶体非常不规则地排列在内部，煤体破坏时会同时伴随着高频和低频信号的产生，而临近破坏时产生的破坏尺度较大，因此释放出周期更长的声波，信号开始由高频信号逐渐转为低频信号，煤岩在破坏前次声波信号开始变得活跃。

煤岩体在破裂时产生的声波信号频率往往随裂纹的长度增大而降低。在煤岩破裂的过程中，首先产生微裂纹，然后在外力的作用下裂纹尺度逐渐增大，长度逐渐变长，裂纹间互相作用的速度也在减慢，随之产生的声信号周期会逐渐变长，这些长周期信号可以透过煤岩传播得更远，这就是次声波的形成过程。

(二) 煤岩升温损伤破坏过程中声发射产生机制

煤岩在受到应力作用时会发生一定程度的损伤破坏，由于煤在自燃过程中受热的不均匀性和挥发分、吸附气体、水分散失的影响下，导致了热应力的产生，在热应力的作用下会改变煤样的内部结构。煤的结构变形和孔裂纹的闭合、产生、扩展及断裂是煤自燃过程中声发射信号的主要来源。由于煤是远古动植物遗体在变质作用形成的，是各种原子基团通过不同化学键连接起来形成的大分子结构物质，不同的化学键在分子中比较薄弱，导致在受到外界作用时容易产生破裂，而在这些薄弱的化学键达到受力极限时会发生破裂，从而产生一定的声发射信号。

煤自燃过程中声发射信号的主要来源如图 2-27 所示。

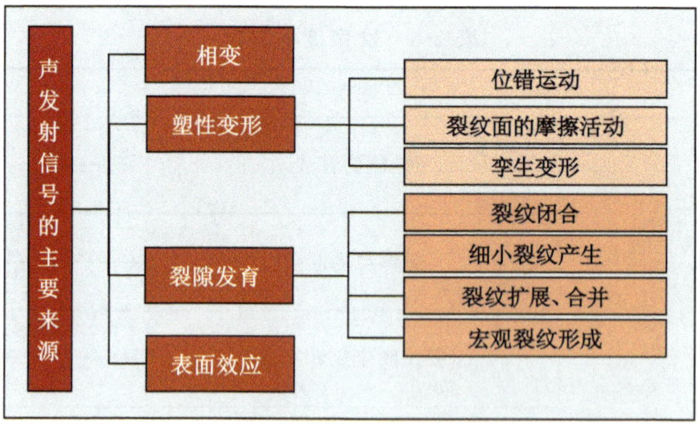

图 2-27　煤自燃过程中声发射信号的主要来源

如图 2-27 所示，煤自燃过程中声发射信号主要有相变、塑性变形、裂隙发育和表面效应四个来源，其中热损伤导致的裂隙发育是煤自燃过程中声发射信号影响最主要的来源。

煤自燃产生变形破裂的过程中，温度产生的热应力不足以破坏煤样结构时，煤体受热膨胀导致裂纹闭合，产生较小的声发射信号。随着温度的升高，煤样结构遭到破坏，导致细小裂纹的产生，进一步使得裂纹扩展、合并，最后致使宏观裂纹的形成，整个过程伴随着不同强度的声发射信号产生。

煤受热时，其连接内部各物质的分子链，在温度作用下断裂或重连，转化为更加稳定的结构，从而转变成新的物质。从化学变化的角度对煤自燃时声发射产生机制进行分析，能够发现在 30～100 ℃温度段，地开石相对含量增加了 24.3%，多水高岭石相对含量减少了 22.8%，此温度段内矿物转化效率最高，但此时的声发射信号较弱；在 100～200 ℃温度段，地开石相对含量增加了 8.56%，多水高岭石相对含量减少了 1.86%，该阶段矿物转化效率明显降低，但此时的声发射信号较为活跃，且产生较高声发射计数；在 200～300 ℃温度段，地开石相对含量增加了 6.64%，多水高岭石相对含量减少了 6.19%，该阶段矿物转化效率仍处于较低水平，声发射信号较上阶段更为活跃，且产生较多高声发射计数。由以上分析可知，随着温度升高，高岭土等物质之间的转化与声发射信号的产生并无明显正负相关关系，但不能完全否定化学反应对声发射信号的影响。

第三章 煤自燃过程中声波测试及信号变化规律

第一节 声波测试装备及系统

一、声波测试装备介绍

为精准记录煤升温及自燃过程中的声波信号，本节根据所需要采集不同频率的声波信号特征，共使用了多功能声波仪(声时声速测试)、数字化网络传输仪(次声波信号监测)、全信息声发射信号分析仪(声发射信号监测)3 种声波测试装备及其配件来采集声波信号，3 种声波测试装备及其配件介绍如下。

(一) 多功能声波仪

多功能声波仪由信号采集模块、微控制主机、高压发射模块、电源模块组成，能够实现首波、声时的精确判读，系统声时测量精度可达 0.1 μs，采样间隔在 0.1～499 μs 范围内可调，声波测试频带范围为 10 Hz～200 kHz，信号增益范围为 0.01～8 000 倍，多功能声波仪实物图如图 3-1 所示，设备技术指标见表 3-1。

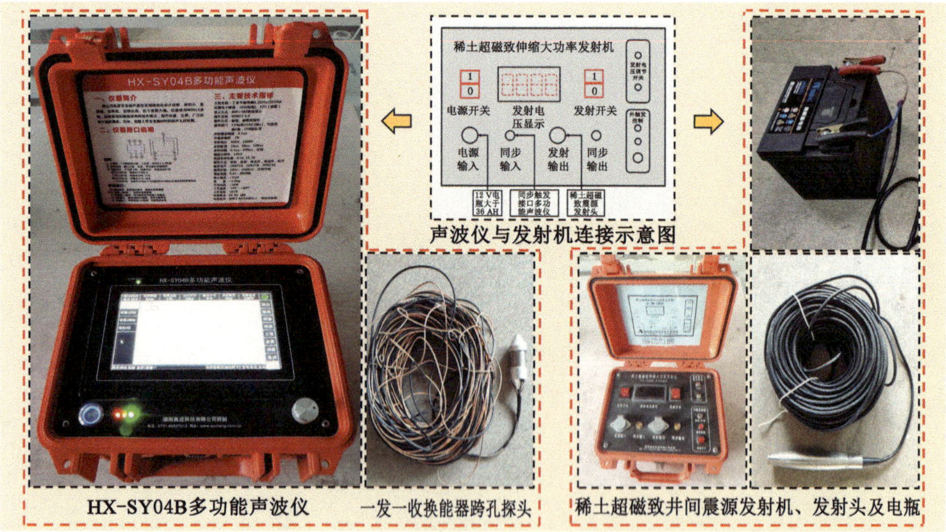

图 3-1 多功能声波仪及其相关设备

表 3-1 多功能声波仪技术指标

指标		参数
声参量指标	声时测读精度	0.1 μs
	声幅准确度	3%
	发射电压	600 V、1 000 V
	发射脉宽	10 μs、50 μs、100 μs
数据采集指标	采样间隔	0.1～499 μs，可调
	幅值分辨率	14 bit
	两道采样长度	0.5 K、1 K、2 K
	触发方式	单发、连发、单次外、连续外、信号触发
	触发电平	10%FSR、20%FSR……70%FSR
	采集模式	自动、手动
放大指标	频带范围	10 Hz～200 kHz，分挡可调
	增益范围	0.01～8 000 倍
	输入噪声	<1 mV

多功能声波仪通过换能器实现声波发射，发射高压达 1 000 V。本节使用一发一收换能器跨孔探头作为声波换能器及声波接收传感器，单个换能器探头能够实现声波的发射与接收。此外，多功能声波仪除了可以使用一发一收换能器跨孔探头来充当声波换能器外，还可以使用稀土超磁致井间震源来实现长距离声波传输所需的高能量声波发射。

如图 3-1 所示的稀土超磁致井间震源发射头，该震源发射头具有发射能量大、频率带宽、余震小的特点，其瞬时发射功率可达 25 kW，发射声波信号频带范围为 250 Hz～10 kHz，发射头尺寸为 ϕ45 mm×300 mm，具有过热、过流、短路自动保护功能。除发射头外，还需连接稀土超磁致伸缩大功率发射机以及便携电源，来实现高能量声波信号发射，稀土超磁致伸缩大功率发射机的连接方式可参照图 3-2 中的发射机与发射头连接。

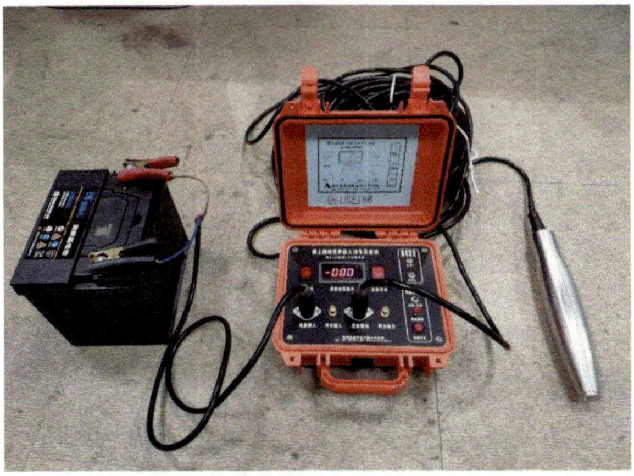

图 3-2 稀土超磁致井间震源连接图

当在大尺度条件下进行声波发射时，声波信号则需要更高的发射能量来增加声波的传播距离，此时，多功能声波仪能够通过连接稀土超磁致井间震源来实现高能量声波发射，这种情况下多功能声波仪需要同时连接稀土超磁致井间震源与单发单收跨孔探头，以实现大功率的声波信号发射与接收。

同时，为精准实现多功能声波仪的多项声波参数测试功能，其采集软件界面如图 3-3 所示。多功能声波仪能够通过连接换能器来保证单发单收换能器跨孔探头发射声波的时间与开始计时的时间同步，从而实现声时判读等多项功能。当使用稀土超磁致井间震源来发射声波时，为实现同步发射时间与计时时间的同步，则需要通过同步线将多功能声波仪与稀土超磁致伸缩大功率发射机进行连接，通过同步信号线连接多功能声波仪控制稀土超磁致震源发射头发射声波。

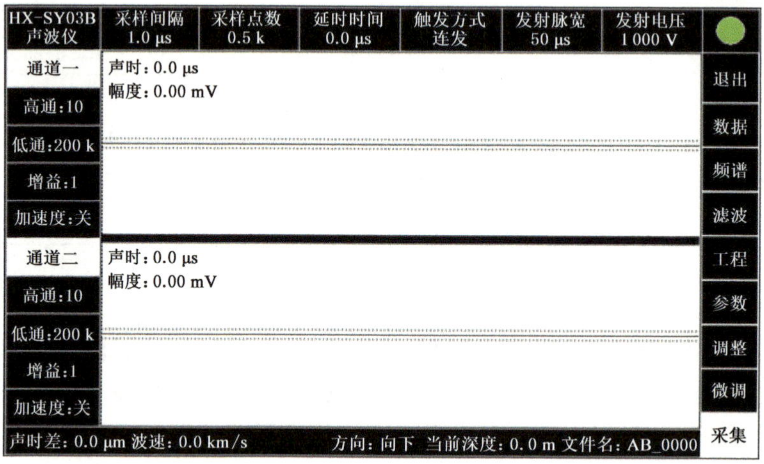

图 3-3　数据采集软件主界面

（二）数字化网络传输仪

数字化网络传输仪是检测次声波信号的关键设备，可以实时采集和存储次声波传感器采集到的信号数据，并将采集的数据传送到采集电脑上安装的 RTU-UDP 数据分析软件中进行数据处理，数字化网络传输仪使用 24 V、3 A 的直流电源，仪器的工作温度为 0～40 ℃，数字化网络传输仪及其配件如图 3-4 所示。

图 3-4　数字化网络传输仪及其配件

数字化网络传输仪通过传输线缆连接次声波传感器，一台数字化网络传输仪可同时插入两个次声波传感器。本仪器选用的次声波传感器为电流型传感器，内部具有敏感的次声波换能元件，次声波信号会引起传感器内部敏感元件的变化从而将次声波信号的变化转换为电流信号，电流输入为 4～20 mA，传感器灵敏度为 0.01 mA/Pa，可测频率范围为 0.001～500 Hz，次声波传感器如图 3-4 所示。次声波传感器将声信号转换为用于记录和存储的电信号，该信号被放大器放大后传输到一种用于储存的数字化网络传输仪中，该传感器的工作原理如图 3-5 所示。

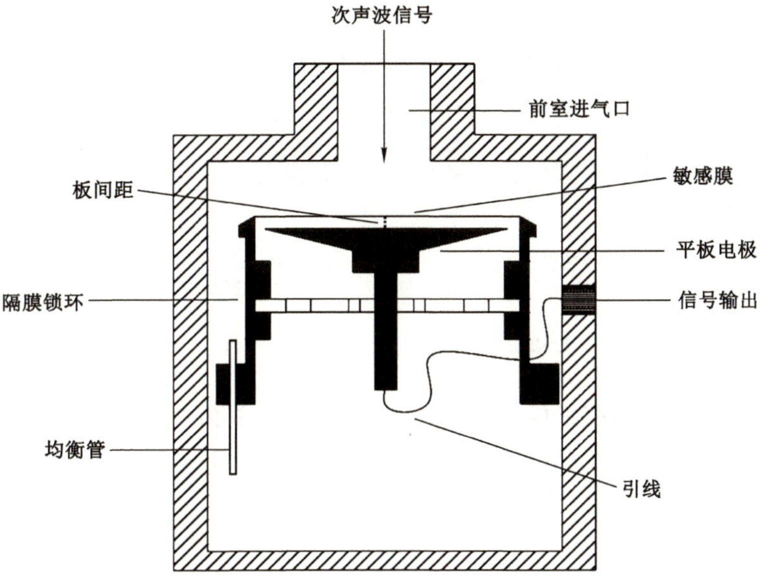

图 3-5　传感器工作原理

其根据电容器的原理，在声压的作用下，电容器的两块板之间的距离发生变化，导致电容器的电容发生变化，从而实现了非电信号向电信号的转换。根据电容的基本原理，当板间距 d 发生变化时，电容的变化为：

$$\Delta C = \frac{\varepsilon S}{4\pi k(d - \Delta d)} \tag{3-1}$$

式中　ΔC——电容差，F；

ε——介质的介电常数，F/m；

S——平行板的面积，m^2；

k——静电力常数；

d——平行板的间距，m；

Δd——平行板的间距差，m。

（三）全信息声发射信号分析仪

为采集分析煤自燃过程中产生的声发射信号，采用全信息声发射信号分析仪，该装备能够实现 8 通道信号参数的同时采集，全信息声发射信号分析仪及其配件如图 3-6 所示。

使用 DS2 系列全信息声发射信号分析仪采集声发射信号时，应将信号分析仪的每个通道与前置放大器和 RS-35C 集成前放传感器串联，为确保通道之间没有干扰，前置放大器通

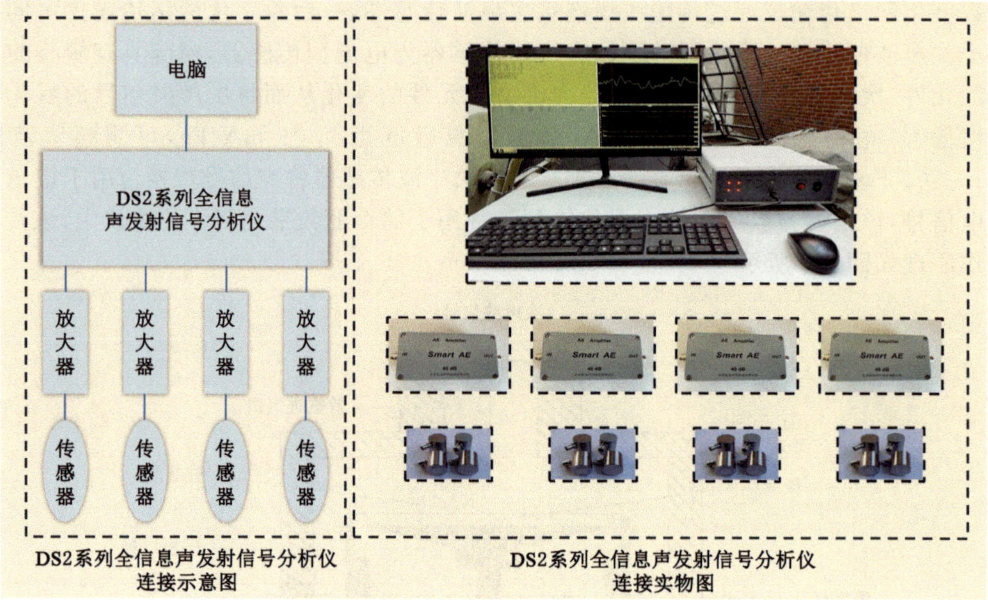

图 3-6 DS2 系列全信息声发射信号分析仪及其配件

过屏蔽线连接到每个通道，前置放大器及 RS-35C 集成前放传感器如图 3-6 连接实物图中所示，声发射信号分析仪连接示意图如图 3-6 连接示意图所示。

将全信息声发射信号分析仪及其传感器、放大器连接完成后，即可使用声发射信号分析仪采集存储 RS-35C 集成前放传感器接收到的煤自燃过程中的声发射数据。在采集完成后，通过声发射信号分析仪确认数据存储成功，并将数据文件导入电脑，即可使用电脑软件来分析采集到的声发射数据。

二、声波测试系统构建

（一）声时声速测试系统

为了实现煤体升温过程中声时、声速等声波信息的测试与分析，建立了煤升温过程中声时声速测试系统，该系统由松散煤体、声波参数测试系统、升温及控温系统、温度监测记录系统组成，其中：

（1）松散煤体

选择东滩煤样进行实验测试，煤样收集于东滩煤矿 3 煤 6303 采煤工作面，根据鉴定煤样自燃倾向性等级属Ⅱ类的烟煤，采煤工作面煤样最短自然发火期为 66 d。为研究采空区松散煤体自燃的探测与预警，建立的实验装置以简化采空区遗煤为现实依据，实验所使用的松散煤体通过自然氧化生成，将自然氧化后的煤通过筛选组成不同粒径混合的煤样。松散煤体通过预先架设的木制框架进行固定，堆积成 150 cm×150 cm×50 cm 的松散煤堆，总装煤体积为 1.125 m^3，如图 3-7 所示。

（2）声波参数测试系统

声波参数测试系统由多功能声波仪、单发单收换能器跨孔探头、稀土超磁致井间震源以及其连接线路组成。

图 3-7 松散煤体模型及现场示意图

使用的声波传感器与换能器为单发单收换能器跨孔探头，单个换能器探头即可实现声波的发射与接收。其连接实物图如图 3-8 所示。

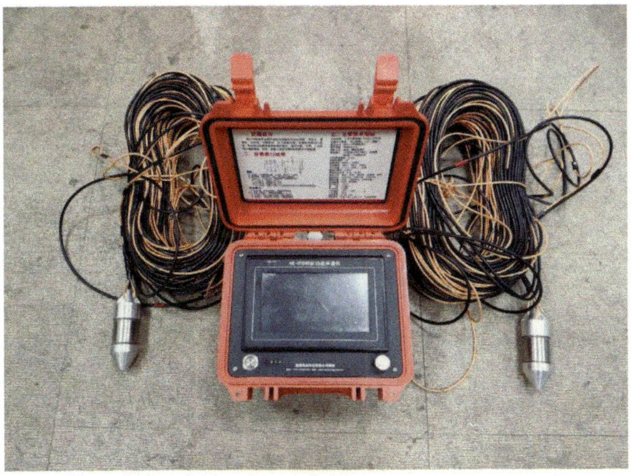

图 3-8 多功能声波仪连接实物图

(3) 升温及控温系统

实验过程中通过电热管的加热实现对煤体的升温。升温及控温系统由电热管、温度控制调节仪、电磁继电器、K 型热电偶、空气开关及相应的导线构成。电热管规格为工作电压 220 V、功率 1 500 W，电热棒升温速率为 1 ℃/s，通过温度控制调节仪可实现常温到 600 ℃的升温及温度保持。电热棒升温及控温系统如图 3-9 所示。

(4) 温度监测记录系统

温度监测记录系统由 8 通道温度采集巡检仪与 K 型热电偶构成。8 通道温度采集巡检仪记录周期可达 0.1 s，可实现 8 路热电偶数据的测量与记录，配备 USB 接口可实现记录数据转储。K 型热电偶探针长度 500 mm、探针直径 5 mm，测温范围为 0～1 100 ℃。温度采集巡检仪和 K 型热电偶如图 3-10 所示。

(二) 小尺寸声波信号监测系统

煤自燃过程中小尺寸声波信号监测系统主要通过加热升温的方式模拟煤自燃的过程，并采集煤自燃过程中温度场数据和声波信号。实验系统如图 3-11 所示，主要由加热供气系统、实验炉体、温度监测系统、次声波监测系统、声发射监测系统、电阻率测试系统六个部分组成。

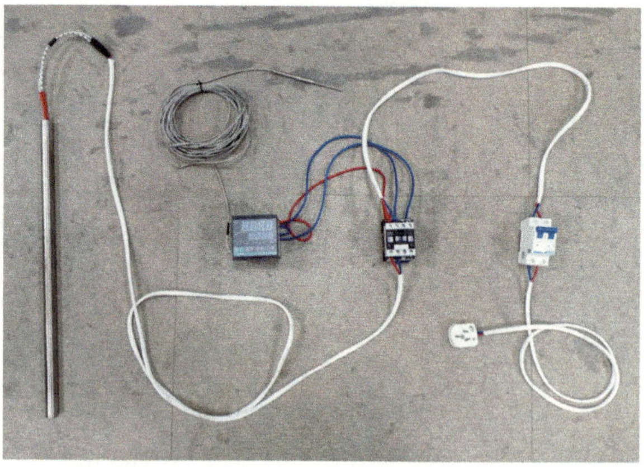

图 3-9　电热棒升温及控温系统

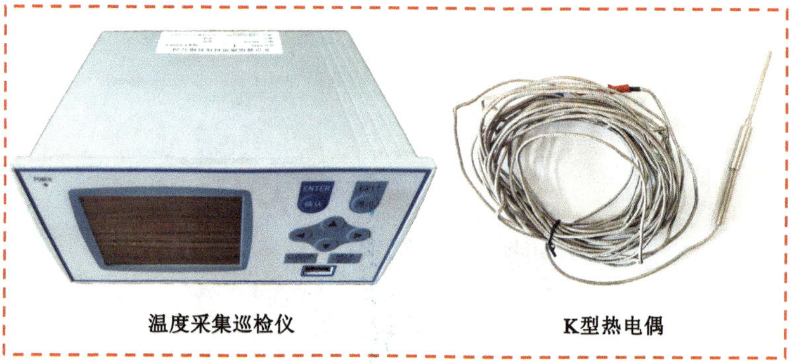

图 3-10　温度采集巡检仪及热电偶

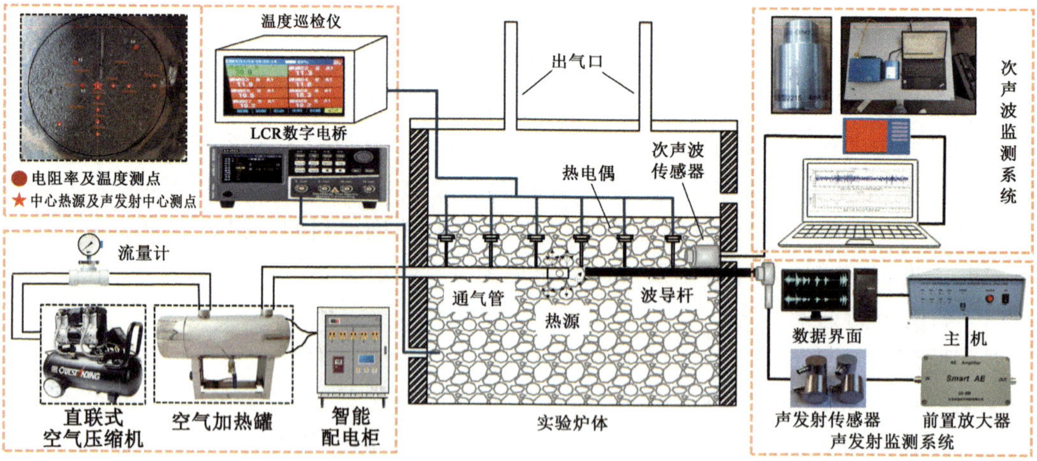

图 3-11　煤自燃过程中小尺寸声波信号监测实验系统图

由图 3-11 可以看出，各实验系统的组成如下：

(1) 加热供气系统

加热供气系统主要由直联式空气压缩机、空气加热罐、供气管路、智能配电柜以及流量计构成。

直联式空气压缩机的主要作用为煤自燃的燃烧提供空气，其功率为 2 200 W，转速为 2 850 r/min，输出流量为 210 L/min，气体容量为 50 L，压力为 0.8 MPa。

流量计的作用是调节空气压缩机的输出流量。

空气加热罐额定电压为 380 V，加热功率为 3 kW，内部有大量电阻丝，通过智能配电柜控制空气加热罐的加热温度，从而加热空气压缩机通入系统内的空气，并将其通入实验的炉体中，以此控制炉内煤体的温度。

实验炉体外部的供气管路采用的是波纹管，并在波纹管外包裹硅酸铝保温材料防止管中热量快速耗散。波纹管的出气口放置在实验炉体煤堆的中心处，出气口安置不锈钢消音器，消除出口处风哨声对实验系统声波采集的影响。消声器的结构可以保证出气口不受堵塞，均匀地为炉内供气加热。

(2) 实验炉体

实验炉体为实验测试平台的主要部分，炉体为双层同心圆圆柱形结构，夹层由保温棉填充，外部直径为 75 cm、高度为 50 cm，炉体内部直径为 70 cm，装煤高度为 40 cm，最大装煤量为 220 kg，且密闭性良好。炉体侧面设有 12 个直径为 3 cm 内外相通的接口，方便通气管路与导线的连接，导线接入后用玻璃胶对接口处进行密封避免漏风，实现了对煤自燃过程高还原的模拟。

(3) 温度监测系统

温度监测系统是由一台温度记录仪和若干 K 型热电偶组成，通过热电偶记录实验炉体煤堆自燃的温度变化情况，热电偶测温范围为 0～1 100 ℃，测点布置如图 3-11 所示。

(4) 次声波监测系统

次声波监测系统主要由次声波传感器、信号传输仪、导线和采集电脑组成。

数字化网络传输仪可以连续收集次声波传感器采集到的信号，并将收集的数据传送到 RTU-UDP 数据分析软件中进行数据处理，次声波传感器为电流型传感器，输入电流为 4～20 mA，传感器灵敏度为 0.01 MV/Pa。采样率、增益倍数、声压变化率等参数可以通过采集电脑进行调节，实验时将次声波传感器埋于煤层中距离底部 350 mm 的位置处。

(5) 声发射监测系统

声发射监测系统由声发射传感器、前置放大器、声发射采集主机、电脑主机、显示器以及波导杆等部分组成，将波导杆的一端埋至通气管的出口处，另一端通至炉体外。将声发射传感器连接在炉体外的波导杆一端，并用耦合剂与胶带固定，然后依次连接前置放大器、声发射采集主机、电脑主机。设置采样率为 200 kHz，放大倍数为 40 倍，并通过断铅实验校准声发射传感器的灵敏度。

(6) 电阻率测试系统

电阻率测试系统主要由 HY2810D 型 LCR 数字电桥和导线组成，HY2810D 型 LCR 数字电桥能测量电阻(R)、电容(C)、电感(L)、阻抗(Z)、电导(G)和导纳(Y)等参数，其中电阻量程为 10 $\mu\Omega$～99.9999 MΩ，可调节 100 Hz～10 kHz 不同测试频率，频率误差仅为 0.02%。实验过程中将铜电极埋入松散煤体进行固定，并通过导线连接铜电极与数字电桥实现对电阻的测量，测点布置如图 3-11 所示。

（三）大尺寸声波信号监测系统

为研究煤自燃发火情况，使模拟环境更加贴近井下煤自燃区域，建立了容量约 15 t 的煤自燃大尺寸实验平台，实现了煤自燃的高还原度模拟，如图 3-12 所示。

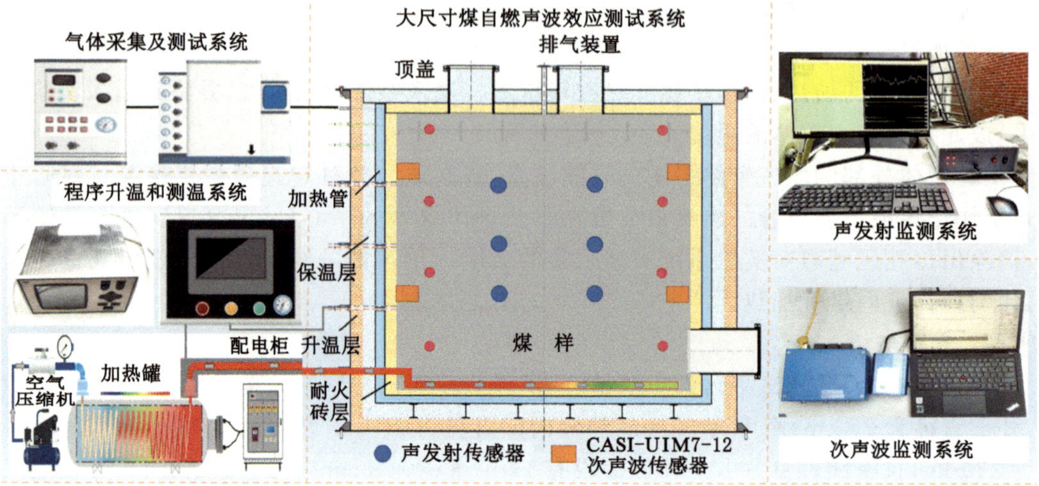

图 3-12 煤自燃过程中大尺寸声波信号监测实验系统图

整个实验平台由供气系统、实验炉体、温度监测系统、次声波监测系统、声发射监测系统五个部分组成。其中：

（1）供气系统由空气压缩机、加热罐、供气管路、流量计组成。

空气压缩机为 GM70-1700W 型空气压缩机，输出流量为 180 L/min，压力为 0.8 MPa，空气压缩机在流量计的调节下向系统中供入流量为 10～150 L/min 的空气，保障煤体的氧化燃烧。

加热罐额定电压为 380 V，内部有大量电阻丝，在智能配电柜的控制下对流入加热罐内部的气体进行加热，从而间接地控制着炉内煤体的温度。实验炉体外部的供气管路采用的是波纹管，并在波纹管外包裹硅酸铝保温材料防止管中热量快速耗散。

在实验炉体内的供气管路是一根不锈钢管，在管上打上 3 个供气孔，并做好防堵塞处理，这 3 个供气孔之间的距离为 500 mm，实验时 3 个供气孔同时为炉内供气。

（2）实验炉体为实验测试平台的主要部分，炉体呈圆柱形，外部直径为 3 730 mm、外部高度为 3 538 mm，炉体内部直径为 2 800 mm，最大装煤高度为 2 350 mm，最大装煤体积为 14.5 m^3，最大装煤量为 16 t，且密闭性良好。炉体侧面设有多个内外相通的接口，便于导线的连接，导线接入后用聚氨酯泡沫对接口处进行密封避免漏风。

（3）温度监测系统。温度监测系统同样是由一台 PR40 温度记录仪和 7 个 WRNK-191 型热电偶组成。

（4）次声波监测系统。次声波监测系统与小尺度煤受热升温实验所采用的设备是一样的，同样包括 CASI-GIM7-12 次声波传感器、CASI-RTU 传输仪、导线和采集电脑，区别在于此次实验次声波传感器的放置位置不同。

（5）声发射监测系统。声发射监测系统由声发射传感器、前置放大器（倍数 40 dB，采样频率 200 kHz）、声发射采集主机、电脑主机、显示器以及波导杆等部分组成，实验前将各零部件按顺序相连，启动声发射监测系统，测试环境噪声，进行降噪处理。在埋设波导杆时，将波导杆一端埋于预先设定好的声发射测试通道处，通过炉体预留的通道口将波导杆引出炉体，并在波导杆的另一端用凡士林与声发射传感器相连接，并用胶带固定；声发射传感器顺次与前置放大器、采集主机和电脑相连接。

第二节　声波测试步骤

一、煤体热物性参数测试及分析

在进行煤升温过程中声波测试实验前，首先应针对实验所用煤样进行热物性参数测试，包括工业分析及热重测试两部分，实验选取平庄(PZ)褐煤、塔山(TS)褐煤、东滩(DT)烟煤、白芨沟(BJG)无烟煤四种煤样进行相关测试。

(一) 煤样工业分析

有研究表明，变质程度越低的煤，其自燃倾向性越低，越容易发生自燃现象，在考虑实验与现场的具体工况条件下，取井下工作面新鲜煤块并用保鲜膜包裹严密运至实验室。制样时首先用砂纸打磨煤块表面去除氧化层，然后利用破碎机和筛子对煤块进行破碎筛分，选取粒径为 0.15～10 mm 的混合煤样共 200 kg 装于实验炉体内，用于煤自燃声波测试实验。煤样的处理根据《煤的工业分析方法》(GB/T 212—2008)对煤样进行工业分析，在获取到分析数据之后，按照《中国煤炭分类》(GB/T 5751—2009)对煤样进行分类，分析结果如表 3-2 所列。

表 3-2　实验煤样工业分析

煤样编号	M_{ad}/%	A_{ad}/%	V_{ad}/%
PZ	13.07	19.22	41.14
TS	3.11	8.92	39.45
DT	2.89	8.34	29.67
BJG	1.27	5.67	8.90

注：M_{ad}表示水分，指煤中水分的含量；A_{ad}表示灰分，是煤在完全燃烧后剩余的不可燃物质部分；V_{ad}表示挥发分，是煤在高温下分解时，除去水分和矿物质部分后，释放出的有机物和无机物的气体总量。

(二) 煤样热重测试

通过 Mettler TGA 2 热重分析仪对平庄(PZ)褐煤、塔山(TS)褐煤、东滩(DT)烟煤、白芨沟(BJG)无烟煤四种煤样进行测试。Mettler TGA 2 热重分析仪如图 3-13 所示。

实验过程中设置升温速率为 10 ℃/min，加热范围为常温至煤燃尽温度，根据预实验升温范围设置为 30～700 ℃，在空气条件下进行，气体流量设置为 50 mL/min。通过热重实验直接导出 TG 数据，将 TG 数据进行微分处理得到 DTG 曲线，四种变质程度煤样的 TG-DTG 曲线如图 3-14～图 3-17 所示。

根据图 3-14～图 3-17 不同变质程度煤样 TG-DTG 曲线中煤体质量随温度的变化规律，选取了 T_1～T_5 五个特征温度点。

特征温度 T_1 被称为干裂温度，该温度煤样中的水分蒸发、气体脱附导致的重量降低与

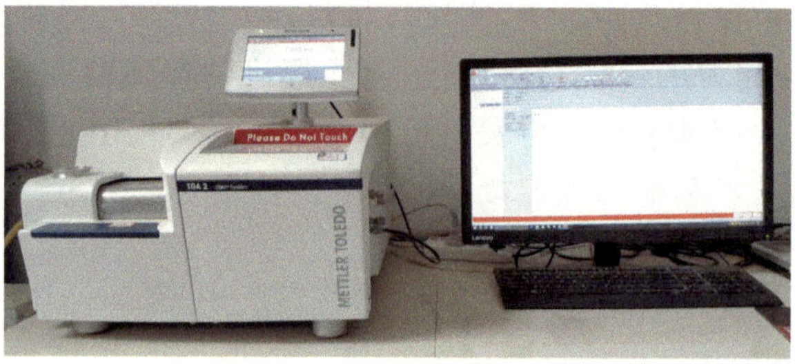

图 3-13　Mettler TGA 2 热重分析仪

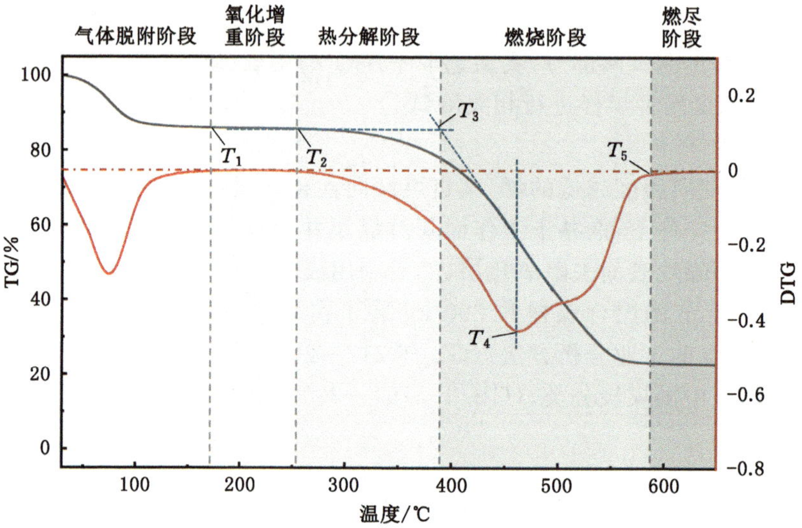

图 3-14　PZ 褐煤 TG-DTG 曲线

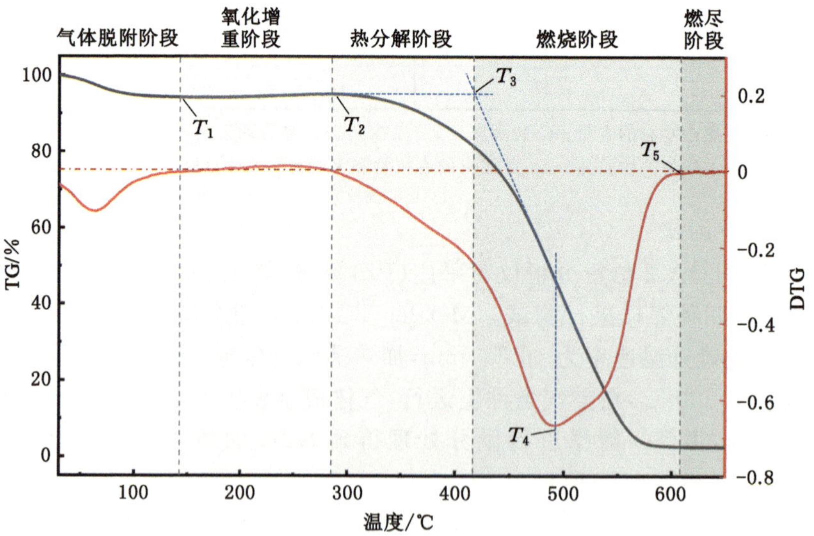

图 3-15　TS 褐煤 TG-DTG 曲线

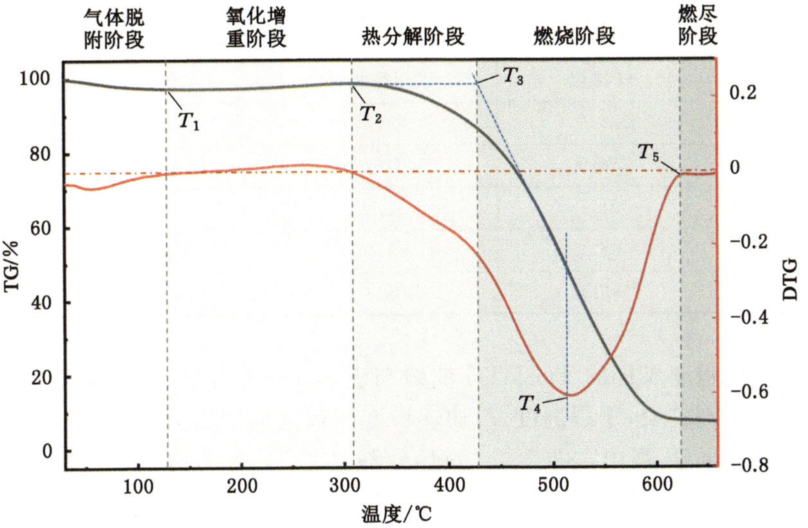

图 3-16　DT 烟煤 TG-DTG 曲线

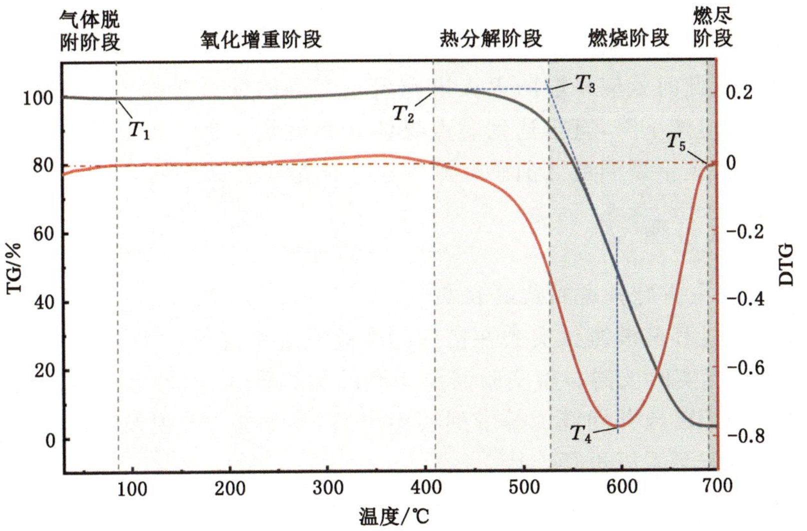

图 3-17　BJG 无烟煤 TG-DTG 曲线

吸氧增重达到平衡。特征温度 T_2 被称为受热分解温度，煤中芳香环氧化破裂，活性官能团参与到反应中，煤样质量开始加速下降。特征温度 T_3 被称为燃点温度，煤体开始燃烧，质量急剧下降，同时放出大量热量。特征温度 T_4 被称为最大失重速率温度，该温度点为 DTG 曲线的最低点，煤体与氧气剧烈反应，耗氧量剧增。特征温度 T_5 被称为燃尽温度，煤样燃烧结束，质量基本不变。根据对 TG-DTG 图像的分析，从煤样质量的变化特征确定四种变质程度煤样的特征温度点如表 3-3 所列。

表 3-3 热重分析特征温度点范围

特征温度点名称	特征温度点/℃			
	PZ 褐煤	TS 褐煤	DT 烟煤	BJG 无烟煤
干裂温度 T_1	224.6	141.6	129.2	92.1
受热分解温度 T_2	254.2	281.2	309.6	410.3
燃点温度 T_3	394.1	415.9	430.3	528.1
最大失重速率温度 T_4	463.4	491.2	515.4	596.3
燃尽温度 T_5	585.4	608.1	627.5	689.8

结合四种变质程度煤样的 TG-DTG 曲线与表 3-3 分析可得，不同变质程度煤样自燃过程的特征温度点差别较大，干裂温度 T_1 随煤样变质程度的增加呈现降低的趋势，PZ 褐煤较 BJG 无烟煤干裂温度 T_1 高出 132.5 ℃，受热分解温度 T_2、燃点温度 T_3、最大失重速率温度 T_4、燃尽温度 T_5 均随着煤样变质程度的增加呈现升高的趋势，其中变质程度最高的 BJG 无烟煤的受热分解温度 T_2 和燃点温度 T_3 比变质程度最低的 PZ 褐煤的分别高出 156.1 ℃和 134.0 ℃。

通过研究发现 PZ 褐煤、TS 褐煤、DT 烟煤、BJG 无烟煤的干裂温度分别为 224.6 ℃、141.6 ℃、129.2 ℃、92.1 ℃，受热分解温度分别为 254.2 ℃、281.2 ℃、309.6 ℃和 410.3 ℃，在煤样达到干裂温度之前就伴随着 CO、CO_2、C_2H_4 和 C_2H_6 等指标气体的生成，并具备自燃危险性，此时就应采取防灭火措施阻止煤温的继续升高。而在超过受热分解温度之后煤的质量会迅速下降，直至达到燃点煤体开始燃烧。为了更好地对煤自燃进行防控与治理，在煤样未达到干裂温度之前感知到煤温变化是非常必要的。

二、声波测试步骤

（一）自燃过程中声时声速测试流程及步骤

松散煤体升温过程声波测试实验在搭建的实验系统中进行。实验步骤如下：

（1）准备和连接实验仪器。将实验需要用到的加热管、电磁继电器、温控仪、热电偶、多功能声波仪和稀土超磁致井间震源等带到实验现场，并分别对升温及控温系统、声波参数测试系统和温度监测记录系统进行连接。

（2）仪器和温度测点的布置。装入实验煤样的同时进行仪器和温度测点的布置，将电热管置于煤体中间位置，将稀土超磁致井间震源与换能器跨孔探头连线中间错开电热管 50 mm 并分别置于电热管两侧，热电偶分别设置在距离电热管 0 mm、50 mm、100 mm 处。电热管、声波换能器、热电偶的布置如图 3-18 所示。

在一次升温实验中按照同样的布置方式分别测试 400 mm、500 mm、600 mm 距离下松散煤体升温过程中声波变化的规律。

（3）实验仪器参数调整。在升温及控温系统中，设置加热温度为 600 ℃。在温度监测记录系统中，设置温度采集巡检仪记录周期为 1 s。在多功能声波仪中设置采样间隔为 40 μs，采样点数为 2 000，刷新间隔 300 μs，触发方式设置为单发，通道设置高通 10 Hz、低通 3 kHz，增益视信号强度设置 80 或 100。

（4）为了避免环境噪声对实验的干扰，选择安静环境进行实验。待一切就绪后启动所

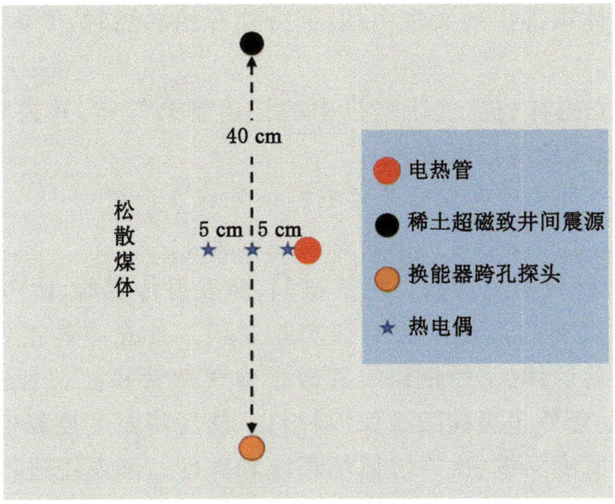

图 3-18　松散煤体升温声波测试示意图

有系统开始实验，实验开始后每隔 10 min 对声波信号进行测试，每次测试重复两遍。

（二）煤自燃过程中小尺寸声波信号监测测试流程及步骤

煤自燃过程中小尺寸声波信号测试的流程及步骤如下：

（1）准备和连接实验仪器。首先把热电偶、电极、声发射波导杆、声发射传感器、声发射主机、放大器、次声波传感器、次声波主机、LCR 数字电桥和采集设备在实验现场按照图 3-11 进行连接，并连接好供气系统。

（2）次声波、声发射仪器、温度传感器以及电极测点布置。实验前边装煤边布置测点，将供气管布置在距离实验炉体底部上方 20 cm 的中心位置，并布置热电偶、电极，中心热源处布置 1 个声发射测点，通过波导杆和声发射设备测试煤自燃产生的声发射信号，再将次声波传感器埋于煤层中距离底部 350 mm 的位置处，最后对实验炉体进行装煤，总填煤高度为 40 cm，装煤体积约为 0.62 m^3。

（3）实验炉体的密封。在测点和温度传感器布置完成的基础上，为降低实验装置的气密性和漏风对煤自燃的影响，封闭炉口并用聚氨酯泡沫和密封胶对炉体周围的通气孔和炉体与炉盖的接触处进行密封处理，仅留下炉盖顶端的两个出气口，用于排出气体和烟雾。

（4）调整仪器参数。打开空气压缩机，调节流量计设置气体流量为 50 L/min，启动加热罐，设置加热温度为 250 ℃。电阻率测试频率设置为 10 kHz，声发射仪器参数设置：采样频率为 200 kHz，放大倍数为 100 倍，量程为 0～99 MΩ，次声波采集系统增益设置为 30 倍，声压变化率为 0.5 Pa，选择传播介质为空气，设置采样率为 40 Hz。根据采样定理，所采集次声波信号的奈奎斯特频率为 20 Hz，声发射信号的奈奎斯特频率为 1 000 kHz，所设参数能够满足后续频域分析的要求。

（5）测试背景噪声，排除干扰。打开次声波采集系统与声发射采集系统，待声波波形信号稳定后开始测试背景噪声，测试时间为 10 min。

（6）打开加热罐，待加热罐温度上升至 200 ℃且加热温度稳定后，开启温度监测装置。炉内的煤通过加热热空气开始积聚热量和自燃，同时通过次声波与声发射测试系统和温度监测装置收集炉内煤自燃的声波信号和温度变化。

（7）保持实验状态，持续进行加热，当热电偶记录的温度数据短时间内迅速上升，直至超过热电偶量程，且炉体顶部出现大量白烟，部分煤开始燃烧时，停止实验，并保存声波和温度数据。

(8) 实验完成后，立刻释放空气压缩机中的任何剩余气体，并关闭加热罐内专用开关，采取适当的措施以确保实验的后续安全。

(三) 煤自燃过程中大尺寸声波信号监测测试流程及步骤

煤自燃过程中大尺寸声波信号测试步骤及流程如下：

(1) 前期准备和实验仪器的连接。把热电偶、声发射传感器、次声波传感器、传输仪、分析仪、采集电脑等需要用到的设备仪器带到实验现场。首先应连接供气系统，将空气压缩机、流量计、加热罐、实验炉体、不锈钢供气管通过导气软管和波纹管进行连接，为防止管中热量快速耗散应在波纹管外包裹硅酸铝保温材料。然后将温度控制柜和加热罐通过导线连接起来，最后对声发射监测系统、次声波监测系统和温度监测系统进行连接。

(2) 仪器和温度测点的布置。同样地，在装入煤的同时进行供气管、温度传感器、次声波传感器、声发射传感器的布置。将供气管布置在实验炉体的底部中心位置，然后在不锈钢供气管的三个出气口处分别放置一个热电偶，然后在距离地面 200 mm 高的水平面内，距离中轴线 400 mm 的位置上，布置 4 个热电偶，这四个温度测点位于所成正方形的顶点处，如图 3-19 所示。

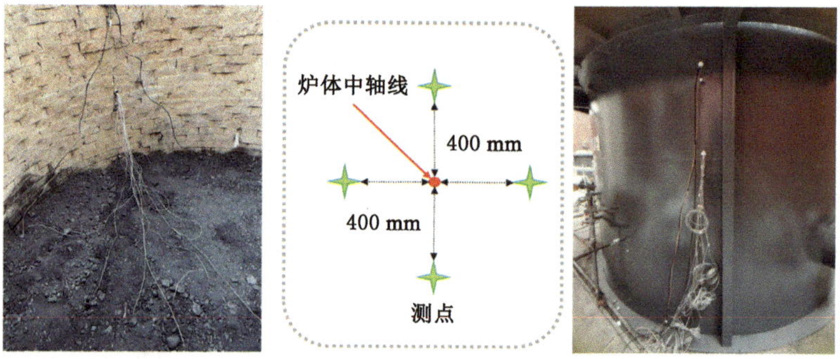

(a) 热电偶导线布置　(b) 测点布置示意　(c) 导线引出

图 3-19　热电偶布置示意图

声发射监测系统首先用数据线连接声发射采集主机和电脑，并将采集主机接地处理，以确保安全；其次将采集主机与声发射前置放大器连接(注意信号 IN 和 OUT 端的连接，IN 为信号输入端，OUT 为信号输出端)，最后将前置放大器与声发射传感器连接。声发射传感器置于炉体外部(避免炉内温度过高损坏传感器)，炉体内部的声发射测试点分别利用 4 根波导杆通过炉体预留的通道引到炉体外部，将传感器与波导杆炉体外部的一端通过凡士林连接固定。出气管共设置 3 个出气口(A、B、C)，在距离出气口 A 点 10 cm、20 cm 处分别设定声发射通道一、声发射通道二；在距离出气口 B 点 20 cm 处设定声发射通道五；在距离出气口 C 点 40 cm 处设置声发射通道六，具体布置见图 3-20。次声波传感器埋于炉体内部煤层的边界距离炉体底部 200 mm 的位置处，做好保护措施，并正对中轴线。将传感器深埋于实验炉体内的煤层中，这在一定程度上避免了信号干扰。然后从炉体外侧的通孔引出所有传感器的导线，如图 3-19 所示。最后将煤缓慢地覆盖次声波传感器和所有的温度传感器，并达到装煤深度 400 mm。

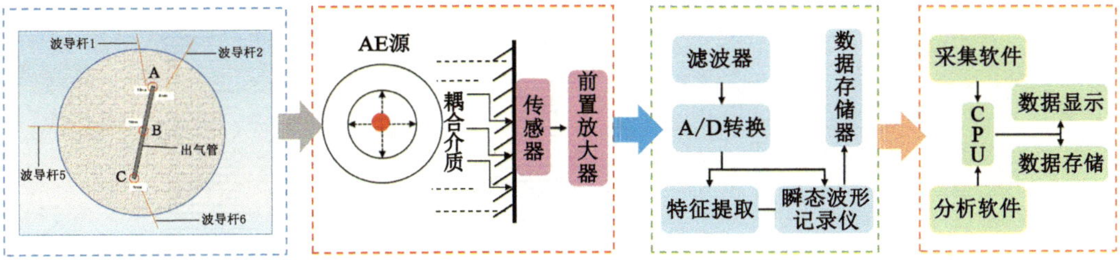

图 3-20　声发射测点布置与测试原理图

(3) 实验炉体的密封。为了防止实验过程中其他漏风通道对煤自燃的影响，当实验仪器都安装完成并装入实验煤后，将炉盖覆盖到实验炉体上，并用聚氨酯泡沫和密封胶对炉体周围的通孔和炉体与炉盖的接触处进行密封处理，仅在炉体顶端保留一个排气口。

(4) 调整仪器参数。打开空气压缩机，调节流量计设置气体流量为 75 L/min，打开加热罐设置加热温度为 250 ℃。通过 Web 界面设置次声波采集系统的采样率为 1 000 Hz，增益为 30 倍，采样率为 40 Hz，传感器的灵敏度为 0.01 mV/ Pa，声压变化率为 0.5 Pa。

(5) 测试背景噪声，排除干扰。同样地，为了避免环境噪声和空气压缩机对实验的干扰，在实验开始之前，通过连接调试好的声发射监测系统与次声波监测系统对空气压缩机等所有实验仪器开启时的背景信号进行测试，测试时间为 5 min。在一切准备工作就绪后，启动所有系统开始实验，对煤自燃过程中的次声波和声发射信号进行测试。

第三节　声波测试结果

一、声波波速变化特征

利用煤升温过程中声时声速测试系统进行声波波速测试，实验升温 6 h，实验过程中每间隔 10 min 测试 1 次声波数据，每次测试重复两遍。确定声波数据中的首波到达时间是判读声时的重要步骤，在声波波形中首波通常是曲线上第一个峰值或谷值，通过读取曲线上的峰值或谷值来确定首波到达时间。

需要注意的是，波形峰值或谷值的确定应考虑噪声和其他因素的影响，以避免错误判读。声波数据分析处理软件能够实现对声波波形的自动判读，在无法自动判读的声波会有警告标记，此时可以通过人工判读去识别正确的声波到达时间。将实验数据导入声波数据分析处理软件中，经过软件分析 40 cm、50 cm、60 cm 传输距离下的声波波形组合图，如图 3-21～图 3-23 所示。

40 cm、50 cm、60 cm 三种传输距离下声波波形随测试时间自上而下排列分布，其中最上方声波波形为实验开始时室温情况下的声波波形，而最下面的声波波形为实验结束时的声波波形。在三个声波波形组合图中左侧红色虚线为判读出的首波到达位置，从图 3-21～图 3-23 中可以看出，随着松散煤体温度的升高，首波位置呈现左移的规律，其中 60 cm 传输距离下声波波形组合图首波左移规律最为明显。在 40 cm、50 cm、60 cm 三种传输距离下首波位置随着声波传输距离的增加整体呈现右移的规律，首波位置代表的是从声波发射换能器发射的声波被接收换能器接收到的时间，即声时。首波位置左移代表松散煤体中声波传

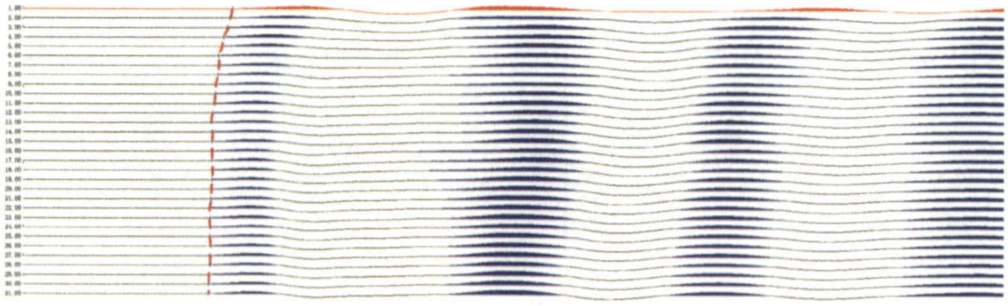

图 3-21　传输距离为 40 cm 的声波波形组合图

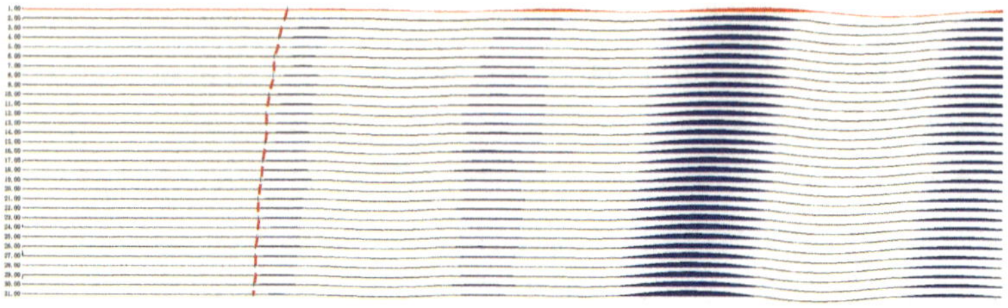

图 3-22　传输距离为 50 cm 的声波波形组合图

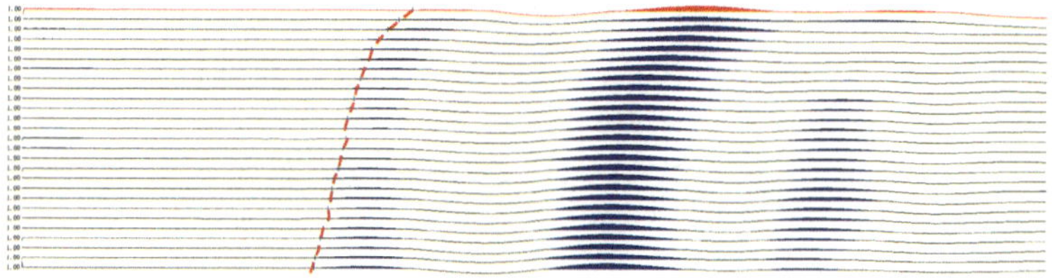

图 3-23　传输距离为 60 cm 的声波波形组合图

输时间缩短，而首波位置右移代表松散煤体中声波传输时间增加。

根据图 3-21～图 3-23 三幅声波波形组合图分析可得，在 40 cm、50 cm、60 cm 三种不同传输距离下的声时均呈现随着温度升高而减小的规律，在距离固定的情况下，声时与声速呈反比例的关系，即随着温度的升高声速呈现升高的规律。对比 40 cm、50 cm、60 cm 三种传输距离下声波波形组合图发现，在升温前期声时变化较为明显，首波位置左移距离较多，而到了升温后期声时减小速度减缓，出现这种现象的原因主要是由于电热棒升温导致松散煤体在后期升温速率较慢，所以在实验后期声速变化减缓。在一维空间里，波列是一种延伸与移动于空间的波动，声波波列图为声时与波幅波形的集合图。

由声波数据分析处理软件可以导出三种传输距离下的声波波列映像图，如图 3-24～图 3-26 所示。

声波波列映像图可由声波波形组合图生成，通过声波波列映像图可观察声波波峰和波谷随时间的变化情况，在 40 cm、50 cm、60 cm 三种传输距离下的声波排列中均呈现随测试时间自上而下分布，通过对比声波波列映像图和声波波形组合图发现，在相同的传输距离下两者有较好的对应性，这证明了声时随温度升高而减小的规律，也验证出声波波形组合图中声时判读的准确性。同样由声波波列映像图发现声时随温度的升高呈现先快速减小后逐渐

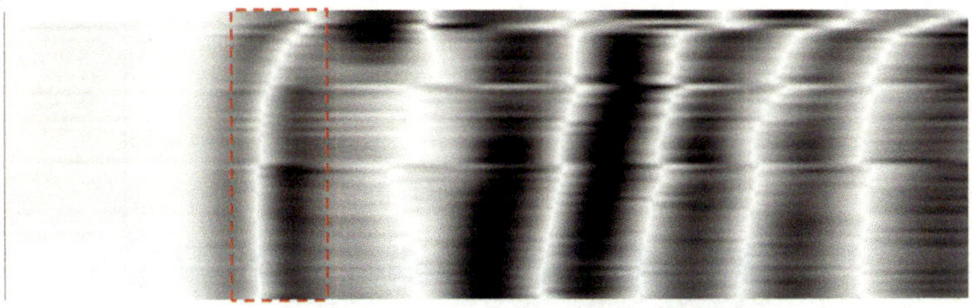

图 3-24　传输距离为 40 cm 的声波波列映像图

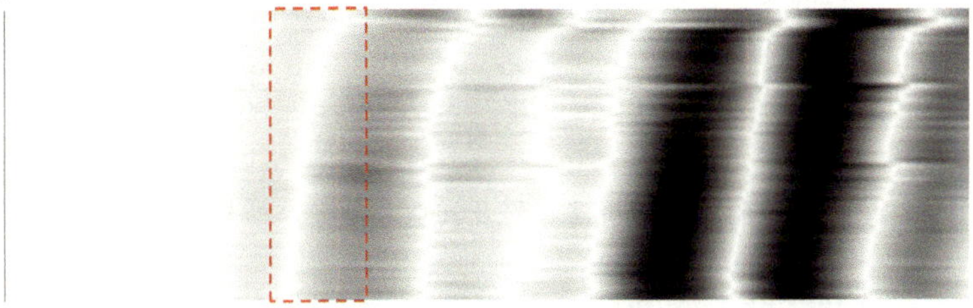

图 3-25　传输距离为 50 cm 的声波波列映像图

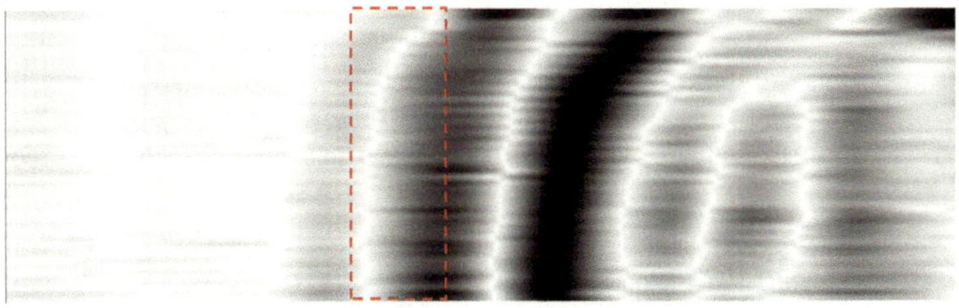

图 3-26　传输距离为 60 cm 的声波波列映像图

平稳的规律，据此判断出基于声速的松散煤体温度感知在低温范围内更具优势。

二、声发射信号变化规律

（一）小尺寸声发射信号测试结果分析

在煤自燃的小尺度声发射信号测试实验中，测试了实验前机器开停及环境噪声。流量计设定流量为 50 L/min，加热罐的温度为 200 ℃时的环境噪声信号如图 3-27 所示。

实验结束后，首先通过设置门槛值来排除环境噪声的干扰。通过实验测试得到了煤自燃过程中声发射信号实验结果，并基于 DT 煤样热重数据，选取了到达临界温度（70 ℃）、增速温度（250 ℃）和燃点温度（430 ℃）三个特征温度点时前后 300 s 的声发射信号数据进行分析，如图 3-28 所示。

如图 3-28 所示，煤自燃过程中处于临界温度产生的声发射信号整体上声发射计数和能量均处于较低水平，表明此时由于温度较低，煤体内部的损伤破坏程度较小，声发射能量整体上较为平静，产生的高能事件数较少；当温度达到 250 ℃，达到了煤自燃的增速温度，出现了较高的声发射计数，声发射能量也较大，此时，声发射振铃计数和能量约为临界温度时的 3～4 倍，这是因为随着温度的升高，煤体在热应力的作用下出现了一定程度的损伤破裂，且

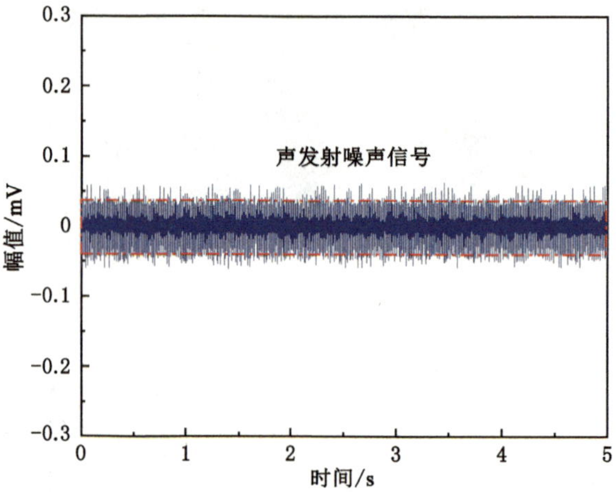

图 3-27 机器开停及其他环境噪声信号

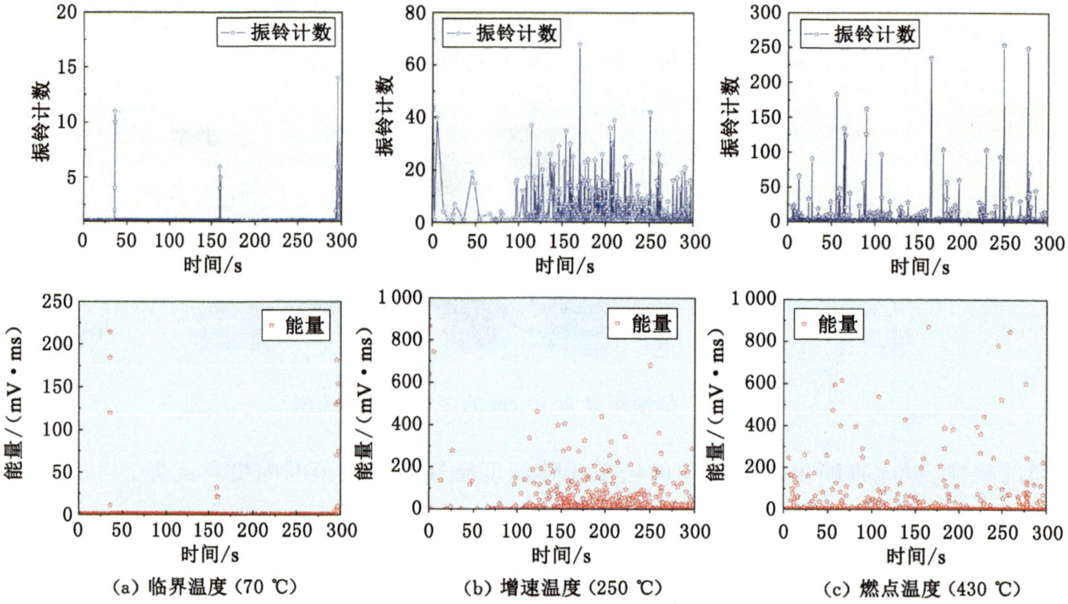

图 3-28 DT 煤自燃不同阶段的声发射计数和能量图

原有裂纹扩展和新的裂纹产生，产生了较多的声发射信号，声发射能量比较活跃。当煤升温至燃点温度时，声发射信号更加活跃，声发射计数与前两个阶段相比更大，此时声发射计数约为 250 ℃时的 3 倍，声发射最大能量与 250 ℃时的基本一致，但能量较高的事件数明显增多表明此时热应力对煤样结构造成了严重的破坏，产生了大量的裂纹和孔隙。

（二）大尺寸声发射信号测试结果分析

声发射振铃计数是指一次声发射事件中超过某一设定门限信号的震荡次数，常用于评价声发射事件的活跃程度。选取其中一通道声发射数据，绘制出实验全过程的声发射计数随时间变化规律图，如图 3-29 所示。

由图 3-29 可知，随着实验的进行声发射计数存在逐渐增加的趋势，实验前期，由于温度

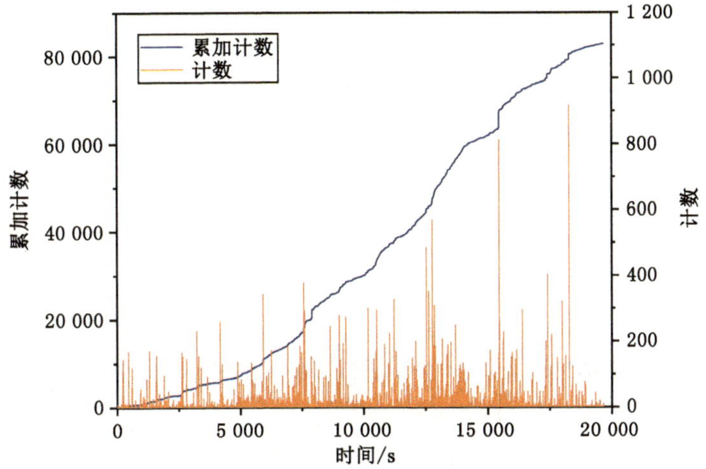

图 3-29　声发射计数及累积计数图

较低，煤体未获得足够多的能量，热应力不足以破坏煤体本身，微缺陷逐渐发育，仅产生较多细小裂纹，煤样外观完整性较好，声发射信号较少；实验中期，此时煤体本身已具有较高温度，随着温度升高，煤体自身热应力足以破坏强度较弱的结构，煤体内部孔隙系统重构，在这一阶段煤样内部的原生裂隙与新生裂纹扩展发育，因此产生较多强声发射信号；实验后期，煤样表面温度不断上升，煤样内部超越屈服应力的颗粒越来越多，因此孔隙结构的破坏和裂纹扩展也在不断增加，煤体完整性遭到严重破坏，声发射信号进一步增强。

由图 3-30 可知，随着实验的进行声发射信号强度呈现明显增强的趋势，且与声发射累加计数图具有良好的一致性。实验初期，煤体由于温度较低，煤体内部官能团未能达到所需活化能，因此此时氧化还原反应较弱，煤体结构并无明显变化，声发射能量较弱；实验中期，煤体本身具有较高温度，煤体自身氧化还原反应较为活跃，煤体结构受到轻微破坏，因此声发射信号能量较强；实验后期，煤样表面温度不断上升，煤体获得足够的活化能，内部官能团结构不断分解转化，从而导致煤体结构出现更多的损伤破坏，声发射能量增强。

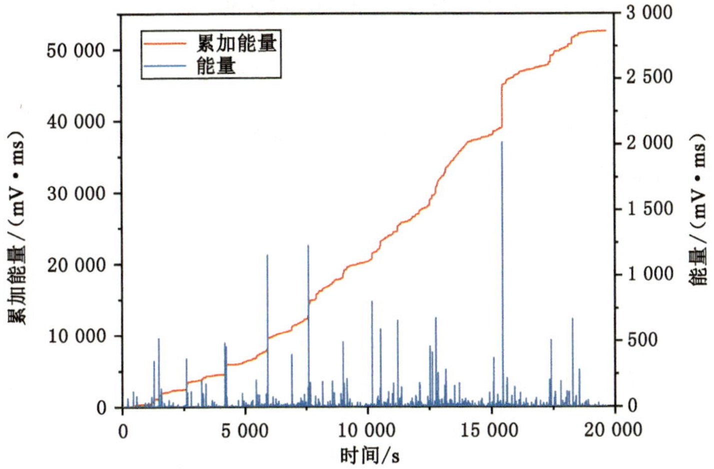

图 3-30　声发射能量及累积能量图

三、次声波信号变化规律

（一）煤自燃过程中小尺寸次声波波形信号测试结果分析

通过煤自燃声波测试系统采集了 DT 烟煤与 PZ 褐煤在自燃过程中不同时间点的次声波信号数据，如图 3-31 所示。

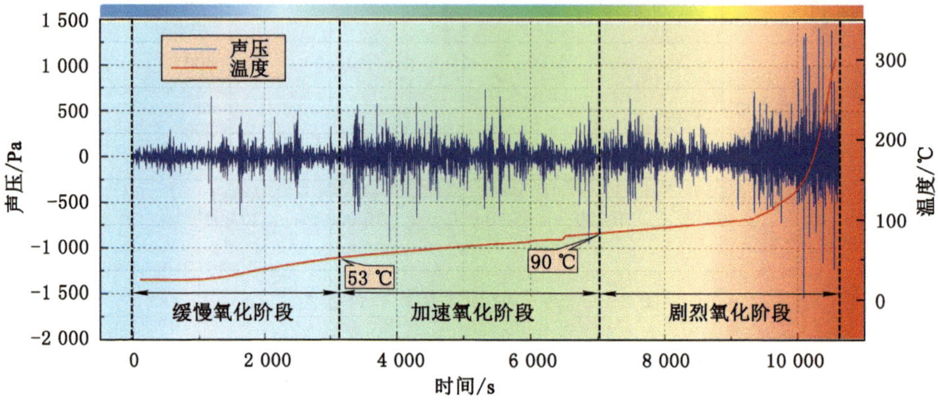

(a) DT烟煤次声波波形和煤温变化图

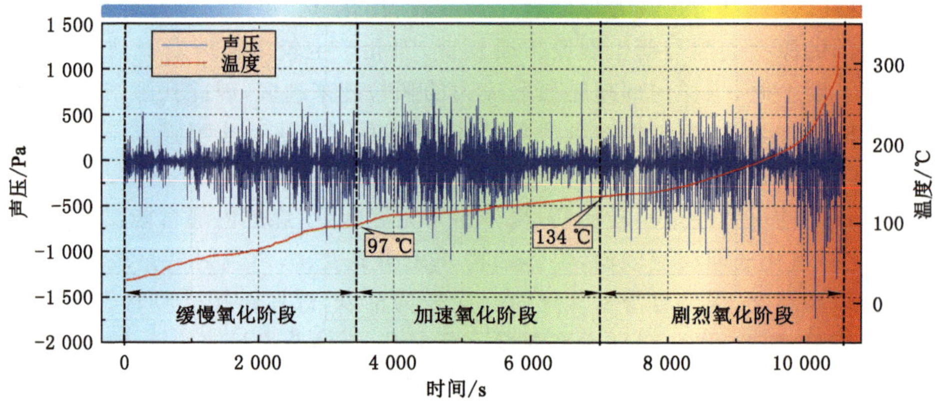

(b) PZ褐煤次声波波形和煤温变化图

图 3-31　小尺寸煤自燃过程中次声波波形和煤温变化图

图中的蓝色曲线代表煤自燃产生的次声波声压信号，红色曲线为温度变化曲线（热电偶 1～4 取平均），对比两次实验的结果可以发现，虽然两次重复实验的升温速率不同，但整体上温度升高都伴随着明显的次声波信号。以实验 DT 烟煤为例，在实验开始时温度缓慢上升，产生了幅值高于环境噪声的次声波脉冲。伴随着温度的上升，次声波的信号幅值有了增大的趋势，且信号逐渐密集，但此时信号的幅值与密集程度增长趋势较缓。实验过程的进行，煤体的温度进一步升高，在 9 000 s 之后温度在短时间内突增，次声波信号的幅值随之突增，在 10 000 s 附近次声波幅值出现了峰值，声压超过了 1 500 Pa。PZ 褐煤的升温趋势与次声波增长变化相似，但相较于烟煤其变质程度较低，煤自燃需要吸收的热量更低，在受温度冲击后更容易自燃，因此相较于 DT 烟煤其次声波信号幅值较大，升温速率较快，但都存在着缓慢升温与快速增大的阶段，这与煤氧复合反应理论保持了一致性。

因此，根据次声波在时域上呈现出的特性，可以将煤自燃的次声波波形分为平稳阶段、发展阶段和快速增大三个阶段。以 DT 烟煤实验为例，在实验开始的初始升温阶段，产生了幅值高于环境噪声的次声波脉冲，但此时次声波信号幅值与煤体温度增长缓慢，处于平稳阶段。随着实验的进行，煤体的升温速度开始逐渐增大，说明此时煤处于蓄热阶段，开始出现热损伤，煤氧反应也开始逐渐加剧，次声波信号幅值随之增大，信号逐渐密集，处于发展阶段。而随着煤体的持续蓄热煤体升温速率加快，实验腔体内会有更多的煤体受热升温并发生氧化自燃，次声波信号与煤体温度急剧增大，声波幅值出现峰值，并处于快速增大阶段。

（二）煤自燃过程中大尺寸次声波波形信号测试结果分析

在进行大尺寸煤自燃过程次声波信号测试时，同样在正式的实验开始之前，先对空气压缩机使用时的背景信号进行测试，结果如图 3-32 所示。

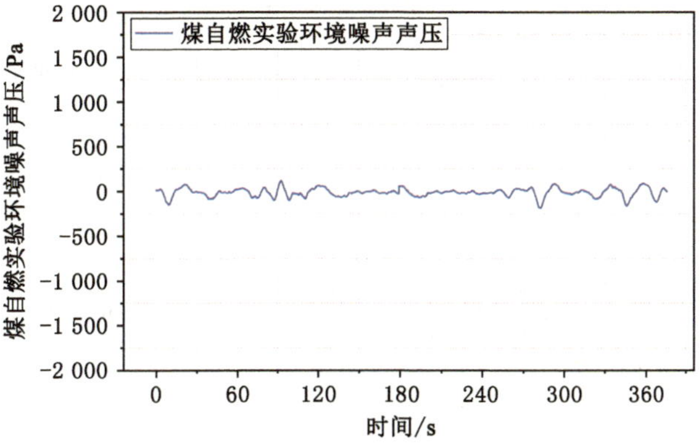

图 3-32　大尺寸煤自燃过程中实验背景次声波信号测试图

由图 3-32 可以看出，环境背景中同样存在次声波信号，在测试的 380 s 左右的时间范围内次声波的声压值在±250 Pa 内变化，信号的整体变化趋势较为平稳。在 0～30 s、60～120 s、240～300 s 和 330～360 s 四个时间范围内出现了信号波动，说明环境背景中的次声波是间断性的。此外，煤自燃实验的次声波信号声压值要高于煤受热升温实验的声压，这与空气压缩机的使用有关。

通过大尺度煤自燃次声波测试系统采集了煤样在自燃过程中不同时间点的次声波信号波形，如图 3-33～图 3-36 所示。

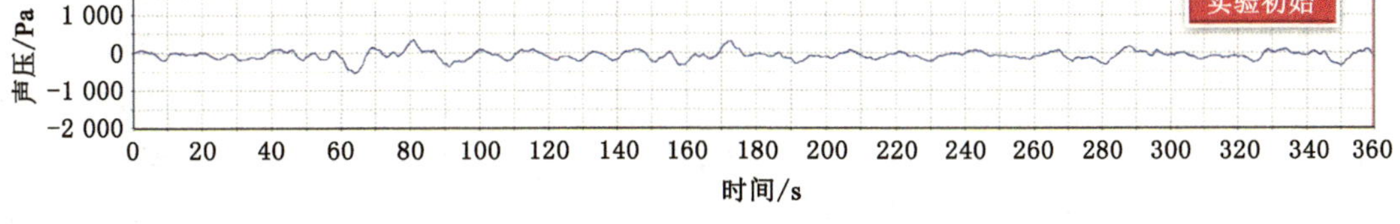

图 3-33　大尺寸煤自燃过程中初始阶段次声波采集图

由图 3-33 可以看出，实验开始后次声波的声压曲线的波动程度开始增大，信号声压

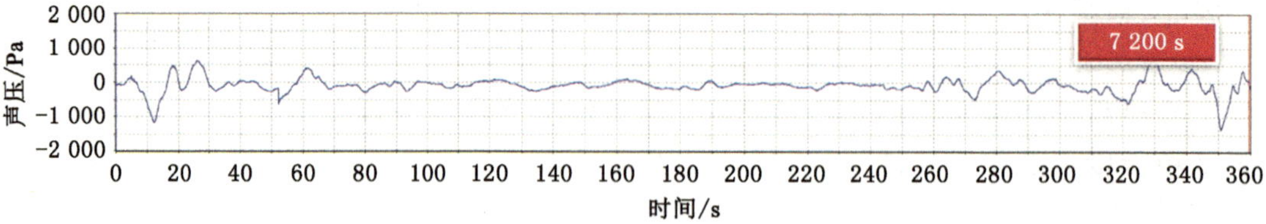

图 3-34　大尺寸煤自燃过程中实验 7 200 s 次声波采集图

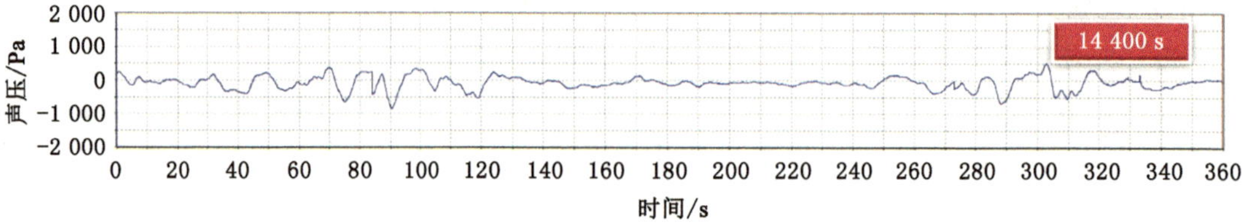

图 3-35　大尺寸煤自燃过程中实验 14 400 s 次声波采集图

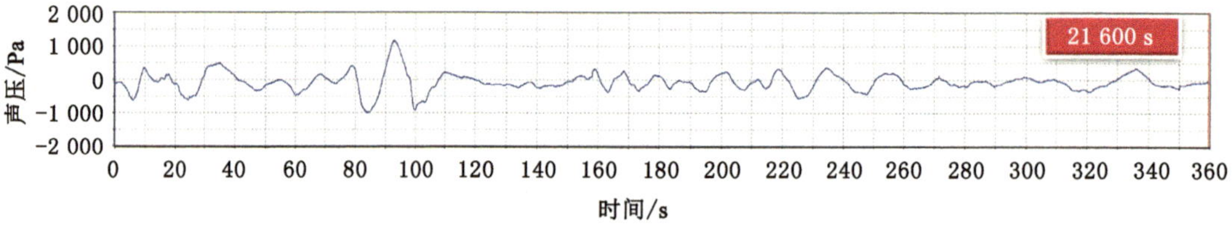

图 3-36　大尺寸煤自燃过程中实验 21 600 s 次声波采集图

值也开始增大，声压主要集中在 250 Pa 以内，但是在图中 50～100 s 的时间范围内，出现了声压值大于 500 Pa 的信号。对比来看，在实验的初始加热阶段仪器捕捉到的次声波信号的强度已经开始大于环境次声波信号，这表明煤在热空气的作用下开始升温并发生缓慢氧化的过程能够产生次声波信号，并且随着随升温时间的变化次声波信号也在逐渐变强。

此外，煤自燃过程次声波波形中的脉冲并没有因煤受热升温过分集中，波形曲线平滑，这与传感器的布置有关系，在煤受热升温的实验中，传感器布置在实验箱体的外侧容易受到环境噪声及人员活动的影响，而在煤自燃实验时将传感器深埋于实验炉体内的煤层中，这在一定程度上避免了外在信号的干扰。

如图 3-34 所示，在实验进行到 7 200 s 的次声波波形变化程度比实验初始阶段的明显增大，此时的次声波强度也逐渐增大，在图中 5～30 s 和 320～360 s 的时间范围内的最大声压值大于 1 000 Pa。这表明炉中更多的煤开始升温并发生氧化，部分煤进入加速氧化阶段，此时煤中裂纹的扩展演化逐渐活跃，造成次声波信号的强度和变化幅度开始增大。从图中还可以看出，主要的信号波动集中在 0～70 s 和 250～360 s 的时间范围内，说明煤在升温过程的破裂并不是一直连续性的，而是煤自燃造成的热损伤破裂逐渐积累演化的过程。

对比来看，图 3-35 中的声压值大小与 7 200 s 无较大区别，出现的波动信号强度在

500～1 000 Pa 范围内变化，但是可以发现 14 400 s 时波形的波动程度要大于 7 200 s 时波形的波动程度，图中 130～240 s 的时间范围内信号较为平稳，平稳时间段比 7 200 s 的信号波形短，这表明此时次声波强度维持不变但是信号的活跃度提高，可见随着温度的继续升高，在底部供气管附近煤的氧化程度逐渐剧烈，煤氧反应速率加快，使得煤体内部的破裂程度更加剧烈，产生的次声波信号增强。

由图 3-36 可知，实验进行到 21 600 s 时，信号的波动程度达到最大，在采集图中 360 s 的时间范围内充满了信号的波动，此时次声波信号的活跃度达到最大。此时信号强度相对于 14 400 s 时也有所增大，在图中 80～100 s 的时间范围内，次声波的声压值最大达到了 1 100 Pa，说明此时炉内煤的氧化反应速率达到最大，高温区域发生蔓延，周围更多煤体开始发生氧化升温，此时煤的热破裂程度达到峰值，释放了大量次声波信号。

对比图 3-33～图 3-36 可以看出，在煤自燃测试的不同时间点都会产生明显的次声波信号，不同的时间点信号特征和变化规律也存在差异。整体看来，随着实验的进行，次声波信号逐渐增大，波形图中的脉冲波动逐渐增多。在实验开始阶段由于温度较低，部分煤体在热空气的作用下开始升温，此时炉中煤体处于缓慢氧化阶段，氧化程度较低，因此煤体产生的次声波信号并不频繁。在 7 200 s 时，次声波波形开始出现明显的声压波动，说明此时氧化反应加剧，煤体热破裂逐渐增强，次声波信号活跃，并且在接下来的时间段内次声波信号的活跃度一直较高，信号强度也在缓慢增长，这说明炉内越来越多的煤发生氧化升温，内部产生了大量破裂导致释放的次声波信号最为活跃。

四、煤岩升温损伤破坏过程中声波信号宏微观特性分析

煤的结构损伤是声波产生的根本原因，煤自燃过程结构破坏的根本来源就是温度造成的热损伤[103]。因此，本节根据煤自燃过程中煤体的微观、宏观演化规律，归纳了煤自燃不同燃烧阶段产生声波信号的变化规律，如图 3-37 所示。

由图 3-37 可知，随着温度的升高，煤体的孔隙形态发生了不同的变化，从微观的角度来看，煤体在温度较低的时间段，煤中的自由水以及吸附的气体开始脱附，并随着温度的升高逐渐出现热蒸发、热分解、烧结等作用，煤体内部裂隙则成为气体运移的重要通道，大量气体沿裂隙通道逸出，造成煤内部结合水以及挥发分逸散，这一过程不仅会造成煤结构一定程度的破坏，还会改变煤的导热性和热稳定性，在煤自燃的后期，部分挥发分开始燃烧，导致煤样复合反应加剧，从而加剧煤的热破裂；从宏观角度来看，煤表面裂隙数量随着温度升高而逐渐增加。

在煤自燃前期，煤中的自由水以及吸附的气体开始脱附，煤内部结合水以及挥发分沿裂隙通道逸散破坏了原有的孔隙结构，但此时温度对煤样孔隙结构影响较小，声波的幅值与主频幅值相比其他燃烧阶段的较低。而进入煤自燃中期，在热损伤的作用下，煤体内部原生的小裂隙随之延伸与扩展，使得煤样总孔隙度增加，裂隙数量、深度以及长度均有所增加，此时声波的幅值与主频幅值增大，其主要来自煤体张性裂纹的破坏与孔隙间的闭合和摩擦所释放的能量。而到达剧烈氧化阶段，伴随着挥发分的燃烧放热，煤体会在短时间内积聚大量的能量，这不但会使得原生煤体裂纹的宽度和深度进一步增大，并且会伴随新生裂纹的发育，煤体内部的孔隙增大，并相互贯通，宏观上部分煤开始燃烧，煤体发生大量破裂，短时间内产生强度高、波动密的声波信号。

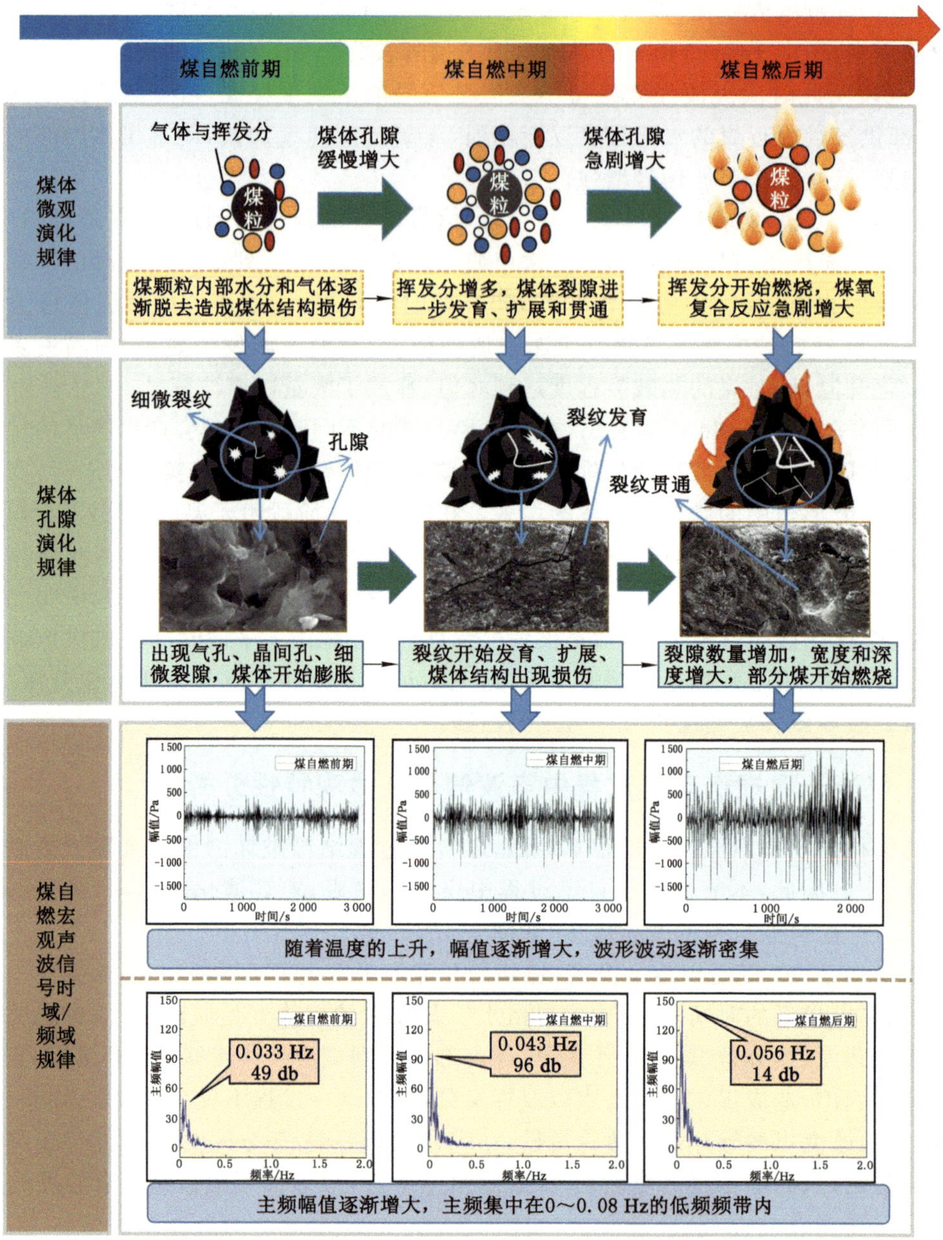

图 3-37　煤自燃宏观、微观演化规律与声波响应流程图

第四章　煤自燃过程中声波运动学特征

前面章节通过不同尺寸煤自燃过程的声波测试系统，进行了声波信号测试的初步分析，为进一步分析煤自燃过程中声波和温度的耦合特征，本节分析煤自燃过程中声波运动学特征规律及声波信息和温度的相关性，进一步揭示煤自燃过程声波前兆预警信息的变化规律。

第一节　时序特征

一、声时声速时序特征

在声时声速实验测试中，距离热源中心 3 cm 处松散煤体最高温度升至 188 ℃，选择此处温度进行划分分析，分别筛选出升温 30 ℃、50 ℃、70 ℃、90 ℃、110 ℃、130 ℃、150 ℃、170 ℃的声波数据进行分析。根据现有研究，在多孔介质中的声波传播速度与声波频率有关，且随声波频率的增大声速也随之增大。实验中采用高通 10 Hz、低通 3 kHz 的参数设置对声波进行滤波，通过傅立叶变换对声波的频率进行分析，据此可得 40 cm 传输距离下 30 ℃、50 ℃、70 ℃、90 ℃、110 ℃、130 ℃、150 ℃、170 ℃的声波频谱图，如图 4-1 所示。

通过对 8 个温度点下的声波频谱图的分析，得到在松散煤体中传播的声波主要为 0.3 kHz 的主频，并且随着温度升高，低于 0.3 kHz 主频的频率有阵发性波动变化的趋势。由于在声波的传播过程中，主频并没有明显地受到温度变化的影响，这也从侧面证明了声波在松散煤体中传播的可靠性和稳定性。由于主频的一致性可以保证实验的严谨性和准确性，因此实验系统的声波测试可以应用于松散煤体温度变化过程的研究中。

将 40 cm 传输距离下 8 个温度点的声波数据导入声波数据分析处理软件中，在软件中对声波的波形、声时、声速进行查看与分析，得到 40 cm 传输距离下 8 个温度点的声波波形组合，如图 4-2 所示。

对图 4-2 的分析可知，经过声波发射换能器发出的声波近似为正弦波。在声波波形图界面中，声时代表声波到达时间，首波振幅代表首个到达接收器的波峰振幅，增益代表信号放大倍数。在 40 cm 传输距离下进行的松散煤体升温声波测试中，增益均设置为 100。图中蓝色竖线代表识别出的首波位置，根据对声波波形图分析可知，随着温度的升高，首波位置有向左移动的趋势，表示随着温度升高声时呈现减小的规律。在声波波形图中，首波位置的准确识别对于声波测试结果的准确性非常重要，在读取过程中平衡信噪比和信号失真等因素选取适合的增益倍数，有利于提高声时判读的准确性。

表 4-1 给出了在 40 cm 传输距离下声波参数随温度升高的变化规律，通过分析表格数

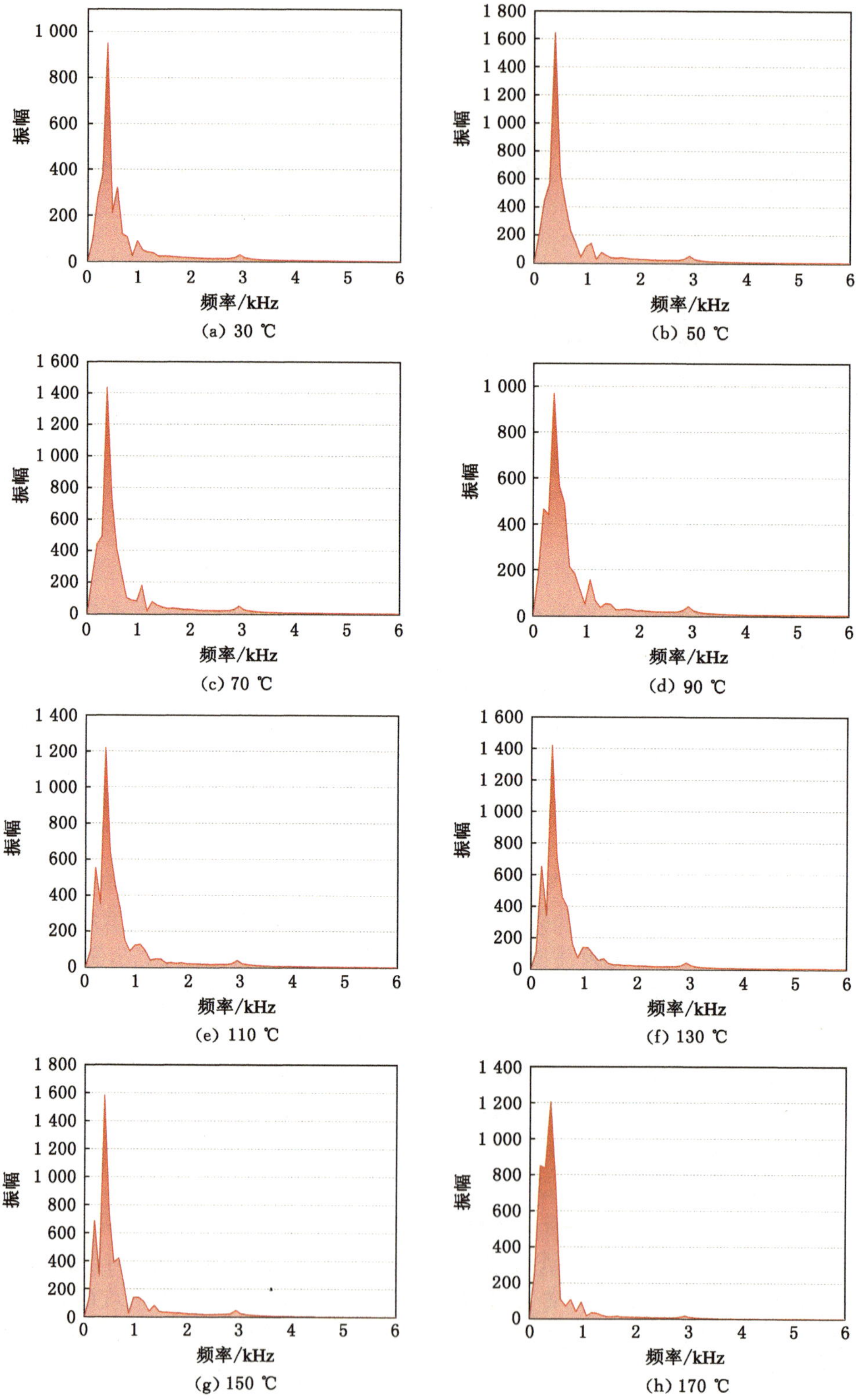

图 4-1　8 个温度点下的声波频谱图

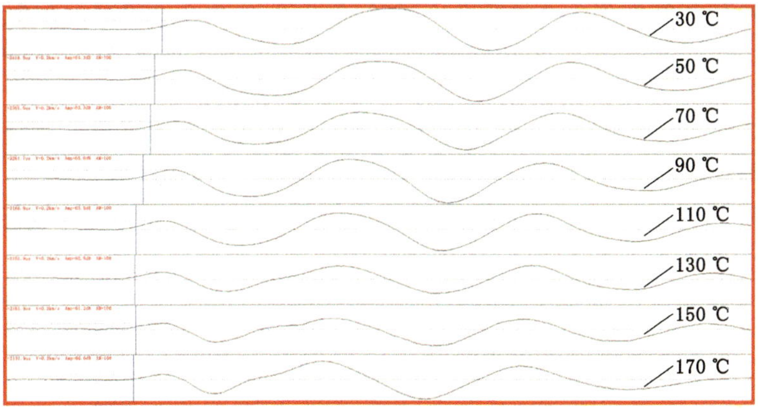

图 4-2　40 cm 传输距离下不同温度的声波波形图

据可知，随着温度升高，该距离下声时逐渐减小，而声速逐渐增大。根据表格数据绘制出 40 cm 传输距离下声时变化图，如图 4-3 所示。

表 4-1　40 cm 传输距离下声波参数变化表

温度/℃	30	50	70	90	110	130	150	170
声时/μs	2 521.3	2 416.5	2 361.6	2 261.7	2 166.9	2 151.9	2 161.9	2 131.9
声速/(m/s)	158.648 3	165.528 7	169.376 7	176.858 1	184.595 5	185.882 2	185.022 4	187.626 1

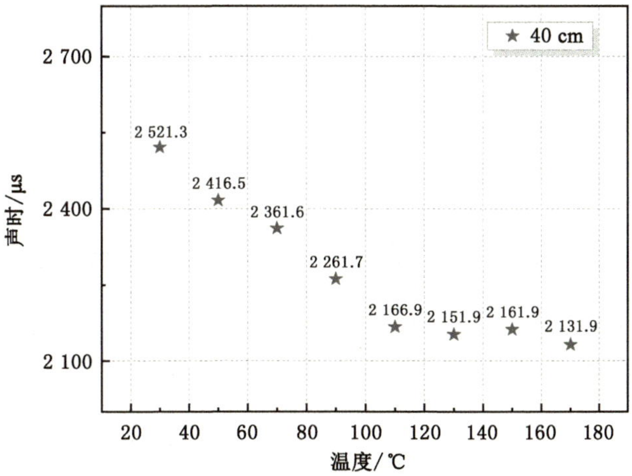

图 4-3　40 cm 传输距离下声时变化图

通过对 40 cm 传输距离下声时变化图进行分析，发现随着温度升高声时呈现出明显的降低趋势。从 30 ℃到 170 ℃的温度变化范围内，声时由 2 521.3 μs 降低到 2 131.9 μs，减小了 389.4 μs。此外，从声时散点图整体规律来看，在升温至 100 ℃之前声时的降低较为明显，100 ℃之前声时变化明显可更早地发现松散煤体的异常变化，从而采取相应的预防措施阻止煤自燃的进一步发展，这将有利于煤自燃的早期监测预警。

根据已知的声时数据和声波换能器之间的距离，可以计算出声波在松散煤体中的传播速度，即声速。通过距离声波发射换能器 40 cm 处的声时，计算相应的声速值，并对这些数据进行拟合处理，获得 40 cm 传输距离下的声速随温度变化的趋势。

如图 4-4 所示，根据所得到的数据进行拟合处理，能够较好地反映声速随温度变化的趋势。40 cm 传输距离下声速拟合方程均具有较高的拟合度，声速拟合方程 R^2 为 0.906，这表明拟合结果能够较好地反映出实验数据的分布情况。通过对拟合线进行分析，发现在 30 ℃ 至 170 ℃ 的升温范围内，随着温度的升高，声速呈现线性增大的规律。

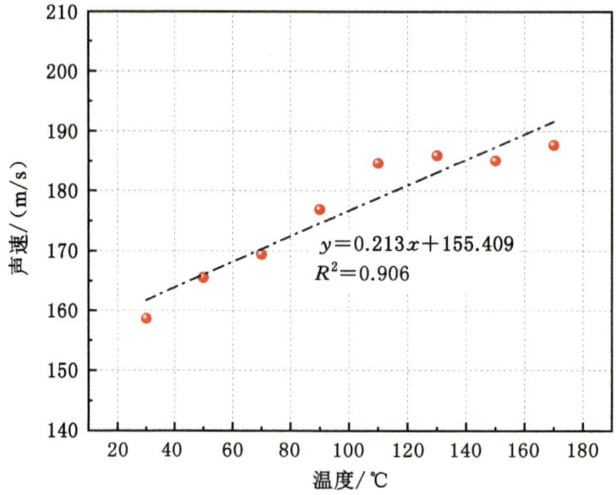

图 4-4　40 cm 传输距离下声速拟合图

二、声发射信号时序特征

在实验过程中同步测试了中心热源处声发射信号的变化规律，分别绘制了 DT 和 PZ 煤自燃过程中的声发射振铃计数、温度的变化规律图，如图 4-5 所示。

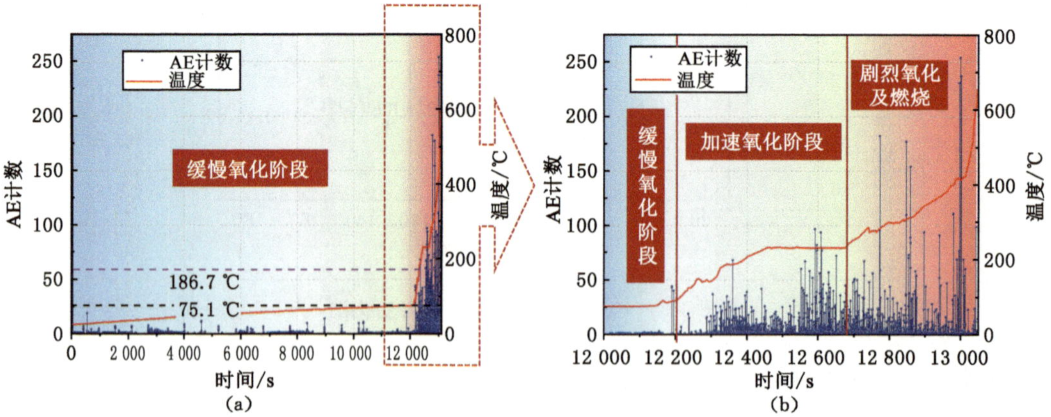

图 4-5　DT 煤自燃过程中声发射振铃计数和温度变化规律

由图 4-5 可以看出，随着实验的进行，煤自燃过程中声发射振铃计数和温度存在较好的对应关系，声发射振铃计数随温度的增大整体上呈现出不断增大的趋势。如图 4-5(a)所示，DT 煤在前期的温度变化较为缓慢，温度上升至 75.1 ℃的持续升温时间约为 12 200 s，此时处于蓄热阶段。在前期的蓄热阶段，随着供气时间的增大，热量不断积蓄，已经开始产生少量的声发射信号，但是此时的声发射信号较小且较为稀疏，声发射计数集中于 20 以下，这是因为前期的声发射信号主要是由于水分蒸发和煤样受热膨胀孔裂隙闭合产生的，基本没有产生较大的破裂，声发射信号较小。

当温度达到 75.1 ℃时，DT 煤的温度迅速升高，氧化速率增大，声发射信号开始增大，此时随着温度的升高，煤表面开始产生较小的孔隙和裂纹，因此声发射信号振铃技术较蓄热阶段有了明显的增加，但此时声发射振铃计数仍主要集中在 50 以下。而随着温度的继续升高，在 186.7 ℃左右时，声发射信号进一步增大，此时出现了大量振铃计数高于 100 的声发射信号，表明此时随着温度的升高，DT 煤在热应力作用下出现了较大的裂纹，同时较小孔裂隙的贯通导致了声发射信号增大，由此表明随着温度的升高，DT 煤结构产生了严重的破坏。随着温度的继续升高，声发射信号继续增大，最大振铃计数达到了 254，表明此时的煤样结构破坏更加严重。

由于煤自燃进入燃烧阶段后，温度上升较快，因此对煤自燃过程中 12 000 s 至实验结束的阶段进行单独分析，如图 4-5(b)所示，通过图中可以得到，在温度从 75.1 ℃升高至 186.7 ℃ 的过程中，声发射信号与前一阶段的声发射信号相比出现了明显的增大，当温度达到 500 ℃时，声发射信号继续增大，且此时的声发射信号达到了整个实验过程的最大值。通过温度划分煤自燃的不同阶段，在煤自燃的三个不同阶段声发射信号依次增大，信号具有明显的阶段性变化。

在 DT 煤自燃过程中声发射信号变化规律研究的基础上，又对内蒙古平庄煤矿的 PZ 煤进行了实验研究，PZ 煤自燃过程中声发射信号变化规律如图 4-6 所示。

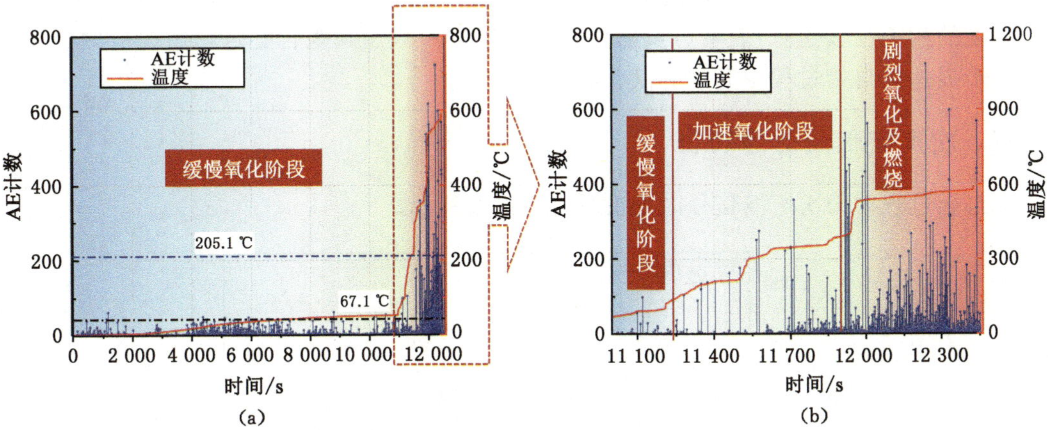

图 4-6 PZ 煤自燃过程中声发射振铃计数和温度变化规律

如图 4-6(a)所示，随着温度的升高，PZ 煤自燃过程中的声发射信号也呈现出随温度不断增大趋势，这与 DT 煤的变化规律相一致。随着温度的升高，PZ 煤在 67.1 ℃之前的声发射信号也较小，但随着温度的升高，在 67.1 ℃后，声发射信号增大，当温度达到 205.1 ℃时，声发射信号继续增大，直至实验结束，PZ 煤的声发射最大振铃计数为 776。与 DT 煤的声发射信号变化规律对比分析可知，PZ 煤的声发射振铃计数大于 DT 煤的声发射计数，这可能是由于不同煤种之间的含水率和挥发分的含量不同导致的。如图 4-6(b)所示，随着温度升高，声发射信号不断增大，当温度达到 500 ℃后，声发射信号达到峰值，表明此时已经达到了实验过程中热破裂最严重的阶段。

为进一步分析煤自燃过程中声发射信号和温度的相关性，选择不同温度段内的最大振铃计数，采用最小二乘法和线性回归分析绘制了煤自燃过程中声发射-温度相关性图，如图 4-7 所示。

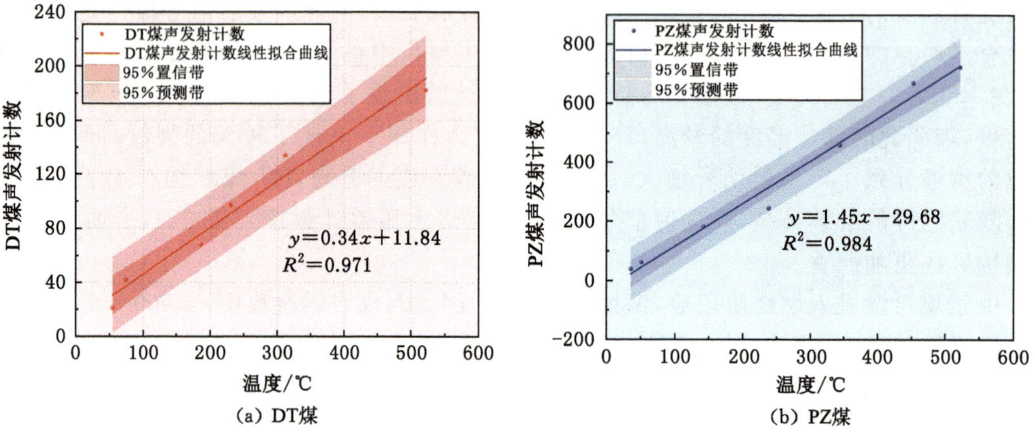

(a) DT煤　　(b) PZ煤

图 4-7　DT 和 PZ 煤自燃过程中声发射-温度相关性

如图 4-7 所示，DT 和 PZ 煤自燃过程中的声发射振铃计数随温度的变化呈现出不断上升的趋势，通过线性拟合结果表明，DT 和 PZ 煤的声发射振铃计数随温度的变化呈现出正相关关系，DT 和 PZ 煤的线性相关指数分别为 0.971 和 0.984，表明煤自燃过程中声发射信号和温度的相关性较显著，表明声发射振铃计数能够有效反映煤自燃过程中温度的变化，从而进一步表达煤自燃过程中温度的演化特征。

三、次声波信号时序特征

煤自燃过程中的次声波信号时序变化如图 4-8 所示。

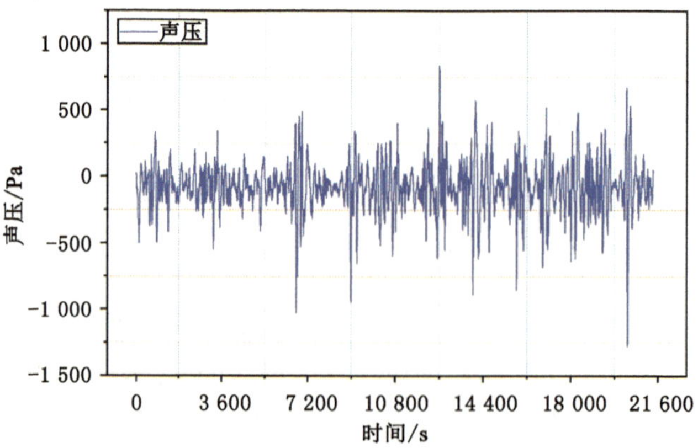

图 4-8　煤自燃过程次声波波形图

从图 4-8 中同样可以看出，煤体在整个自燃过程中的次声波不是持续释放的，而是阶段性的脉冲。煤自燃的次声波波形整体可以分为平稳阶段、发展阶段和快速增大三个阶段。在实验刚开始的 3 600 s 内，此时的煤体温度较低，煤样反应速率较低，内部没有明显的破裂，因此声发射信号较弱，处于平静期。随着温度的升高，煤体内部的水分、挥发分等开始逐渐逸出，开始出现热损伤，煤氧反应也逐渐加剧，因此在 7 200 s 之后次声波信号逐渐增大。随着温度继续增大，在现场也发现炉体顶部开始出现白烟，并伴随着刺鼻的煤焦油味道，这说明内部的热破裂逐渐加剧。由于充分的氧气供应，温度继续升高，炉体内会有更多的煤体受热升温并发生氧化自燃，此时次声波信号将更加活跃，处于快速增大阶段。

煤体受热升温过程中的次声波信号变化与煤岩的热破裂密切相关，通过结合温度数据对煤自燃过程的次声波时序变化进行分析，并通过次声波的变化规律讨论揭示不同温度阶段煤自燃的状态和煤结构损伤的演化规律。其中，煤自燃过程中次声波波形和测点一位置处的温度变化如图 4-9 所示。在文中取温度变化最明显的测点为温度基准进行次声波信号的分析。

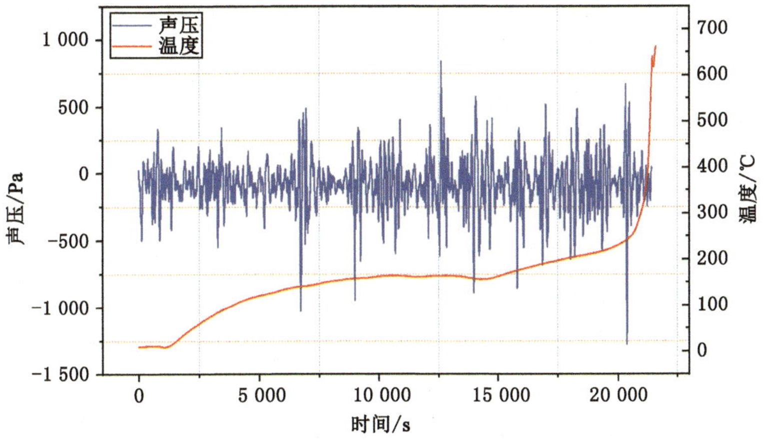

图 4-9　煤自燃次声波波形和煤温变化图

分析图 4-9 可得，温度曲线在不同的阶段变化情况也不同。在实验开始后的 1 500 s 内测点一并没有升温，这与供气系统的加热速率和煤较差的热导性有关，直到 1 500 s 以后温度才开始缓慢上升，并且随着实验的进行，升温速率一直在减小，在 15 000 s 时温度停止增长达到 150 ℃，在 15 000 s 之后温度又重新开始上升，此时的升温速率较快，到 20 000 s 时升温速率进一步加快，温度迅速上升。从次声波的波形图中可以看出，次声波信号也在不断变化，随着温度升高信号脉冲逐渐密集，强度逐渐增大，在 6 000 s 之前声压值主要集中在 250 Pa 之下，6 000 s 之后信号强度开始逐渐增大，在 7 000 s 和 9 000 s 附近的声压值甚至增大到了 1 000 Pa 左右，随着实验继续进行，出现较大信号的频率逐渐增大，在 20 500 s 处的最大声压值达到了 1 250 Pa。

为了对次声波信号进行量化分析，通过 MATLAB 软件把煤自燃过程次声波信号每秒的声压值进行筛选，得到了每秒声压的最大值与煤体温度的变化曲线，如图 4-10 所示。

由图 4-10 可以看出，在煤自燃实验过程中每秒声压的最大值同样是随着温度的上升在

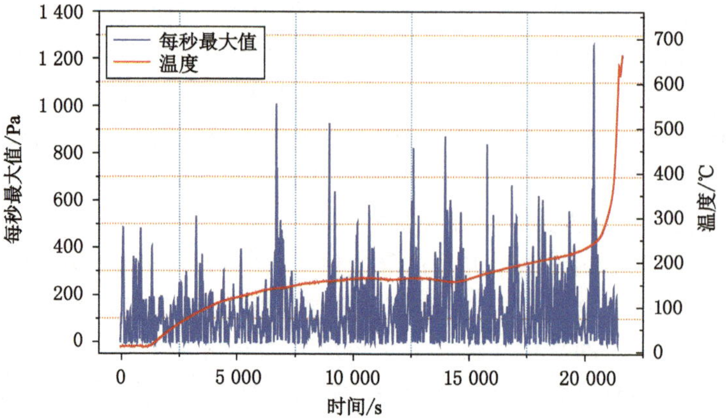

图 4-10　煤自燃过程次声波声压每秒的最大值和煤温变化图

缓慢增大，在实验的前 2 000 s 中，虽然测点一并没有明显升温，但是供气管附近的煤体在热空气的烘烤下还是产生了明显的次声波信号，此时信号每秒的最大值在 500 Pa 以下，随着实验的进行煤体内部高温区域逐渐扩大，温度逐渐上升，越来越多的煤开始氧化升温，产生了更多的热破裂，随之产生的次声波信号也开始增大，在 6 000 s 之后每秒声压的最大值明显增大，出现了大量声压值在 700 Pa 以上的信号。温度继续上升，500 Pa 以上的大信号也越来越频繁出现，在 20 500 s 附近煤温突增之前声压值最大达到了 1 280 Pa，说明此时内部的破裂程度最大。

参照上述阶段划分，此处同样对次声波信号进行分阶段分析，将煤自燃阶段的次声波信号和温度信号分为三个阶段，分别是平稳阶段、发展阶段和快速增大阶段，对应的时间范围是 0～7 500 s、7 500～15 000 s 和 15 000～21 600 s。其中次声波信号平稳阶段的波形和温度变化如图 4-11 所示。

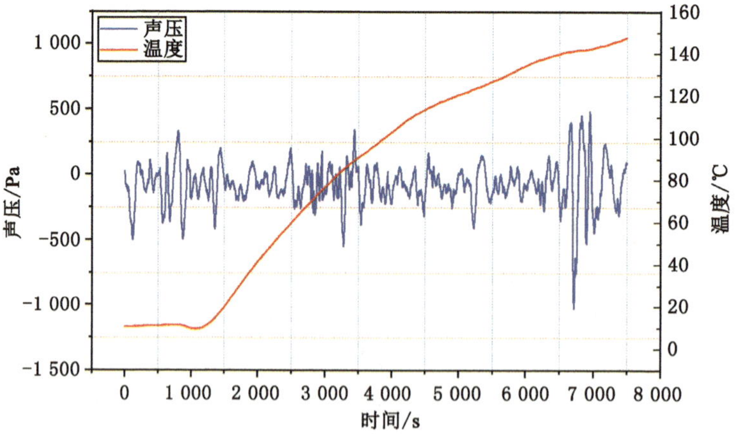

图 4-11　次声波信号平稳阶段的波形和温度变化图

由图 4-11 可以看出，在煤自燃实验的信号开始增大阶段的初期温度为 10 ℃左右，在 1 200 s 前并没有升温，这与实验系统的加热速率有关，此时虽然测点的温度没有明显的变化，但是此时次声波波形却有波动，这是因为测点距离供气管有 100 mm 的距离，距离供气管较近的地方开始升温并产生了次声波信号。由于煤的导热性差，在 1 200 s 之后测点开始逐渐升温，可以看出在整个阶段内温度的上升速率逐渐减小，这说明煤在升温的过程中导热率等热物性参数也在实时变化，在该阶段测点煤温最高达到 150 ℃。

整体看来，次声波信号随着温度的上升缓慢增大，声压值主要集中在 230 Pa 左右。在 6 000 s 之后声压值开始快速增大，达到 1 000 Pa 左右，这说明在开始增大阶段煤的热损伤随着温度的升高逐渐积累，间断性地发生破裂，并最终在 6 000 s 之后破裂程度增大，释放出较强的次声波信号。

次声波信号发展阶段的波形和温度变化图如图 4-12 所示。

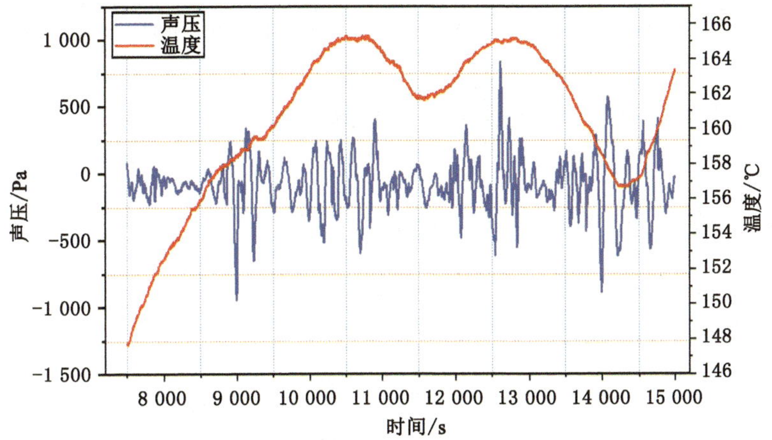

图 4-12　次声波信号发展阶段的波形和温度变化图

由图 4-12 可以看出，信号在发展的过程中也在缓慢增大，测点的温度在 148～165 ℃范围内波动变化，在 10 500 s 前随着时间增加温度逐渐上升达到 165 ℃，然后开始小幅波动并降至 157 ℃，并在 14 500 s 时开始增大，出现这一波动变化的原因与炉内煤体内的漏风通道有关，在煤自燃实验中，随着升温范围的逐渐扩大，越来越多的煤开始氧化升温，氧气的消耗逐渐增大。这就导致在此时间段内煤体内的漏风强度和供氧条件时刻在发生变化，从而引起温度的波动变化。在次声波信号发展阶段，可以看出次声波信号强度大于开始增大阶段，对比发现此阶段在 250 Pa 之上的脉冲开始增多，并且在 9 000 s、12 500 s 和 14 000 s 附近都出现了较大的次声波脉冲，强度都在 750 Pa 以上。整体看来次声波的波形随着实验的进行波动变化，并呈缓慢增长的趋势。

煤自燃实验次声波信号快速增大阶段的波形和温度变化图如图 4-13 所示。

由图 4-13 可以看出，在最后的快速增大阶段测点的温度在 20 500 s 之前稳步升温，从 150 ℃左右增大到 250 ℃左右，在 20 500 s 之后温度开始急剧上升，这说明在测点处的煤在快速升温，在最后煤氧复合反应逐渐加剧达到了煤的燃点，发生燃烧，热破裂程度达到最大，煤层中的高温区域逐渐扩大，更多煤开始升温氧化，这一过程释放出大量的次声波信号。

从波形图中可以看出，在此阶段次声波的强度整体达到峰值，大量的次声波脉冲强度在 250 Pa 以上，并且此时次声波的信号活跃程度达到最大，在 20 300 s 附近出现了 1 200 Pa 的信号。整体看来此阶段次声波信号的密集程度和信号强度都快速增大。

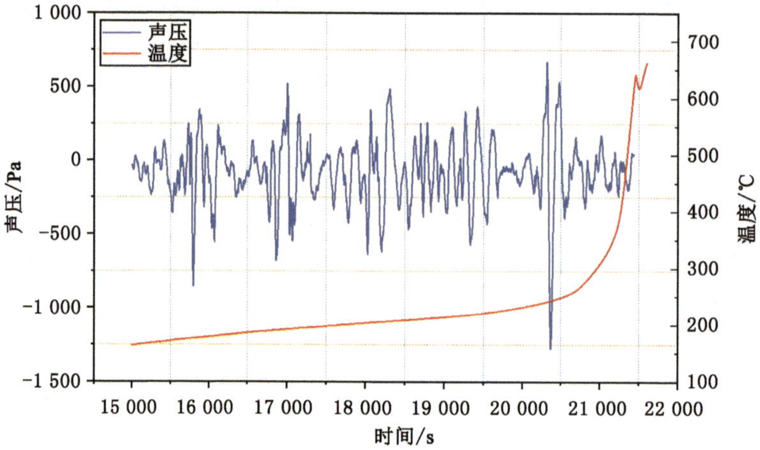

图 4-13 煤自燃实验次声波信号快速增大阶段的波形和温度变化图

第二节 煤自燃过程中声波信号空间特征

一、声时声速空间特征

将 40 cm、50 cm、60 cm 传输距离下的声波数据导入声波数据分析处理软件中，得出不同传输距离下声波声时、声速随温度变化数据，如表 4-2 所列。

表 4-2 不同距离下声波参数变化表

温度/℃	40 cm		50 cm		60 cm	
	声时/μs	声速/(m/s)	声时/μs	声速/(m/s)	声时/μs	声速/(m/s)
30	2 521.3	158.648 3	3 055.4	163.644 7	3 709.3	161.755 6
50	2 416.5	165.528 7	3 020.5	165.535 5	3 659.4	163.961 3
70	2 361.6	169.376 7	2 980.5	167.757 1	3 624.5	165.540 1
90	2 261.7	176.858 1	2 910.6	171.785 9	3 554.6	168.795 4
110	2 166.9	184.595 5	2 820.8	177.254 7	3 434.8	174.682 7
130	2 151.9	185.882 2	2 785.9	179.475 2	3 344.9	179.377 6
150	2 161.9	185.022 4	2 745.9	182.089 7	3 320.0	180.722 9
170	2 131.9	187.626 1	2 740.0	182.481 8	3 315.0	180.995 5

表 4-2 给出了在 40 cm、50 cm、60 cm 三种传输距离下声波参数随温度升高的变化规律，通过分析表格数据可得，随着温度升高，三种传输距离下声时逐渐减小，而声速逐渐增大。根据表格数据绘制出三种传输距离下声时变化图，如图 4-14 所示。

通过对三种传输距离下声时变化图进行分析，发现在不同传输距离下随着温度升高声时均呈现出明显的降低趋势。在 40 cm 传输距离下，从 30 ℃到 170 ℃的温度变化范围内，声时由 2 521.3 μs 降低到 2 131.9 μs，减小了 389.4 μs，而在 50 cm 和 60 cm 传输距离下，相应的声时也分别降低了 315.4 μs 和 394.3 μs，40 cm、50 cm 和 60 cm 三种传输距离下声

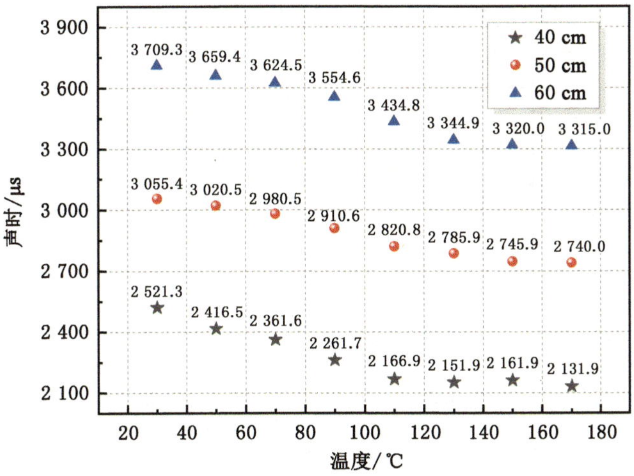

图 4-14　三种传输距离下声时变化图

时分别减小了 15.44%、10.32%和 10.63%。此外，从三条声时散点图整体规律来看，在升温至 100 ℃之前声时的降低较为明显。由此可以看出，100 ℃之前声时变化明显，通过利用这一规律，能够更早地发现松散煤体温度的异常变化，从而采取相应的预防措施阻止煤自燃的进一步发展，这将有利于煤自燃的早期监测预警。

根据已知的声时数据和声波换能器之间的距离，可以计算出声波在松散煤体中的传播速度。实验测试了距离声波发射换能器 40 cm、50 cm 和 60 cm 处的声时，并据此计算了相应的声速值。通过对这些数据进行拟合处理，获得声速随温度变化的趋势。

在声速拟合图中，横轴表示温度，纵轴表示声速，根据所得到的数据进行拟合处理，能够较好地反映声速随温度变化的趋势。由图 4-15～图 4-17 所示，40 cm、50 cm、60 cm 三种传输距离下声速拟合方程均具有较高的拟合度，声速拟合方程 R^2 分别为 0.906、0.969、0.956，这表明拟合结果能够较好地反映出实验数据的分布情况。通过对拟合曲线进行分析，发现

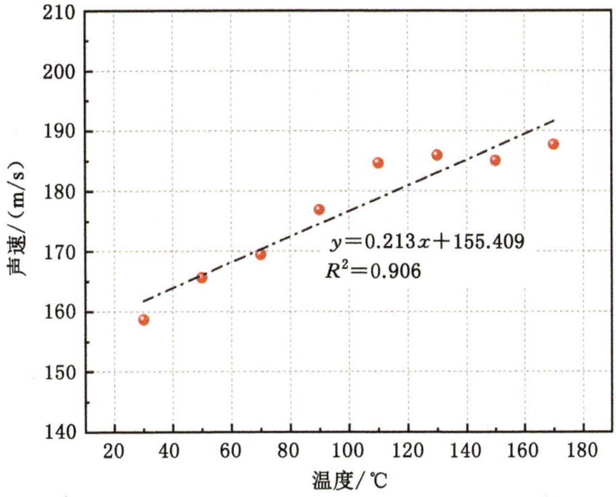

图 4-15　40 cm 传输距离下声速拟合图

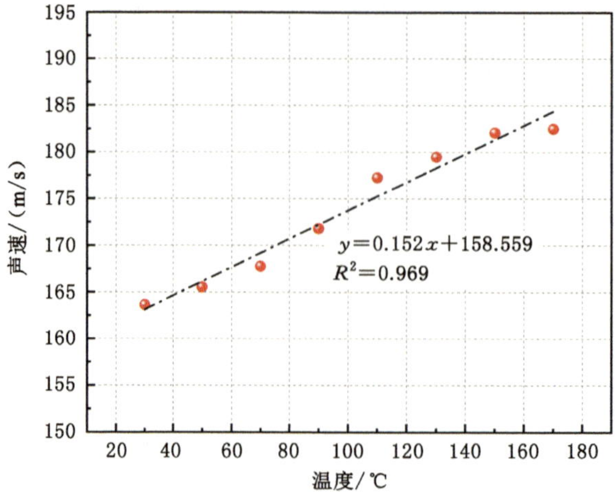

图 4-16　50 cm 传输距离下声速拟合图

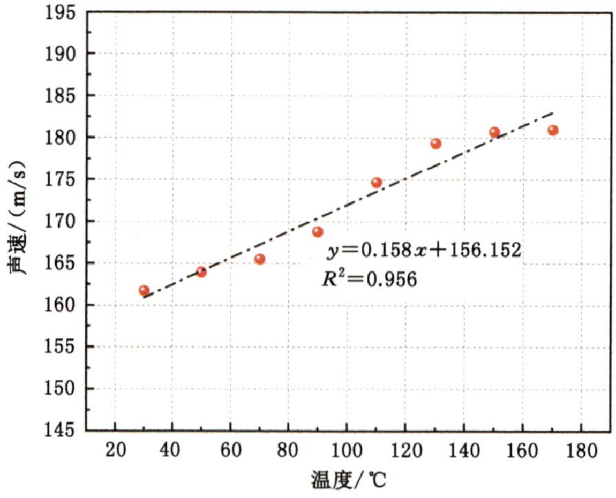

图 4-17　60 cm 传输距离下声速拟合图

在 30～170 ℃的升温范围内，随着温度的升高，声速呈现线性增大的规律。不同传输距离下的声速拟合曲线存在差异，这是由于声波在不同距离松散煤体下的传播条件有所不同。

声波声时实验测试了声波在 40 cm、50 cm、60 cm 三种传输距离下声波声时变化，不同距离下声时随着温度升高均呈现出降低趋势，30～170 ℃温度范围内，声时分别降低了 389.4 μs、315.4 μs 和 394.3 μs。声速与温度的拟合方程的拟合度 R^2 分别为 0.906、0.969、0.956，能够较好地反映出声速与温度的线性关系。随着热源距离的增大，平均声速值减小，三种距离下平均声速分别为 176.7 m/s、173.8 m/s 和 171.9 m/s。

通过对上述研究，得到在松散煤体升温过程中，声速与温度存在密切的关系。这为后期利用声速进行高温异常区域的反演提供了基础和依据。

二、声发射信号空间特征

根据距离热源三种传输距离（10 cm、20 cm、40 cm）下声发射信号振铃计数与能量的变化情况，分析不同传输距离下声发射信号振铃计数与能量的变化规律，结果如图 4-18 所示。

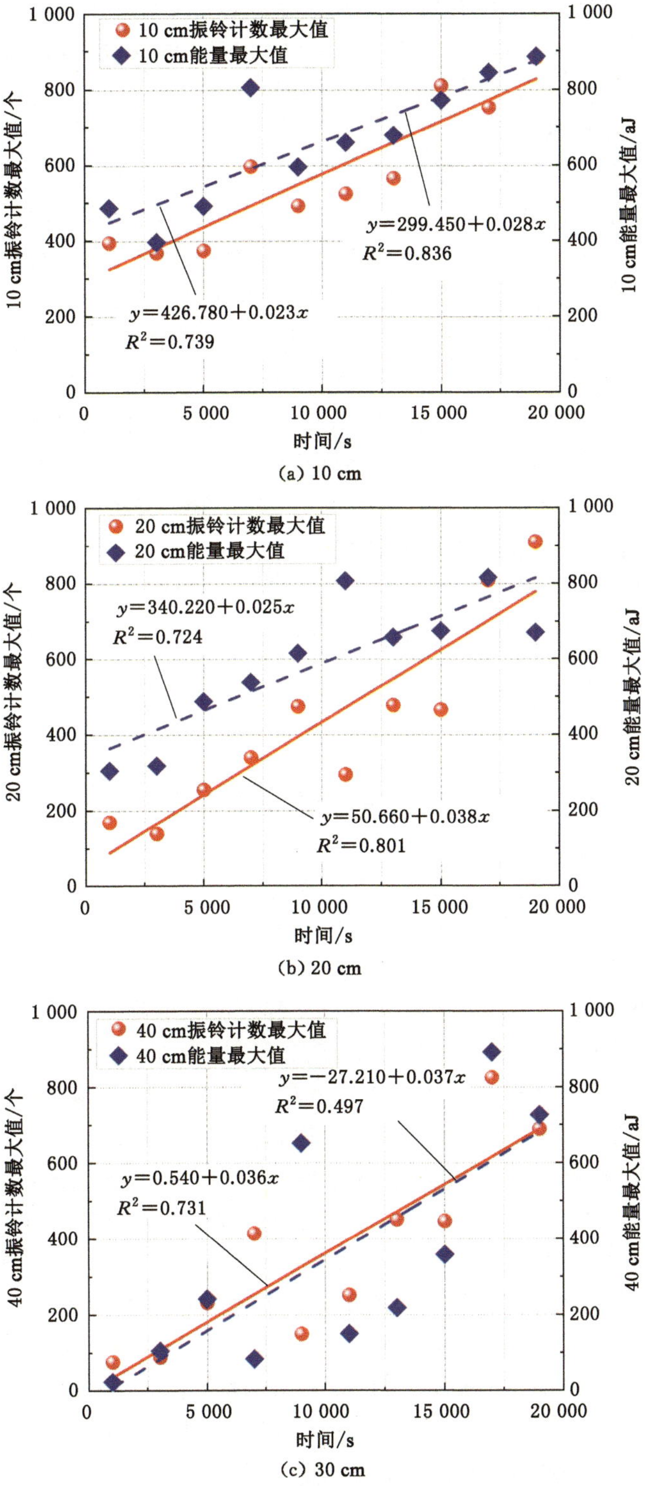

图 4-18　煤升温过程中不同测点声波信息

根据上图所示的声发射振铃计数与能量的累加拟合关系图，可以观察到，在不同的声发射测点布置下，煤体升温过程中声发射通道一、二、六相对于出气口的距离呈现出明显的梯度变化，分别距离出气口 10 cm、20 cm 和 40 cm。这种空间分布的设计使得能够研究声发射信号强度随着距离出气口增加而发生变化的情况。

随着煤温升高，不同传输距离下声发射振铃计数和能量强度都有不同程度的提高。但随着声发射信号测点与热源位置距离的增加，声发射高振铃计数总体减少，能量值降低，声发射信号逐渐减弱。三种传输距离下声发射振铃计数与能量信号时序线性拟合程度逐渐降低，振铃计数拟合度 R^2 分别为 0.836、0.801、0.731；能量值线性拟合度 R^2 分别为 0.739、0.724、0.497，随着传输距离的增加，声发射信号振铃计数、能量值与时间的线性相关性越差。一方面，这是由于测点与热源距离的增加，测点附近受热空气的影响减小，升温效果减弱，能量高峰值的声发射事件数量逐渐减少，整体声发射能量值逐渐降低；另一方面，这也与声发射信号在松散煤体传播的过程中衰减有关，当测点与热源距离增加时，声发射信号也随之衰减，导致测点无法监测到一些强度较低的信号。到出气口不同距离的声发射测点处的声发射信号时序变化结果表明，随着距离的增加，声发射信号的振铃计数和能量值逐渐降低，高能量和高振铃计数的声发射事件逐渐减少。

上述研究结果展示了不同传输距离下煤体升温过程中声发射信号的变化，通过监测不同距离出气口的声发射信号变化，可以更好地理解不同传输距离下煤体升温过程中的声发射活动规律，为预防煤自燃事故及应用声波信号进行煤温异常区域定位提供了重要的预警信息。

第三节　声发射 RA-AF 值与 *b* 值

一、声发射 RA-AF 值与 *b* 值概念及算法

（一）RA-AF 值概念及算法

声发射技术在煤岩动力灾害和煤岩热动力灾害监测领域得到了广泛的应用。国内外学者在对煤岩破坏过程中的声发射信号的幅值、振铃计数、能量、主频、上升时间、持续时间等时域和频域特征参数进行了研究[104-105]。将声发射 RA-AF 值引入煤岩损伤特征的研究，能够进一步揭示煤岩在不同条件下损伤破坏的过程和演化特征。

声发射的 RA-AF 值常用来研究岩石破裂形式，以及揭示岩体破坏的机制。孙强研究了单纯温度作用下陕北火烧岩的声发射信号，利用声发射 RA-AF 值分析了火烧岩裂纹的破裂形式[106]。这在单纯温度作用下通过声发射信号参数的 RA-AF 值来分析煤岩裂纹破坏形式有了依据，本节将声发射 RA-AF 值引入煤体升温过程中的声发射信号分析中来，揭示煤体升温过程中的热破裂和裂纹演化机制。

RA 值和 AF 值是声发射信号的两个重要参数，用来表征煤体内部损伤破坏的裂纹类型。声发射信号的上升时间与最大振幅之比是 RA 值，单位是 ms/V；声发射超过门槛值的振铃计数与声发射撞击的持续时间之比是 AF 值，单位是 kHz。煤岩剪切裂纹的产生或发育对应着低 AF 值、高 RA 值；煤岩张拉裂纹的产生或发育对应着高 AF 值、低 RA 值[107]。基于此，本节采用声发射 RA 值和 AF 值分析煤体内部裂纹的破坏类型。具体的计算公

式为：

$$RA = \frac{上升时间}{最大振幅} \tag{4-1}$$

$$AF = \frac{计数}{持续时间} \tag{4-2}$$

采用 JCMS-ⅢB5706(2003)标准来区分拉张裂纹与剪切裂纹，如图 4-19 所示。根据标准，可以将声发射 RA-AF 值散点分布图的对角线作为剪切裂纹和张拉裂纹的区分直线，散点图中位于对角线上侧的数据认为是张拉裂纹的数据点，散点图中位于对角线下侧的数据认为是剪切裂纹的数据点。将对角线的值定义为 k，k 的计算公式为[107]：

$$k = \frac{AF}{RA} \tag{4-3}$$

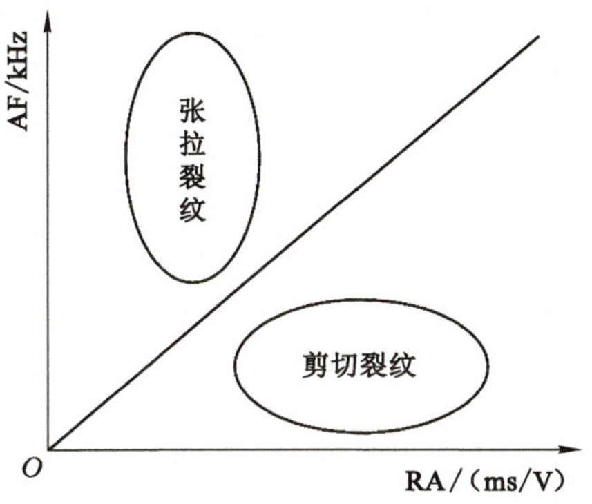

图 4-19　JCMS-ⅢB5706(2003)分类示意图[107]

针对声发射 RA-AF 值的分析可分为两部分，一部分是数量统计规律，一部分是图像规律。将二者结合来分析 RA-AF 值的规律，共同揭示煤体升温过程中的破裂形式，为进一步研究裂纹扩展演化机制提供了支撑。

（二）b 值概念及算法

b 值的概念来源于地震学研究领域，根据声发射事件的大小服从幂律分布与地震的震级和振幅关系的相似性，来监测和检验地震发生发展过程中的裂纹产生和扩展形式。1941 年，Beno Gutenberg 和 Charles Francis Richter 提出了著名 G-R 关系式[108]：

$$\lg N = a - bM \tag{4-4}$$

式中　M——地震的震级；

N——$M+\Delta M$ 范围内的地震次数；

a，b——常数，其中 b 为地震学中的 b 值。

计算 b 值时，声发射的振幅值除以 20(ML)表示地震的震级[109]，即：

$$ML = A/20 \tag{4-5}$$

其中 ML 表示声发射的震级，A 表示声发射的振幅。

计算 b 值时，N 表示振幅大于 A 的特定时间窗口中的声发射命中次数。因此，该方法又称为最小二乘法(LS)。

与最小二乘法不同的另一种计算方法是极大似然估计法(MLE),其计算公式为[110]:

$$b = \frac{n\lg e}{\sum_{1}^{n}\lg A_i - n\lg A_{\min}} \tag{4-6}$$

式中 A_i——每个时间窗口中第 i 个声发射事件的振幅;

$A_{\min}$——每个时间窗口中声发射事件的最小振幅;

n——每个时间窗口中声发射事件的总数;

e——自然对数的底数。

现阶段,最小二乘法(LS)和极大似然估计法(MLE)经常被用于计算声发射 b 值。Spada 等用极大似然估计法计算了声发射 b 值,揭示了地震频率大小分布与深度的一般相关性等规律特征[111];张艳博等用极大似然估计法计算了花岗岩的岩爆过程中声发射 b 值,分析了花岗岩裂纹的演化特征[112];张建中等研究了极大似然估计法和最小二乘法的优劣[113];董陇军等经过研究发现,极大似然法计算更加简单,误差更小,也更加稳定[114]。因此,在计算声发射 b 值的过程中本节优先使用了极大似然估计法。根据研究表明,样本数据通常比较小时,计算出的声发射 b 值不稳定,因此本节在计算过程中对样本数据过少的片段 b 值进行了筛选处理。

二、声发射 RA-AF 值数量统计规律与分布特征

(一)数量统计规律

结合对煤升温过程中的声发射振铃计数、能量、累计振铃计数、累计能量和时序参数的分析,本节根据声发射 RA-AF 值的计算法则,计算了实验系统中声发射通道一和通道二的 RA-AF 值,声发射通道一和声发射通道二在实验中距离加热管出气口的距离不同,通道一距离加热管出气口 10 cm,通道二距离加热管出气口 20 cm。

具体的,将两个通道的声发射数据按照温度划分为三个阶段,第一阶段温度为 30～100 ℃,定义为初始升温阶段;第二阶段温度为 100～300 ℃,定义为持续升温阶段;第三阶段温度为 300～350 ℃,定义为后续升温阶段。其中,因为实验过程中采用的煤体为烟煤,烟煤的燃点为 300～350 ℃,为保证实验过程中的安全性和实验仪器设备的完好性,实验过程中在加热管出气口附近温度到达 300 ℃时,停止供气加热,但由于热量的积聚效应,声发射通道一和通道二距离出气口的距离虽有不同,但非常接近出气口,所以存在一定的后续升温过程,将停止供气加热后的温度升高阶段定义为后续升温阶段,并且在这一阶段温度达到了烟煤的燃点,较好地完成了煤体升温全过程的声发射信号监测,设备安全且完好。

根据表 4-3 可知,RA-AF 值计算过程中的 k_0 值分别为 1.00、1.11、1.11,在初始升温阶段,$k>k_0$ 的声发射 RA-AF 数据点为 15 656 个,$k<k_0$ 的声发射 RA-AF 数据点为 231 个,由此计算出张拉破坏类型占比 98.55%,剪切破坏类型占比 1.45%;在持续升温阶段,$k>k_0$ 的声发射 RA-AF 数据点为 31 016 个,$k<k_0$ 的声发射 RA-AF 数据点为 755 个,由此计算出张拉破坏类型占比 97.62%,剪切破坏类型占比 2.38%;在后续升温阶段,$k>k_0$ 的声发射 RA-AF 数据点为 15 574 个,$k<k_0$ 的声发射 RA-AF 数据点为 314 个,由此计算出张拉破坏类型占比 98.02%,剪切破坏类型占比 1.98%。

表 4-3　煤升温实验通道一数量统计表

阶段/参数	k_0	$k>k_0$	$k<k_0$	张拉破坏	剪切破坏
初始升温阶段	1.00	15 656	231	98.55%	1.45%
持续升温阶段	1.11	31 016	755	97.62%	2.38%
后续升温阶段	1.11	15 574	314	98.02%	1.98%

因此，通道一声发射 RA-AF 值的数量统计规律表明，煤体在升温过程中张拉裂纹产生数量占比较大，剪切破坏裂纹产生较少，表明了煤体升温燃烧的过程是以张拉破坏裂纹为主的裂纹扩展发育演化过程，也是伴随有少量剪切裂纹的扩展演化的过程。

根据表 4-4 可知，RA-AF 值计算过程中的 k_0 值分别为 1.05、1.05、1.05，在初始升温阶段，$k>k_0$ 的声发射 RA-AF 数据点为 5 581 个，$k<k_0$ 的声发射 RA-AF 数据点为 522 个，由此计算出张拉破坏类型占比 91.45%，剪切破坏类型占比 8.55%；在持续升温阶段，$k>k_0$ 的声发射 RA-AF 数据点为 11 326 个，$k<k_0$ 的声发射 RA-AF 数据点为 884 个，由此计算出张拉破坏类型占比 92.76%，剪切破坏类型占比 7.24%；在后续升温阶段，$k>k_0$ 的声发射 RA-AF 数据点为 5 863 个，$k<k_0$ 的声发射 RA-AF 数据点为 239 个，由此计算出张拉破坏类型占比 96.08%，剪切破坏类型占比 3.92%。因此，通道二声发射 RA-AF 值的数量统计规律表明，煤体在升温过程中产生的张拉裂纹占比较大，剪切破坏裂纹占比较小，从初始升温阶段到后续升温阶段，张拉裂纹占比逐渐增大，剪切裂纹占比逐减小。进一步表明了煤体的升温过程是以张拉裂纹为主的煤体裂纹扩展发育演化过程，也是伴随着剪切裂纹产生的过程。

表 4-4　煤升温实验通道二数量统计表

阶段/参数	k_0	$k>k_0$	$k<k_0$	张拉破坏	剪切破坏
初始升温阶段	1.05	5 581	522	91.45%	8.55%
持续升温阶段	1.05	11 326	884	92.76%	7.24%
后续升温阶段	1.05	5 863	239	96.08%	3.92%

声发射通道一和声发射通道二的 RA-AF 值数量统计结果表明，煤体升温过程中产生的张拉裂纹占比较大，剪切裂纹占比较小，揭示了煤体升温过程是煤体产生以张拉破坏为主，并伴随着剪切裂纹产生的裂纹扩展演化过程。

（二）分布特征

根据声发射 RA-AF 值数据，按照大实验平台声发射通道一和通道二分类进行绘制图像，分析声发射 RA-AF 值的分布规律，如图 4-20 和图 4-21 所示。

图 4-20 为声发射通道一不同升温阶段 RA-AF 值分布图，依次属于初始升温阶段、持续升温阶段和后续升温阶段。在初始升温阶段，数据点较少，AF 轴一侧的数据点多于 RA 轴一侧的数据点，RA 值为 0 的点占比最大，都集中在了 RA 等于 0 的竖向位置，表明张拉破坏裂纹数据点多于剪切破坏裂纹数据点，该阶段的裂纹破坏类型以张拉破坏裂纹为主，同时伴随有少量的剪切破坏裂纹产生；在持续升温阶段，总体数据点较初始升温阶段的数据点有明显的增多，RA 值为 0 的点占比最大，都集中在了 RA 等于 0 的竖向位置，AF 轴一侧的数据点明显多于 RA 轴一侧的数据点，表明张拉破坏裂纹数据点明显多于剪切破坏裂纹的数据点，该阶段的裂纹破坏类型以张拉破坏裂纹为主，同时伴随有剪切破坏裂纹产生；在后续

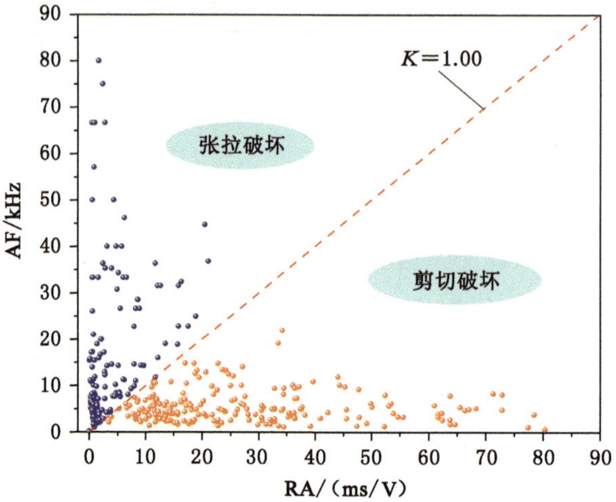

(a) 初始升温阶段

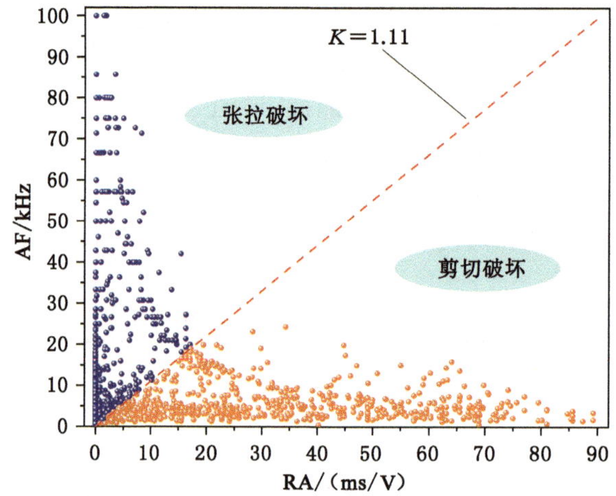

(b) 持续升温阶段

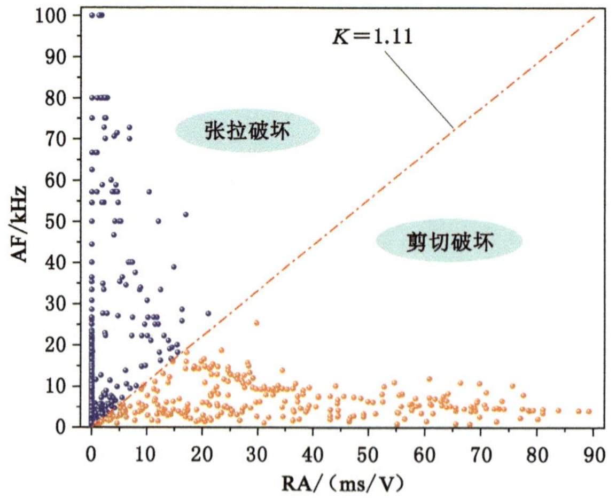

(c) 后续升温阶段

图 4-20　声发射通道一不同升温阶段 RA-AF 值分布图

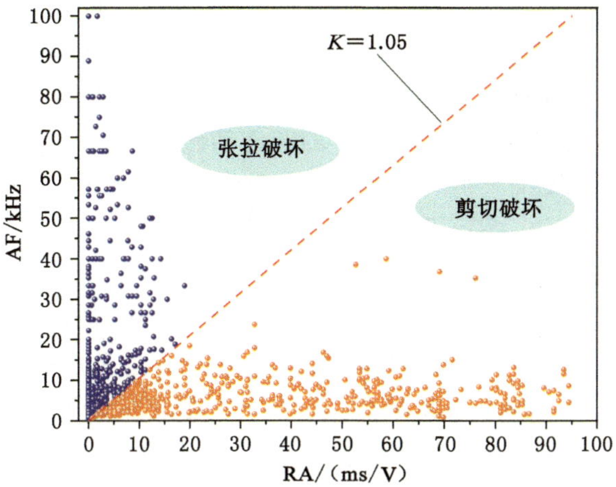

(a) 初始升温阶段

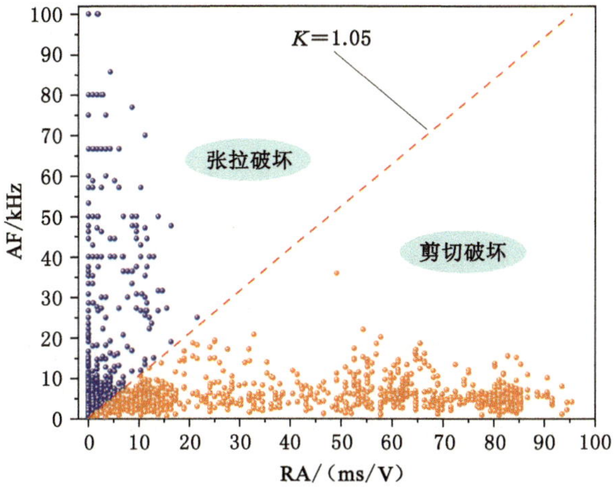

(b) 持续升温阶段

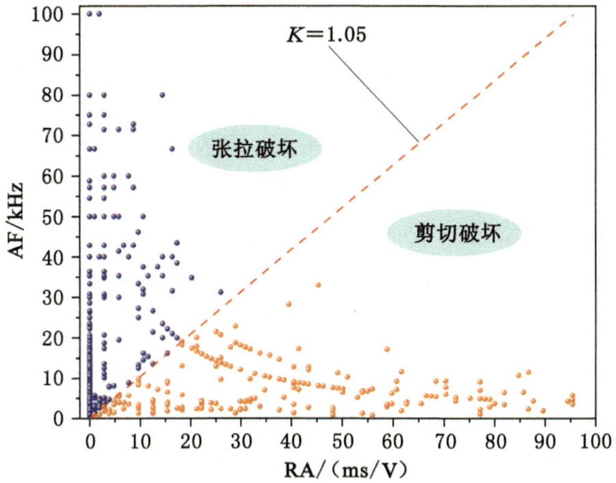

(c) 后续升温阶段

图 4-21　声发射通道二不同升温阶段 RA-AF 值分布图

升温阶段，总体数据点较持续升温阶段的数据点有明显减少，RA 值为 0 的点占比最大，集中分布在 RA 等于 0 的竖向位置，该阶段的数据点仍是位于 AF 轴一侧的数据点明显多于 RA 轴一侧的数据点，充分说明了该阶段张拉破坏裂纹数据点明显多于剪切破坏裂纹数据点，煤体破坏类型以张拉破坏裂纹为主，并伴随有剪切破坏裂纹产生。

综合三个阶段的煤体裂纹产生类型来看，在煤体升温过程中，煤体产生以张拉破坏裂纹为主，并伴随有剪切破坏裂纹，揭示了煤体升温过程伴随着煤体产生张拉破坏裂纹为主，剪切破坏裂纹为辅的裂纹扩展发育演化过程。

图 4-21 为声发射通道二不同升温阶段 RA-AF 值分布图，依次属于初始升温阶段、持续升温阶段和后续升温阶段。初始升温阶段数据点比较少，且 AF 轴一侧的数据点多于 RA 轴一侧的数据点，RA 值为 0 的点占比最大，集中分布在 RA 等于 0 的竖向位置，表明该阶段张拉破坏裂纹的数据点多于剪切破坏裂纹的数据点，该阶段的裂纹破坏类型以张拉破坏为主，也伴随有剪切破坏裂纹的产生；在持续升温阶段中数据点明显多于初始升温阶段，图中数据点多分布在 AF 轴一侧，在 RA 轴一侧数据点少很多，RA 值为 0 的点占比最大，集中分布在 RA 等于 0 的竖向位置，表明该阶段张拉破坏裂纹数据点明显多于剪切破坏裂纹的数据点，该阶段的裂纹破坏类型以张拉破坏类型为主，并伴随有剪切裂纹的产生；在后续升温阶段，声发射数据明显少于持续升温阶段，这一阶段的数据点在 AF 轴一侧的仍然略多于 RA 轴一侧，RA 值为 0 的点占比最大，集中分布在 RA 等于 0 的竖向位置，这表明该阶段的裂纹破坏类型仍以张拉破坏裂纹为主，并伴随有剪切破坏裂纹的产生。

综合以上三个升温阶段的煤体破坏产生裂纹类型情况，在煤体升温过程中，煤体产生的破裂裂纹以张拉裂纹为主，伴随有剪切破坏裂纹的产生。

根据声发射 RA-AF 值的数量规律与声发射 RA-AF 值的分布特征分析可知，声发射通道一和声发射通道二除距离热源的位置不同，其他条件设置完全相同，包括气体供给的流量和速度、出气口的大小等，所呈现的煤体升温过程中的声发射信号规律一致，裂纹产生类型一致。综合煤升温过程中通道一和通道二的声发射 RA-AF 值数量统计规律和分布特征规律得到，煤体在升温过程中，煤体受热破裂产生裂纹，裂纹不断扩展演化，在 350 ℃以内，煤体升温过程中的破裂机制是以张拉裂纹为主并伴随有剪切裂纹的扩展发育演化机制。

三、声发射 b 值揭示煤体热破裂裂纹演化机制

声发射 b 值的动态变化特征具有特定的意义：声发射 b 值代表着煤岩的大小声发射事件和大小尺度劈裂类型，b 值增大，代表着小尺度的声发射事件数量增加，煤岩小尺度的破坏类型增加，大尺度的破坏类型减少；b 值减小，代表着大尺度的声发射事件数量增加，煤岩大尺度的破裂类型增加，小尺度的破坏类型减少；b 值不变，代表着大尺度和小尺度的声发射事件数量之比波动较小，不同尺度的煤岩微破裂状态的波动程度较小[115]。

煤岩破裂过程的微破裂状态缓慢变化对应着声发射信号 b 值在小幅度范围内波动，是渐进式扩展的过程；微破裂状态的突然变化对应着声发射 b 值在大幅度范围内的突然跃迁，是突发式裂纹扩展。煤自燃过程中声发射 b 值变化如图 4-22 所示。

图 4-22 是根据极大似然估计法（MLE）运算法则进行计算的声发射 b 值数据变化图。在分析的过程中，同时计算了通道一和通道二的声发射 b 值数据并进行对比分析，发现声发射通道一的 b 值整体高于声发射通道二的 b 值，这与通道一和通道二在位于实验中与加热

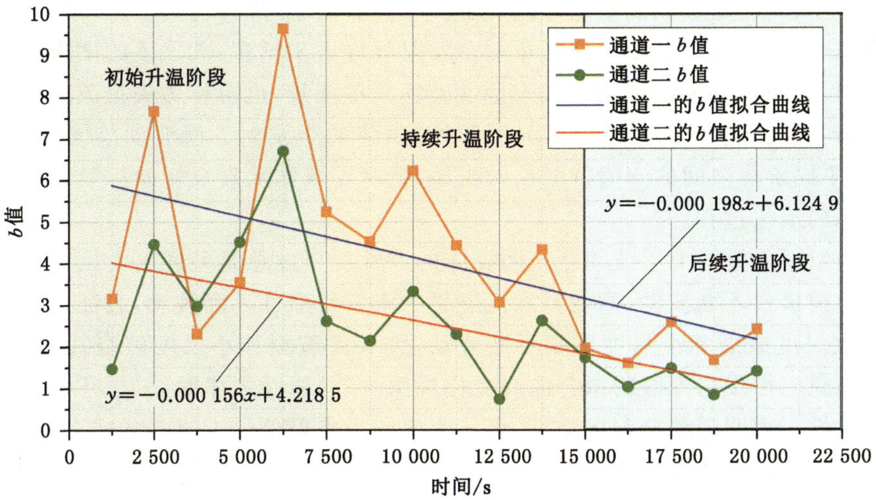

图 4-22　煤自燃过程中声发射 b 值变化图

管出气口不同的距离有关，即声发射通道一距离加热管出气口更近，煤体接收外界热源的供热更直接，热量积聚更明显，进而煤体发生大小尺度的破坏更明显，裂纹扩展发育程度更高。

煤自燃过程中的声发射 b 值变化图表明，两通道的声发射 b 值在煤体升温过程中随着时间的增加，呈现出上下波动的变化规律。根据升温条件，将升温过程分为三个阶段，0～7 500 s 划定为初始升温阶段(30～100 ℃)，7 500～15 000 s 划定为持续升温阶段(100～300 ℃)，将 15 000～20 000 s 划定为后续升温阶段(300～350 ℃)。在初始升温阶段，声发射 b 值在较大范围内上下波动；在持续升温阶段，声发射 b 值在中等范围内上下波动，且波动范围正逐渐缩小；在后续升温阶段，声发射 b 值在较小范围内波动。表明煤体从初始升温阶段到持续升温阶段再到后续升温阶段，经历了扩展裂纹从突发式扩展到渐进式扩展的过程，这表明升温初期，高温打破了环境温度下现有的平衡状态，出现了突发式的裂纹扩展，随着温度的升高，裂纹扩展逐步加快，呈现出了一定的规律特性。

在初始升温阶段，煤体的声发射 b 值先增加表明煤体的小尺度声发射事件数量增加，低能量的声发射事件增加，煤体内部的小尺度破裂数量增加，小尺度微裂纹扩展、发育逐渐增加；声发射 b 值随即减小，表明煤体的大尺度声发射事件数量增加，高能量声发射事件数量增加，煤体内部的大尺度破裂数量增加，大尺度微裂纹扩展、发育数量增加；之后又经历了一个 b 值先增加后减小的变化过程。这表明煤体一开始在受到外部热源的供热后，热量不断积聚产生小尺度的微裂纹，小尺度微裂纹积聚到一定程度后，出现一波大尺度的微裂纹的扩展、发育，如此循环多个过程，这一过程也可称为微裂纹初始扩展阶段。

在持续升温阶段，煤体的声发射 b 值也呈现出不断增加和减小的往复循环过程，但整体 b 值下降幅度较大，表明煤体产生的大尺度声发射事件数量不断增加，高能量的声发射事件数量不断增加，煤体内部的大尺度破裂数量增加，大尺度微裂纹扩展、发育数量增加，但整个过程仍共同存在着大尺度、小尺度破裂形式，这一过程也可称为微裂纹不稳定扩展阶段。

在后续升温阶段，煤体声发射 b 值在较小范围内变化，但仍然存在着不断增加和减小的往复循环过程，b 值总体呈现减小的趋势，表明在这一阶段，煤体的大尺度和小尺度声发射事件均有发生，高能量和低能量的声发射事件也均有发生，煤体仍然存在着大尺度和小尺度的微裂纹破裂形式，且大尺度和高能量的声发射事件逐步增多，大尺度的微裂纹数量逐渐增多，这一过程可能为煤体发生巨大的失稳性破坏积蓄能量，也可称为失稳破坏阶段。从初始升温阶段、到持续升温阶段再到后续升温阶段，煤体的声发射 b 值波动范围逐渐减小，数值逐渐减小，不同阶段之间的 b 值特征差异明显，揭示了煤体从裂纹初始扩展到不稳定扩展再到失稳破坏的演化过程。

图中声发射 b 值的上下波动还表明煤体的声发射事件总是呈现出大尺度声发射事件和小尺度声发射事件不断波动，高能量和低能量的声发射事件不断波动，表征了煤体破裂形式总是存在大尺度破裂和小尺度破裂不断波动，大尺度破裂和小尺度破裂共同作用的形式。通道一和通道二声发射 b 值的拟合曲线变化规律一致，线性规律明显，与升温时间呈现出明显的负相关性。表明随着升温的继续，煤体产生的声发射信号 b 值不断减小，煤体产生的大尺度声发射事件逐渐增多，小尺度的声发射事件逐渐减少，高能量声发射事件逐渐增多，低能量声发射事件逐渐减少，进而表明了煤体产生的大尺度破裂逐渐增多，小尺度破裂逐渐减少，大尺度的微裂纹扩展、发育增多，小尺度的微裂纹扩展、发育减少。进一步地，说明了煤体在升温过程中煤体表面裂纹不断扩展、发育，形成的小尺度微裂纹数量逐渐增多，逐步贯通形成了大尺度的微裂纹，且数量不断增多。

对煤体大小尺度破裂形式和微裂纹扩展、发育形式进一步讨论，可以得到煤体在受热升温时，突然受到外部热源的作用，先发生突发式的微裂纹扩展，再发生渐进式的微裂纹扩展，渐进式的扩展这一过程在不断积蓄能量，为煤体达到燃点之后的剧烈燃烧以及发生更大的突发破坏提供条件。

第四节　声波信号分形特征

一、分形概念与算法

为探究不同条件下煤岩声发射的产生是否具有分形特征，本节引入声发射计数的关联维数特征，应用 G-P 算法，结合 MATLAB 软件，得到了煤升温过程中同一测点不同温度条件下的双对数关系，运算过程中，基本参数是声发射振铃计数，进而确定了容量为 n 的系列集[116-117]：

$$\boldsymbol{X} = \{x_1, x_2, \cdots, x_n\} \tag{4-7}$$

将式(4-7)中的前 m 个数构成 m 维的相空间($m<n$)，即：

$$\boldsymbol{X}_1 = \{x_1, x_2, \cdots, x_m\} \tag{4-8}$$

后面的数据位次依次顺延加 1 得到 $N=n-m+1$ 个向量，即：

$$\boldsymbol{X}_2 = \{x_2, x_3, \cdots, x_{m+1}\}, \boldsymbol{X}_3 = \{x_3, x_4, \cdots, x_{m+2}\} \tag{4-9}$$

相应的关联维数为：

$$C(r(k)) = \frac{1}{N^2}\sum_{i=1}^{N}\sum_{j=1}^{N}h[r(k) - |X_i - X_j|] \tag{4-10}$$

式中　h——Heaviside 函数；

$r(k)$——尺度函数。

$r(k)$对应的每一个尺度，就有一个$C(r(k))$相对应，得到了$(\lg r, \lg C(r))$坐标点，线性拟合后的斜率就是声发射振铃计数的关联维数。相空间维数为m，m取值1，2，3，4，5，…，20，关联维数随着m取值的增大逐渐稳定、饱和。在$m=10$时关联维数逐步趋于饱和、稳定，因此确定相空间维数$m=10$。

对煤升温过程中的声发射振铃计数进行关联维数分形，可以反映了声发射信号一定的变化规律，但单一的分形维数不能将声发射信号的时序特征反映完全。通过对实验数据分析发现，煤升温过程中的声发射信号，除有较为简单的分形规律之外，多重分形维数特征也较为明显[118]。所以，在关联维数基础上将进一步引入盒维数分形对不同温度梯度下的声发射信号进行研究。

在此，我们设定某个时间序列为$\{X_i\}$，将$\{X_i\}$划分为长度为ε的N个子集，计算每个子集的概率分布$\{P_i(\varepsilon)\}$[119]。

$$X_q(\varepsilon) \equiv \sum P_i(\varepsilon)^q \sim \varepsilon^{\tau(q)} \tag{4-11}$$

$$\tau(q) = \lim_{\varepsilon \to 0} \frac{\ln X_q(\varepsilon)}{\ln \varepsilon} \tag{4-12}$$

$$\alpha = \frac{\mathrm{d}(\tau(q))}{\mathrm{d}q} = \frac{\mathrm{d}}{\mathrm{d}q}\left(\lim_{\varepsilon \to 0} \frac{\ln X_q(\varepsilon)}{\ln \varepsilon}\right) \tag{4-13}$$

$$f(\alpha) = \alpha q - \tau(q) \tag{4-14}$$

式中　$X_q(\varepsilon)$——配分函数；

$\tau(q)$——质量指数；

α——奇异指数。

α对$\{P_i(\varepsilon)\}$的奇异性有较大的影响，概率子集的不均匀程度就是奇异性，α的最小值对应声发射事件序列中的强信号，最大值对应弱信号，$\Delta\alpha$为两者之差，在标度不变的情况下，其大小表示整个分形结构上物理参数的均匀程度，即强弱信号在声发射时间序列中的差异性[120]；$f(\alpha)$是α表示的子集在整个子集集合中出现的概率，就是α的分维数，$\Delta f(\alpha)=f(\alpha_{\max})-f(\alpha_{\min})$，其大小表示强弱信号在声发射事件序列中出现的概率关系，α-$f(\alpha)$曲线为所计算序列的多重分形谱，反映时间序列内部声发射信号不均匀分布的特征[121]。

二、声发射信号关联维数及盒维数变化

由于声发射序列的分形特征在比例系数$k \leqslant 0.1$时不明显，故取比例系数$k>0.1$来计算煤升温过程中的关联维数，得到双对数坐标曲线，该曲线一元线性回归函数的斜率就是关联分形维数[122-123]。图4-23是选取利用MATLAB软件处理过的$\ln r$和$\ln C$值条件较好的5个点进行拟合得出的曲线图，进行一元线性回归分析后，发现30 ℃、100 ℃、200 ℃、300 ℃声发射振铃计数的相关度R^2分别为0.96、0.97、0.99、0.98，均大于0.90，$\ln r$和$\ln C$的相关性比较高，表明不同温度声发射振铃计数的相关性较高，煤升温过程中不同温度的声发射振铃计数序列具有明显的分形特征。

根据确定的声发射振铃计数的分形特征，绘制了煤升温过程中的声发射振铃计数的分形维数变化图，如图4-24所示。

从30～300 ℃，不同分形维数变化曲线的拟合斜率分别为0.999、0.987、0.981和0.998，如图4-24所示。四个温度梯度的声发射振铃计数分形维数在该温度前后300 s内随

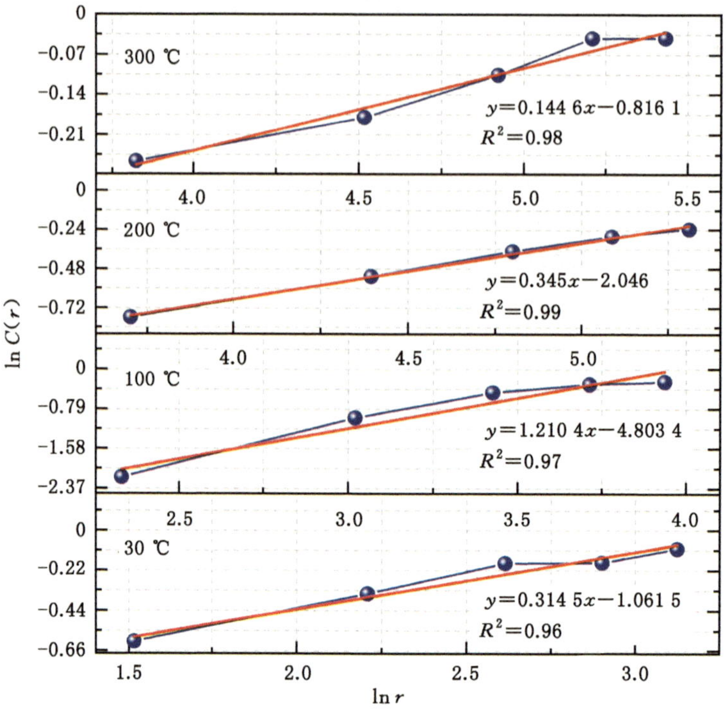

图 4-23 不同温度下双对数关系曲线图

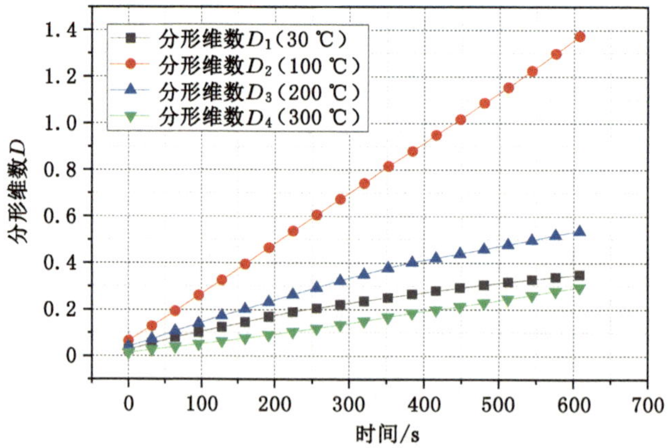

图 4-24 不同温度的声发射振铃计数分形维数变化图

着时间的增加不断增大，线性规律非常明显，斜率稳定，均大于 0.950，表明煤在升温过程中，声发射事件不断增多，声发射信号不断增强。其中，30 ℃的声发射振铃计数分形维数由 0.025 8 增加到 0.348 7，100 ℃的声发射分形维数由 0.063 8 增加到 1.373 5，200 ℃的声发射振铃计数分形维数由 0.037 7 增长到 0.563 0，300 ℃的声发射分形维数由 0.013 0 增长到 0.293 7，表明该段时间内声发射振铃计数分形维数在 100 ℃时最大，在 300 ℃时最小，从 30～300 ℃呈现出了先增长后下降的变化趋势。

图 4-25 为选取 m=4、8、12、16、20 的声发射分形维数随温度变化的趋势图。

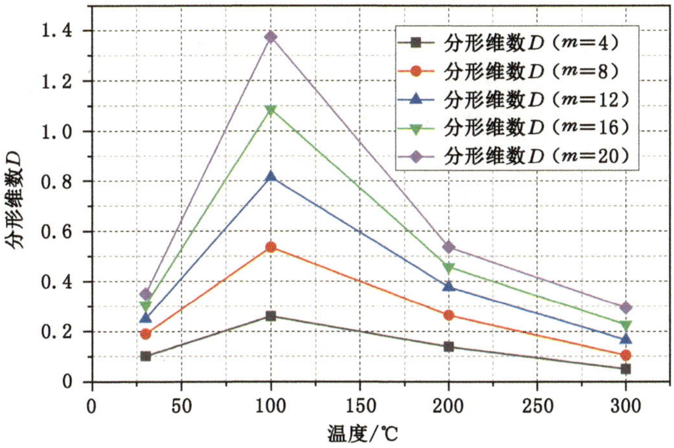

图 4-25　不同 m 取值的声发射振铃计数分形维数变化图

该图呈现倒置的"V"形特征，声发射振铃计数的分形维数随着温度的升高呈现出先增长后下降的趋势，m 的取值不同，变化形势相同，m 值越大，分形维数越大。分形维数的变化趋势可以反映煤体破裂过程中声发射信号时间序列的不规则性和复杂性，则煤升温过程中声发射信号的时间序列的不规则性和复杂性出现先增加后降低的变化规律。

以上关于声发射振铃计数分形维数的变化趋势表明，煤升温过程中声发射振铃计数关联分形维数具有明显的规律特征，在特定温度点(30 ℃、100 ℃、200 ℃、300 ℃)附近声发射振铃计数的分形维数水平不断提高，进一步表明了煤自燃升温过程声发射振铃计数水平不断增强，声发射信号不断增强；煤升温过程中声发射信号的时间序列的不规则性和复杂性先增加后降低，进一步揭示了声发射信号时间序列的特征。

进一步对 30 ℃、100 ℃、200 ℃、300 ℃下的声发射信号进行盒维数分形，得到以下多重分形谱图(图 4-26)和相关参数变化图(图 4-27)。

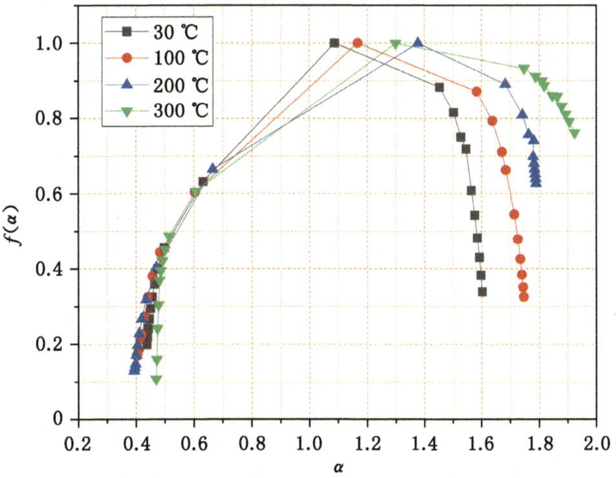

图 4-26　不同温度梯度下的声发射信号盒维数分形谱图

根据图 4-26 所示，不同温度梯度下的声发射盒维数多重分形谱形状类似，均呈现出拱状结构，在 α 值小于 0.7 时，不同温度下的 $f(\alpha)$ 较为接近，随着 α 的逐渐增大，$f(\alpha)$ 差值越来越大；$f(\alpha)$ 值到达最大值 1 之后均出现了明显的下降，温度越高，$f(\alpha)$ 值下降得越缓慢，温度对声发射盒维数多重分形谱的影响非常显著。

据研究，$\Delta\alpha$ 表示煤的不均匀程度，$\Delta f(\alpha)=f(\alpha_{max})-f(\alpha_{min})$ 表示物理参数子集中最小元素数与最大元素数之比，$\Delta f(\alpha)$ 代表着强弱声发射信号之间的概率关系，当 $\Delta f(\alpha)>0$ 时，出现的频率较高的是弱声发射信号，当 $\Delta f(\alpha)<0$ 时，出现频率较高的是强声发射信号。根据计算得出不同温度下声发射信号的 $\Delta\alpha$ 和 $\Delta f(\alpha)$ 值，并绘制如图 4-27 所示变化图。

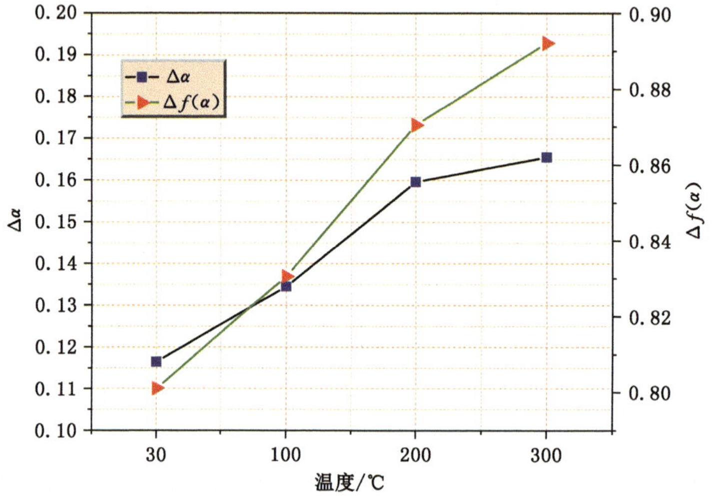

图 4-27　不同温度下多重分形谱的 $\Delta\alpha$ 和 $\Delta f(\alpha)$ 变化图

如图 4-27 所示，$\Delta\alpha$ 和 $\Delta f(\alpha)$ 值与温度都呈现出明显的正相关性。$\Delta\alpha$ 值随着温度的升高而升高，表明煤体内部结构越不均匀，声发射信号波动程度逐渐增大；$\Delta f(\alpha)$ 值均大于 0，表明煤体升温过程中产生的声发射信号中弱声发射信号所占比例较高，$\Delta f(\alpha)$ 值随着温度的升高逐渐升高，声发射信号强度在逐渐增强。

三、声发射信号时变分形

在上节中通过盒维数法对煤体声发射信号进行盒维数分形计算得到盒维数分形谱 α-$f(\alpha)$，研究了声发射信号在时间序列上呈现的非线性的变化趋势，进而研究了煤体声发射信号的非线性特征。然而，盒维数分形谱仅可以在整体上研究煤升温过程中声发射信号的声发射特征，时变分形可以分析声发射信号的时空动态特征。

对煤体受热升温全过程声发射信号进行时变分形处理，得出了如图 4-28 和图 4-29 所示的时变分形参数 $\Delta\alpha$ 和 Δf 的变化图。

由图 4-28 可知，在 7 500 s 之前，$\Delta\alpha$ 值较为离散，多集中在 0.2 上下；7 500 s 之后，$\Delta\alpha$ 值较为紧密；升温全过程的声发射信号时变分形参数 $\Delta\alpha$ 值随着时间的增加而增加，拟合后的斜率为 1.46，R^2 为 0.92，呈现出明显的正相关关系，表明在煤体升温的过程中，随着温度的升高，所产生声发射信号的非线性程度越来越高，时变分形特征越来越显著。

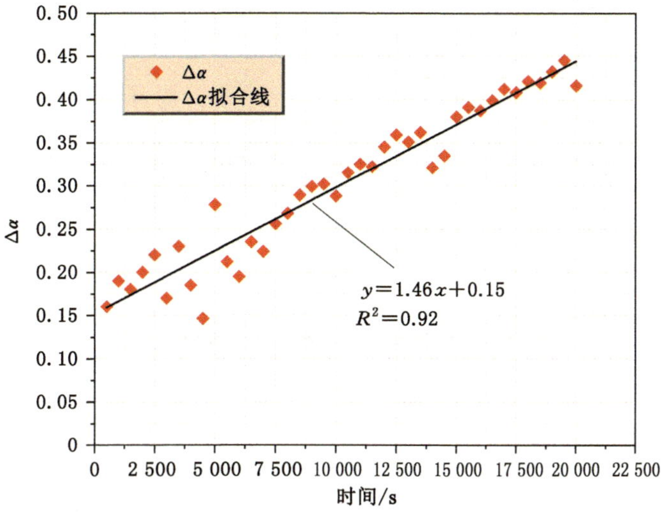

图 4-28　煤升温全过程的声发射信号 Δα 变化图

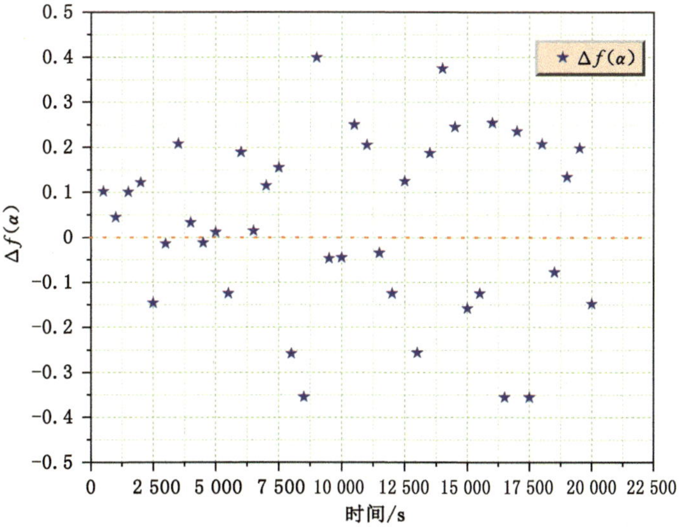

图 4-29　煤升温全过程的声发射信号 Δf 变化图

Δf 变化图表明，Δf 值的分布比较离散，线性特征不明显，在 7 500 s 之前，Δf 值主要集中在 0 以上，少数分布在 0 以下的附近区域，信号的离散性较小，弱声发射信号占比更高；在 7 500 s 之后，Δf 值在 0 上下均有分布，0 以上的信号占比相对较大，信号的离散性变大，信号分布不均匀，复杂程度较高，表明该过程中弱声发射信号占比相对较大。说明煤体在升温的过程中产生的声发射信号随着温度增加由弱信号向强信号逐渐演变。

四、次声波信号时变分形

煤自燃过程中次声波的 Δα、Δf 随时间的变化，如图 4-30 所示。

从图 4-30 中可以看出，煤自燃过程产生的次声波信号的非线性随着时间波动变化，在

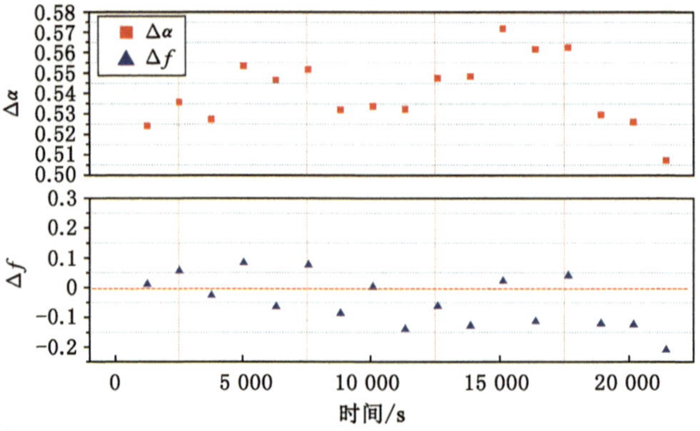

图 4-30　煤自燃过程中次声波信号的 $\Delta\alpha$ 和 Δf 的变化图

17 500 s 之后 $\Delta\alpha$ 开始下降，这说明在 17 500 s 之前产生次声波声压值变化程度较大，17 500 s 之后信号的大小趋于稳定，离散性也随之变小。

从 Δf 的变化发现，在实验的过程中 Δf 在零点附近波动变化，这说明在实验的不同时间段内大小信号的分布也不同。在 8 000 s 之前，Δf 在零点附近波动变化，这说明在实验初期煤升温的过程中由于受热不均导致次声波信号有一定的离散型，产生的次声波主要还是小信号，但是有较大的次声波信号产生，随着时间的增长，煤温在缓慢上升，Δf 也在缓慢下降，这意味着次声波大信号开始增多，煤岩的破裂逐渐剧烈，大尺度破裂越来越多，煤体内部的破裂开始以大尺度为主。整体看来，在不同的时间段内信号的大小分布并不均匀，煤自燃实验次声波信号主要来自煤体的大尺度破裂。

第五节　声-电时空响应规律及耦合表达分析

本节通过研究小尺寸煤自燃升温过程中声波和电阻率的变化，分析电阻率的变化规律，进而利用声波-电阻率信号耦合表达煤自燃过程中温度的变化，进一步揭示煤自燃过程中声波运动学前兆信号特征的规律。

一、电阻率信号空间特征

为合理、准确地揭示松散煤自燃过程中电阻率的空间演化特征，需要对测试得到的电阻率进行图像处理，从而形成直观的二维空间等值线分布图。为实现这一目标，可以通过网格化和插值法来绘制电阻率的二维电阻率分布图。

现阶段的网格化插值方法包括样条函数插值(spline)、核插值(KS)、扩散插值(DK)以及克里金插值法(Kriging)、协克里金法(CoKriging)三角网线性内插方法等[124]。而克里金插值法能够通过一组具有 z 值的分散点实现所测试件表面的高级统计，研究电阻率空间特征的交互作用[125]。采用克里金插值法能够保持原有测试区域的特征，对测试得到的煤自燃过程中的电阻率分布特征做出正确合理的解释。

克里金插值法在估计原观测样本数值时，充分考虑待插值点与观测点及相邻点的空间位置，并根据已有数据的空间分布提高结果的可靠性，比传统方法更符合实际情况。克里金插值法的基本原理为：设研究区为 A，点承载的区域化变量为 $Z(x,y)$，其在采样点 $i(i=1,2,\cdots,n)$ 处的属性值为 $Z_i(i=1,2,\cdots,n)$，待插值点 Z_0 的属性值插值结果是 m 个已知采样点属性值的加权和，即：

$$Z_0=\sum_{i=1}^{m}\lambda_i Z_i \tag{4-15}$$

式中　λ_i——待确定权重系数。

根据克里金原理，$Z(x,y)$在研究区内满足二阶平稳假设，即：

$$\mathrm{Cou}\{Z_i,Z_{i+h}\}=E[Z_i\cdot Z_{i+h}]-m^2=C(l) \tag{4-16}$$

根据无偏性要求 $E[\widehat{Z_i}]=E[Z_i]$，推导可得：

$$\sum_{i=1}^{m}\lambda_i=1 \tag{4-17}$$

当无偏估计方差最小时，推导得到权重系数方程组，即：

$$\gamma(h)=\frac{1}{2N_h}\left(\sum_{i=1}^{N_h}[Z(i+l)-Z(i)]^2\right) \tag{4-18}$$

式中　$\gamma(h_i-h_j)$——样本点间的半变异函数值；

$\gamma(l_0-l_i)$——已知点与待插值点间的半变异函数值。

求出权重系数 $\lambda_i(i=1,2,\cdots,m)$，即可求得待插值点属性值的估计值 Z_0。克里金插值法的半变异函数定义为：

$$\begin{cases}\sum_{i=1}^{m}\lambda_i\gamma(l_i-l_j)+\mu=\gamma(l_0-l_j)\\ \sum_{i=1}^{m}\lambda_i=1\end{cases},(i,j=1,2,\cdots,m) \tag{4-19}$$

式中　l——上文提到的滞后距离；

μ——拉格朗日常数；

N_h——用来计算半变异函数值的距离为 l 的样本对数目；

$\gamma(l)$——半变异函数值。

基于煤自燃升温及燃烧过程中电阻率测试结果及克里金插值法绘制 DT 煤实验过程中的不同温度阶段电阻率的空间分布特征，如图 4-31 所示。

如图 4-31 所示，为方便研究，空间分布图中采用了相同的配色比例尺，颜色代表电阻率的大小。实验开始时由于松散煤体的导热性较差，实验前期，整个区域 10 000 Ω·m 以上的高电阻区域占据主导地位，且空间分布图的色差变化缓慢，呈现出了中间较低周围较高的分布情况，而图中不同区域的电阻率大小存在一定的差异则是松散煤体介质的不均匀性导致的。随着温度的逐渐升高，以 A 为中心的 3 000 Ω·m 的低电阻区域颜色明显变深且范围逐渐变大，至实验 12 600 s 时，电阻率低于 3 000 Ω·m 区域的面积扩大了 7～8 倍。

初始时 B 区域的电阻率较大，但由于 B 区域位于通气管路的上方，热量传递较为明显，随着温度的升高，以 B 为中心的大于 10 000 Ω·m 的电阻率区域在(a)～(f)的演化过程中，B 区域的电阻率减小，形成了点状低阻区域。随着温度的继续升高，B 区域逐渐扩大，形成低电阻条带状电位，最后与 A 区域连通在一起，形成了更大范围的低阻区域。

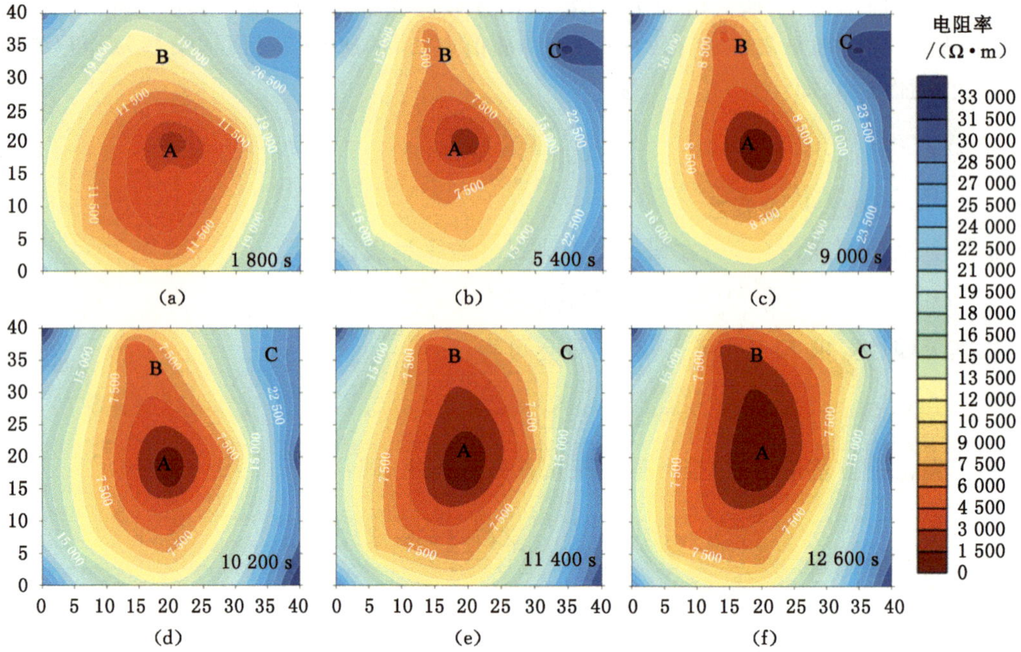

图 4-31 DT 煤测点在不同升温时间段的电阻率空间演化图

C 区域的电阻率变化与 A、B 区域的相同，其初始电阻率较高，形成了环形的高电阻区，随着温度的升高，从(a)～(f)演化过程中 C 区域(蓝色)由深向浅色发展，表明电阻率随着时间的推移不断降低，但由于处于边缘区域，升温速度较慢，导致实验结束时温度较低，电阻率依然处于较高的水平。

为确定不同变质程度煤自燃过程中电阻率的空间演化特征，根据实验得到的 PZ 煤的电阻率数据绘制空间演化图，如图 4-32 所示。

如图 4-32 所示，由于煤自燃前期蓄热时间较长，因此在 7 100 s 之前的温度变化缓慢，电阻率变化较慢，但是中心区域的电阻率出现了明显下降，随着时间的推移，温度升高，电阻率下降，中心区域的深色区域变大。PZ 煤在不同升温时间段的电阻率空间变化特征与 DT 煤相似，均表现出由中心热源向周围不断扩散的趋势。

综上所述，随着时间和温度的增大，不同变质程度煤的电阻率均呈现出由中心热源向周围不断降低的趋势，但是整体演化过程较为缓慢，这是由松散煤体导热不均匀及其导热性较差的性质所决定的。而 B 区域的电阻率变化相比距离中心热源同距离的其他测点电阻率下降更明显，这是由于实验过程中的波纹管从此处经过所导致的，埋经 B 区域的波纹管内部高温气体的热量传递给波纹管，而波纹管又与周边松散煤体存在接触，产生一定的热传导效应，导致该区域温度较其他区域温度上升速率更快。该现象说明温度升高是导致电阻率变化的主要原因，这表明了在煤自燃过程中电阻率的变化能够有效反映松散煤在空间上的温度变化规律。

二、电阻率信号时序特征

为了深入了解松散煤自燃过程中局部电阻率的时序特征，在上述图像中选取升温速度

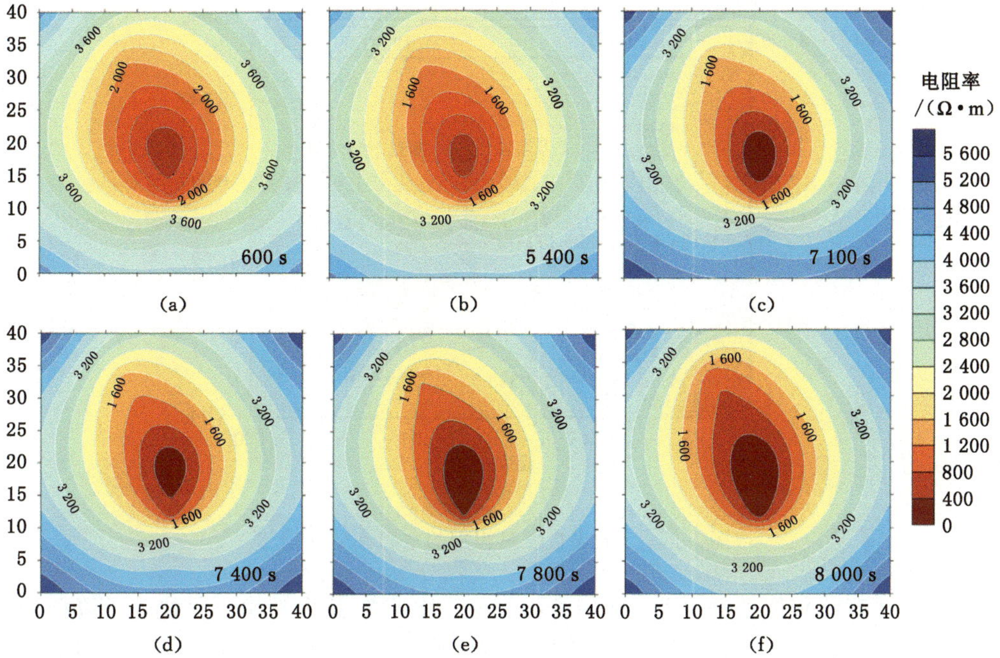

图 4-32　PZ 煤在不同升温时间段的电阻率空间演化图

明显、电阻率较大、具有代表性的区域测点为主要分析对象。本节选取了实验过程中 DT 煤 1#、12# 和 PZ 煤 1#、2# 4 个测点的电阻率数据进行时序特征分析，4 个测点的具体位置如图 4-33 所示。

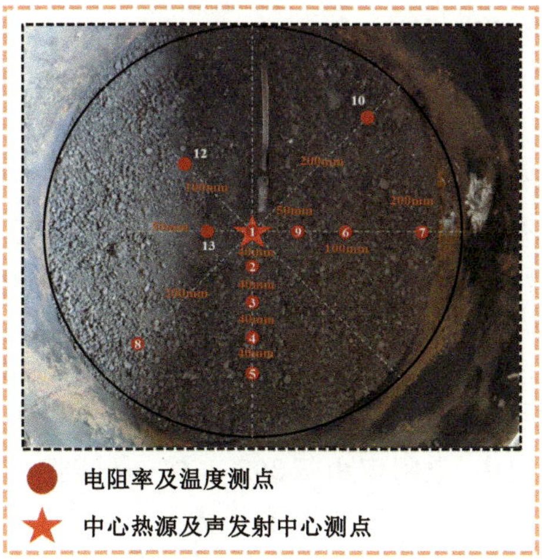

图 4-33　声发射、电阻率及温度测点位置

绘制的煤自燃全过程电阻率-温度变化曲线如图 4-34 和图 4-35 所示。

如图 4-34 所示，随着温度的升高，DT 煤自燃过程中电阻率呈现出先下降再上升最后下

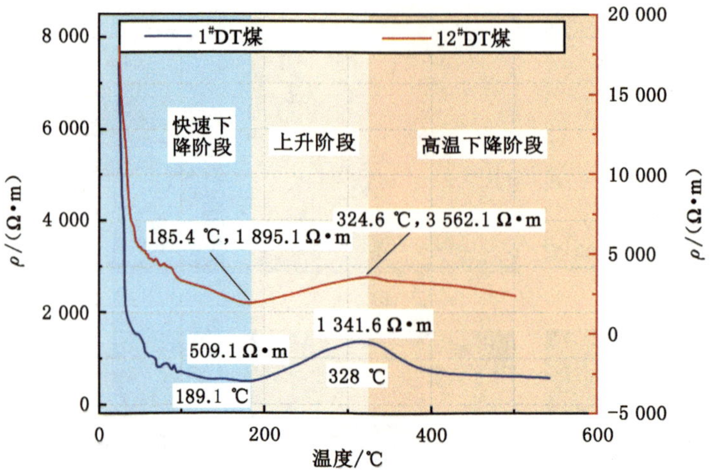

图 4-34　DT 煤自燃过程中的电阻率变化规律

降直至实验结束的整体趋势。为方便分析，将整个电阻率变化规律分为快速下降阶段、上升阶段和高温下降阶段三个阶段，针对三个不同阶段研究煤自燃过程中电阻率的变化规律。根据所得松散煤电阻率测试结果、物理学及热破裂理论可以得出：

(1) 快速下降阶段：主要指初始升温电阻率不断下降的整个过程。随着温度的升高，电阻率呈现出不断下降的趋势，且前期的下降速率较大，随着温度的升高电阻率的下降速率变慢，整体上呈现出负相关关系。DT 煤 1# 测点在从 24 ℃温度升高至 189.1 ℃的过程中，电阻率从 7 440.5 Ω·m 降低至 509.1 Ω·m，仅为初始电阻率的 6.8%，而 DT 煤 12# 测点与 1# 测点的变化基本呈现出一致性，在 185.4 ℃下降至电阻率最低点 1 895.1 Ω·m。

(2) 上升阶段：主要指随温度升高电阻率升高的阶段。当温度达到 189.1 ℃以后，DT 煤电阻率出现了小幅度的上升，DT 煤 1# 测点的电阻率从 509.1 Ω·m 上升至 1 341.6 Ω·m，12# 测点在 324.6 ℃上升至 3 561.2 Ω·m，但此时的电阻率仍远低于初始电阻率，表明在煤自燃过程中的化学、物理变化导致了电阻率的改变。

(3) 高温下降阶段：随着温度的升高，DT 煤 1# 测点电阻率在 328 ℃以后继续缓慢降低，直至持续到实验结束，在 DT 煤 1# 测点温度为 540 ℃时电阻率为 575.74 Ω·m，与初始电阻率相比有显著下降。

如图 4-35 所示，PZ 煤自燃过程中的电阻率与 DT 煤的变化规律基本一致，呈现出下降、上升、再下降的趋势，同样具有快速下降、上升和高温下降三个阶段。PZ 煤 1# 测点从 22.1 ℃升高至 201 ℃的过程中，电阻率由 3 362.1 Ω·m 下降至 9.2 Ω·m，电阻率下降了约 3 个数量级；在 201 ℃以后电阻率出现了增大，从 9.2 Ω·m 上升到了 362.4 ℃的 611.6 Ω·m，之后电阻率开始出现下降，在实验结束时温度达到 550 ℃时电阻率仅为 5.7 Ω·m，仅为初始电阻率的 0.5%。而 PZ 煤 2# 测点先从初始温度上升至 204.2 ℃时电阻率下降至 42.5 Ω·m，然后上升至 360.4 ℃的 238.2 Ω·m，最后下降至实验结束 550 ℃的 5.1 Ω·m。

不同煤种的电阻率变化阶段与温度的对应性如表 4-5 所列。

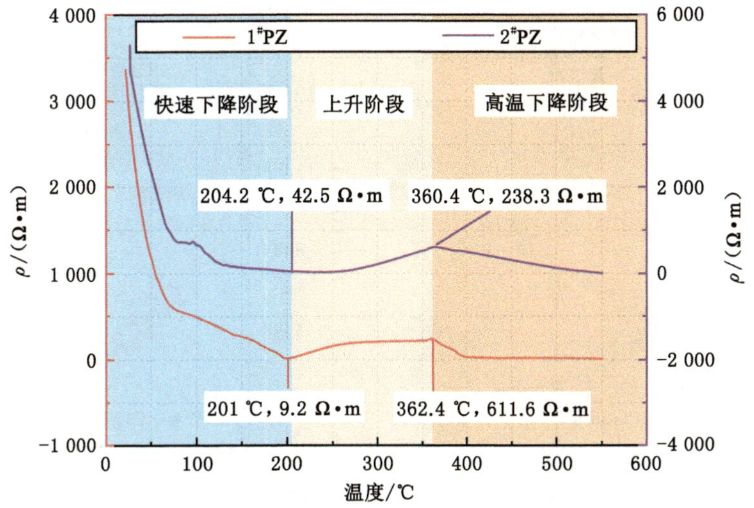

图 4-35　PZ 煤自燃过程中的电阻率变化规律

表 4-5　不同煤种电阻率变化阶段对应的温度

不同阶段	1# DT 煤	12# DT 煤	1# PZ 煤	2# PZ 煤
快速下降阶段	<189.1 ℃	<324.6 ℃	<201 ℃	<204.2 ℃
上升阶段	189.1～328 ℃	185.4～324.6 ℃	201～360.4 ℃	204.2～362.4 ℃
高温下降阶段	>328 ℃	>324.6 ℃	>360.4 ℃	>362.4 ℃

综上所述，不同变质程度的 DT 煤和 PZ 煤在自燃过程中电阻率均呈现出下降、上升、再下降的趋势，相同变质程度的煤在电阻率变化阶段的对应温度基本一致，但 DT 和 PZ 两种不同变质程度的煤的电阻率变化阶段温度范围存在一定差异，PZ 煤的电阻率变化进入上升阶段和高温下降阶段的温度更高，且 PZ 煤的初始电阻率较 DT 煤的更低，这与煤的变质程度有关。煤自燃过程中不同影响因素与发展阶段导致载流子浓度、含碳量、孔裂隙等因素的改变，又在多种因素的共同作用下导致了电阻率的变化。

对 DT、PZ 煤在 180 ℃电阻率随温度下降部分绘制散点图并进行回归分析和非线性拟合，得到了煤自燃过程中电阻率-温度的非线性拟合曲线，如图 4-36 所示。

如图 4-36 所示，随着温度的升高，电阻率不断下降，且通过拟合曲线表明，DT 和 PZ 煤自燃过程中的快速下降阶段电阻率-温度的变化规律均呈现反比例函数关系，即该阶段煤的电导率与温度呈现正相关，且 DT 煤 1# 测点、12# 测点和 PZ 煤 1# 测点、2# 测点在快速下降的相关度 R^2 分别为 0.935 5、0.940 3、0.973 0、0.984 0，均大于 0.93，表明在煤自燃过程中电阻率和温度具有显著的相关性，通过电阻率的变化规律能够有效反映出对应点的温度变化情况。

对 DT、PZ 煤在 200 ℃时电阻率随温度上升部分绘制散点图并进行回归分析和非线性拟合，得到了煤自燃过程中电阻率-温度的非线性拟合曲线，如图 4-37 所示。

如图 4-37 所示，当温度达到 200 ℃时，DT 和 PZ 煤的电阻率进入上升阶段，在上升阶段电阻率和温度呈现出二次项相关性，且 PZ 煤 1# 测点和 2# 测点在上升阶段的相关度 R^2

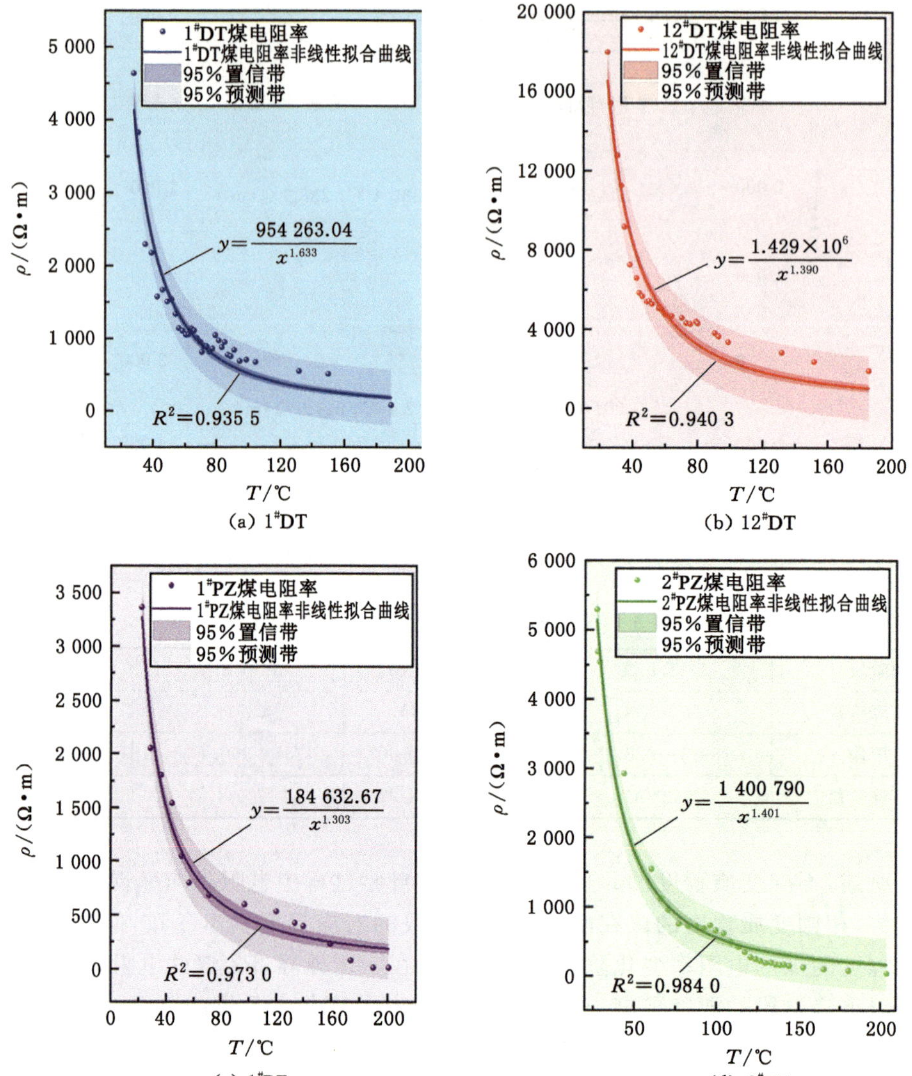

(a) 1#DT (b) 12#DT

(c) 1#PZ (d) 2#PZ

图 4-36 煤自燃过程中快速下降阶段电阻率拟合曲线

分别为 0.997 3、0.961 3、0.907 7、0.978 7，均大于 0.90，表明在煤自燃过程中上升阶段电阻率和温度具有较高的相关性，电阻率能够有效反映温度的变化规律。

三、基于声-电信号耦合表达煤自燃过程分析

根据测试得到的声波和电阻率的信号变化，通过研究声-电信号耦合来表达煤自燃过程中温度演化，分别对 DT、PZ 煤自燃过程中电阻率、单位时间内的声发射振铃计数和声发射能量进行分析，绘制了 DT 煤自燃过程中声-电信号变化规律图，如图 4-38 所示。

如图 4-38 所示，随着温度的增大，DT 煤的声发射平均计数和平均能量整体上均呈现出先上升然后相对稳定的趋势。随着温度的升高，前期的声发射平均计数较小，表明煤样的破裂程度较小，此时的电阻率不断下降，这主要是随着温度的升高，煤体内部的粒子在温度作

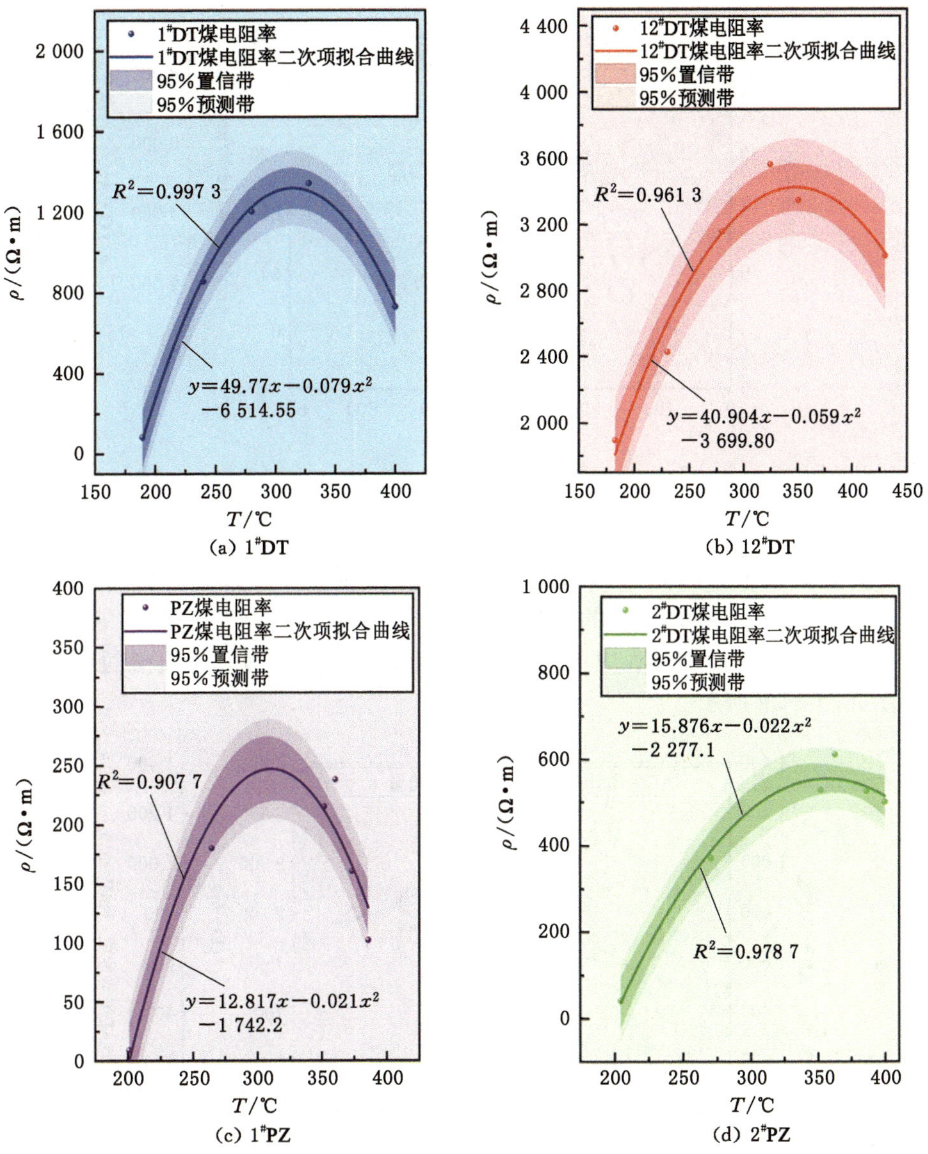

图 4-37 煤自燃过程中上升阶段电阻率拟合曲线

用下转化为载流子，载流子的浓度不断增大，另外在温度相对较低时，煤样受热膨胀会导致孔隙的闭合，提高载流子的迁移效率，从而提高了煤体的导电性，电阻率下降。随着温度的继续升高，声发射平均计数和平均能量在 200 ℃附近出现了明显的增大，表明煤自燃过程中煤体破裂加剧，从而产生大量的声发射信号，在此阶段，电阻率开始出现增大，这是因为随着温度的升高，煤体发生热破裂，产生了大量的裂纹和孔隙，导致了煤的孔裂隙增大，抑制了载流子迁移，此时热破裂导致的孔裂隙变化占据电阻率变化的主导因素，此时声发射信号和电阻率表现出相同的变化规律。

但随着温度的继续升高，电阻率在 328 ℃时出现了下降，这是因为当温度超过热破裂的阈值后，煤体内部的矿物成分在高温条件下会发生热熔现象，导致煤内孔裂隙的闭合，声发

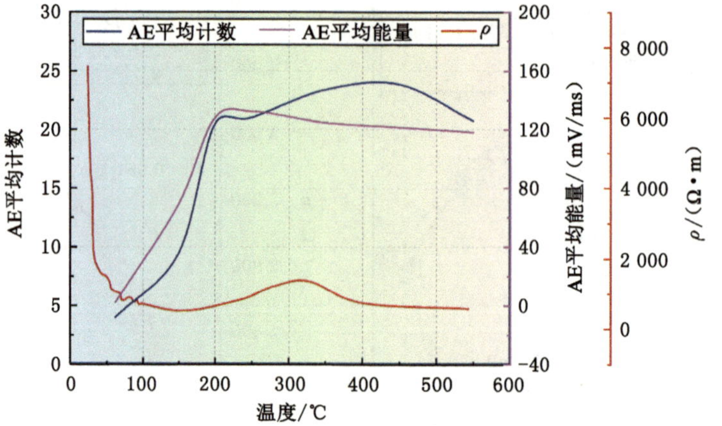

图 4-38　DT 煤自燃过程中声-电信号变化规律图

射依然维持在较高水平。因此，在该阶段随着温度的升高，载流子浓度的增大再次成为电阻率变化的主导因素，从而导致煤体的电阻率下降。

为验证其他煤种煤自燃过程中声-电信号的相关性，绘制了 PZ 煤自燃过程中声-电信号变化规律图如图 4-39 所示。

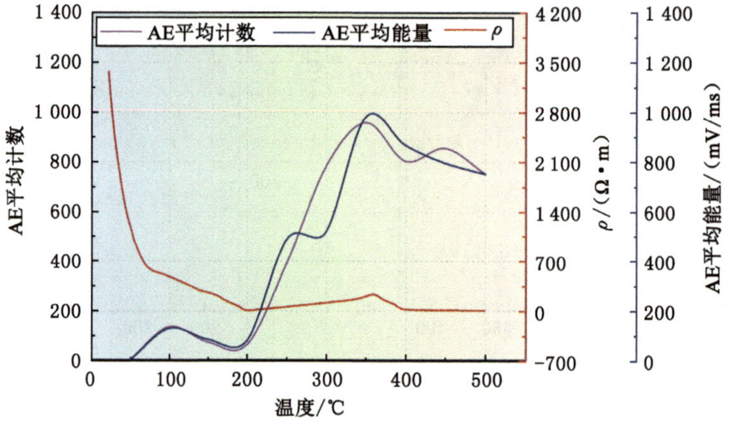

图 4-39　PZ 煤自燃过程中声-电信号变化规律图

如图 4-39 所示，随着温度的增大，PZ 煤的声发射平均计数和平均能量整体上出现了较大程度的增大：PZ 煤在 200 ℃时出现了大幅度的增大，且与 DT 煤相比，PZ 煤的变化规律更为明显；随着温度的升高，PZ 煤在 400 ℃时达到峰值，PZ 煤自燃过程中电阻率的变化规律与 DT 煤的变化规律相一致。

通过上述研究结果表明，煤自燃过程中电阻率受到载流子浓度和热破裂的耦合作用，随着温度的升高，载流子浓度和热破裂的交替作用使得电阻率出现了快速下降、上升和高温下降三个阶段。在 200～400 ℃温度段，热破裂占据电阻率变化的主导地位，此时从声发射信号平均计数和能量变化规律可以得出：在 200～400 ℃温度段，声发射信号最强，表明煤体的热破裂强度最大，热破裂现象最为集中；而 200 ℃前和 400 ℃后，温度对载流子浓度的影响占据了主导地位。声发射信号表征了煤自燃过程中的损伤破坏程度，反映了煤自燃过程中裂纹的闭合、产生和扩展程度，当裂纹闭合时，电阻率下降；而热破裂现象严重，且载流子浓度的影响小于热破裂的影响，电阻率呈现出上升的趋势。

上述分析表明，煤自燃过程中的电阻率变化受到载流子浓度和热破裂的耦合作用，而热破裂是煤自燃过程中声发射信号的主要来源，声发射信号从一定程度上反映了热破裂对电阻率的影响，因此，通过声-电信号耦合表达煤自燃过程中温度变化具有较高的可靠性。

第五章　煤自燃过程中声波频域特征

本章分析煤自燃过程中声波信息的频域特征，通过研究声波频域特征，为煤自燃过程中优势频谱提供指导。

第一节　声波频域特征分析方法

一、频域特征

声波信号是由物体振动产生的，其波形在数据处理与分析时一般为类正弦波的形式，自变量为时间，因变量为幅值。除了时间外，声波信号还与频率息息相关，声波的频域信号将时域信号隐藏的信息在频域内释放出来，通过频谱分析可将一段声波信号以时间为自变量的函数转换为以频率为自变量的函数[126]。傅立叶转换(FFT)是信号从时序到频域转换的重要工具，其核心思想为所有的声波都可以当作不同频率的多个正弦波叠加，通过傅立叶变换可以分析一段声波信号在不同频率下的成分，声波信号 $f(x)$ 的频谱用傅立叶积分可用下式表示[127]：

$$F(\omega) = \int_{-\infty}^{\infty} f(x)\mathrm{e}^{-\mathrm{i}\omega t}\,\mathrm{d}x \tag{5-1}$$

式中　$F(\omega)$——FFT 后得到的频域；

x——时间，s；

$f(x)$——次声波波形关于时间的函数；

ω——声波频率，Hz。

通过式(5-1)可知，傅立叶变换的计算是连续的、无限的，但实验采集的声波信号是有限的，通过计算机无法实现计算，因此必须将声波信号做离散化处理。对有限长信号序列样本进行采样和量化。当采样点 $n=0,1,\cdots,N-1$ 时，无限长信号被截断变为有限长信号。频谱由连续谱变为离散谱，即 $w = k \times 2\pi/(NT), k = 0,1,2,\cdots,N-1$，于是傅立叶变换定义如下：

$$\begin{cases} X(k\Delta f) = \sum\limits_{n=0}^{N-1} x(n\Delta t)\mathrm{e}^{-\mathrm{j}2\pi nk/N} \\ X(n\Delta t) = \dfrac{1}{N}\sum\limits_{n=0}^{N-1} X(k\Delta f)\mathrm{e}^{\mathrm{j}2\pi nk/N} \end{cases} \tag{5-2}$$

由式(5-2)可以看出，数据通过离散化处理后可通过构造计算机程序进行计算，但计算式(5-2)需要用到卷积计算，计算过程较为冗杂，本节声发射的采样频率为 200 kHz，计算负担较大。因此本节使用快速傅立叶变换，将 DFT 计算分成若干步进行，计算效率大大提高，通过编写程序对实验采集的次声波与声发射信号进行傅立叶变换。

二、时频特征

(1) 短时傅立叶变换(STFT)

由式(5-2)可以看出,傅立叶变换是对一段的声波信号进行积分计算,所以傅立叶变换无法体现声波频率随时间的变化。为了解决这一问题,Gabor 在 1946 年提出了加窗函数的方法使得傅立叶变换可以体现频率随时间的变化,这一方法也被称为短时傅立叶变换,具体计算过程如下[128]:

$$\mathrm{STFT}_Z = \int_{-\infty}^{\infty} [Z(u) g(u-t) \mathrm{e}^{-\mathrm{j}2\pi f u} \mathrm{d}u] \tag{5-3}$$

式中　$Z(u)$——信号源;

$g(u-t)$——窗函数;

f——频率;

u——时间域信号源。

由式(5-3)可知,通过改变时间 t 的取值来改变窗函数的中心位置,然后对窗函数区间内的信号进行局部的傅立叶变换的计算,得到在 t 时刻声波的频率。但是窗函数的形状及区间的长度,会影响最终结果计算。根据海森堡测不准原理(Heisenberg)与式(5-2)可知,傅立叶变换的取样点越多其计算结果相对越接近原始信号,在采样率不变的情况下,降低窗函数的尺寸会降低傅立叶变换的计算准确性,增大窗函数尺寸会使其时域特性不明显[129]。因此,在实际的分析中要根据所计算波形信号的特征、采样率等参数综合选取合适的窗函数样式与尺寸。

(2) 小波包变换(WPT)

为了打破时频分析的桎梏,信号分析技术从传统的 FFT 发展到短时傅立叶变换、Gabor 变换,1974 年 J. Morlet 又进一步提出了小波变换[130]。与短时傅立叶变换不同的是,小波变换是通过选择一个基本的小波函数用以计算,根据待分析信号的特征,小波变换通过伸缩与平移运算解决了短时傅立叶变换时间与频率互相冲突的问题,对不同时间点的声波信号,能选择与其频谱相匹配的频段,从而提高待分析信号的时-频分辨率。但传统的小波变换只对低频的信号进行分解,对于高频的信号没有考虑。因此相关的专家学者提出了小波包变换的方法,对声波信号进行无冗余的划分,小波变换与小波包变换的原理与区别如图 5-1 所示。

图 5-1 中 S 代表原始信号,A 代表分解之后的低频部分,D 代表分解之后的高频部分,可以看出小波分解每层只对低频信号进行继续分解,最终得到低频信号的 2 个声波频带,其高频信号的频带特征并未体现;小波包变换会对每层的所有频带进行分解,最终得到 2^i 个子频带,信号的高频部分也能够得到体现。

本节使用小波包分解对煤自燃过程中不同频带的声波的能量特征进行分析,其原理主要如下所示[131-132]:

$$E_{i,j}(t_j) = \int_T |f_{i,j}(t_j)|^2 \mathrm{d}t = \sum_{k=1}^{m} |x_{j,k}|^2 \quad (j = 0,1,2,\cdots,2^i - 1; k = 1,2,\cdots,m) \tag{5-4}$$

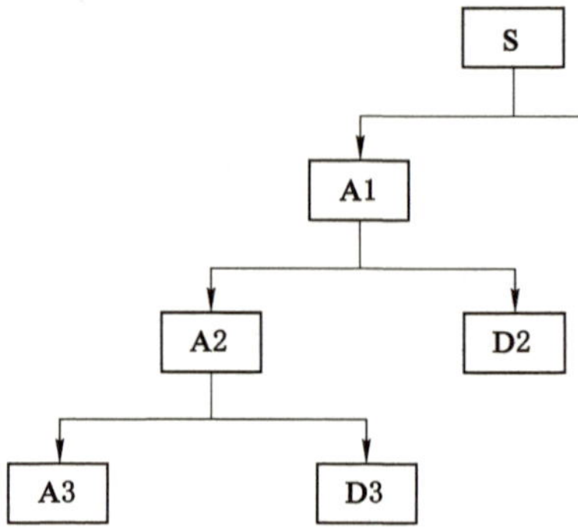

(a) 小波分解示意图

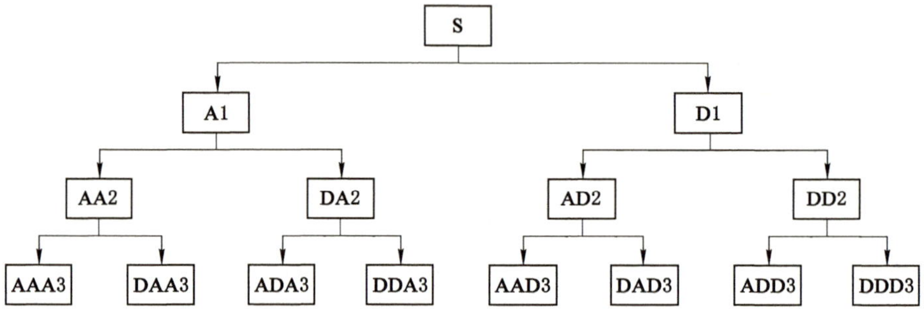

(b) 小波包分解示意图

图 5-1　小波分解和小波包分解对比图

式中　i——小波包分解的层数；

$f_{i,j}(t_j)$——信号小波包分解到第 i 层分解节点(i,j)上的重构信号；

$x_{j,k}$——重构信号 $f_{i,j}(t_j)$的离散点幅值；

$E_{i,j}(t_j)$——信号小波包分解到第 i 层第 j 节点的频带能量；

m——信号离散采样点数。

由式(5-4)可得煤样破裂声信号的总能量，即：

$$E=\sum_{j=0}^{2i-1}E_{i,j}(t_j) \tag{5-5}$$

各频带能量占信号总能量的百分比为：

$$P_{ij}=[E_{i,j}(t_j)/E]\times 100\% \tag{5-6}$$

根据式(5-4)至式(5-6)可得各个频带所占煤自燃次声信号总能量的比例，从而确定煤自燃次声信号的频带能量的来源及分布范围。

第二节　实验环境噪声分析及降噪处理

一、环境噪声分析

在小尺寸煤自燃过程中声波信号监测实验开始前，对环境信号进行了测试，测试结果如图 5-2 所示。

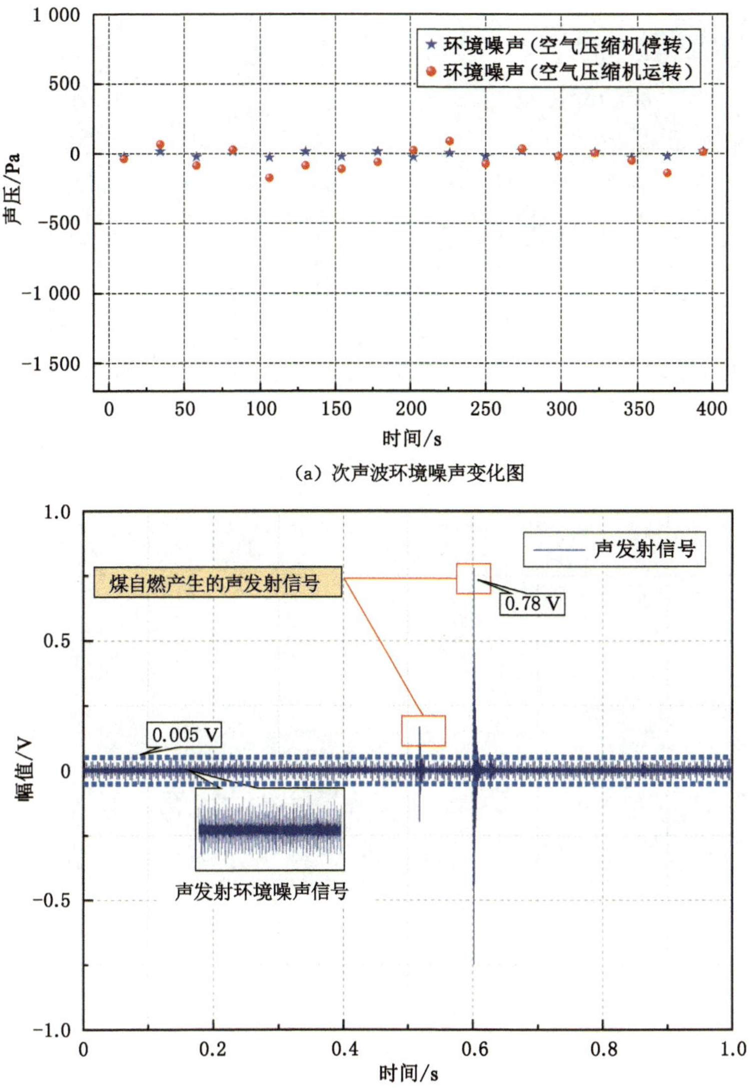

(a) 次声波环境噪声变化图

(b) 声发射环境噪声变化图

图 5-2　实验环境次声波信号变化图

由图 5-2 可以看出，实验环境噪声的次声波的声压值比较小。声压值在 0～50 Pa 以内波动，环境噪声信号整体上比较平缓，分别在 240 s、300 s 附近出现超过 50 Pa 的声压信号；声发射的实验环境噪声信号较为平缓，幅值在 0～0.1 V 内上下波动，这说明从时域信号来看，所开展实验的环境背景的噪声对实验的影响较小。将噪声信号做短时傅立叶变换，其结果如图 5-3 所示。

如图 5-3 所示，环境噪声中的次声波与声发射事件发生的数量较少，信号强度较弱，且次声波与声发射环境噪声的频带分布较为稳定，噪声信号的频域分布范围较为集中。本次实验条件测试结果显示，次声波信号主要存在于 0～1 Hz、9～10 Hz 的两个频带内，且次声波信号强度较小；声发射信号主要存在于 20～10 000 Hz 与 70 000～80 000 Hz 的两个频带

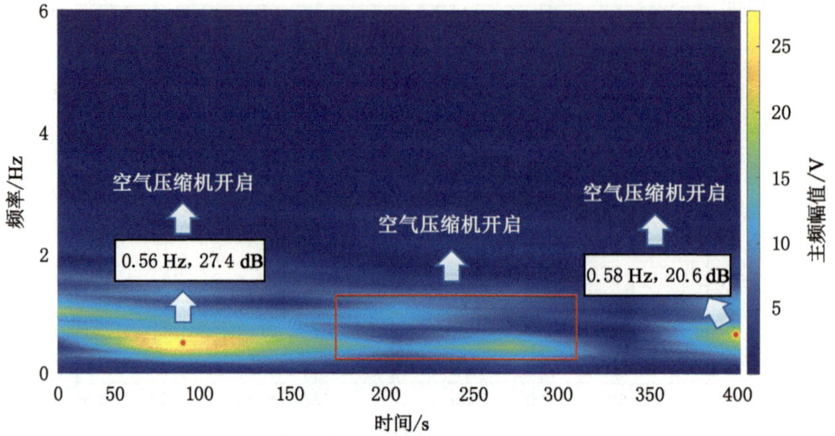

(a) 次声波环境噪声时频变化图

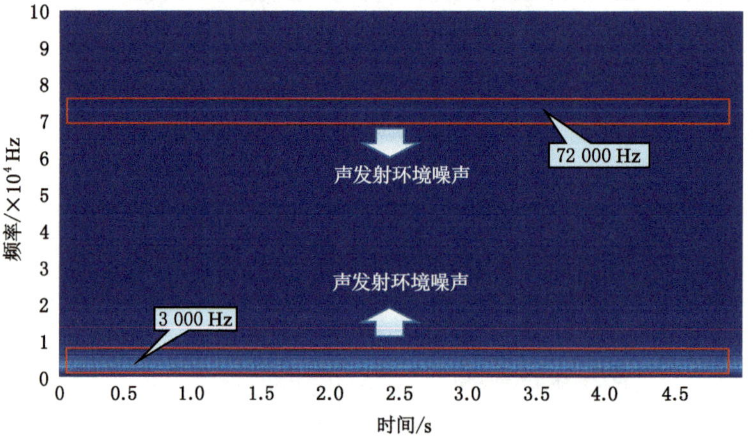

(b) 声发射环境噪声时频变化图

图 5-3　实验环境声波信号时频图

内。从环境噪声测试结果可以看出，在测试过程中，环境噪声信号在频率和振幅上的波动较小，异常信号较少，因此，在环境条件下，噪声信号对测试信号的干扰较小，满足实验的环境要求。

二、小波包阈值降噪

除了降低环境噪声对声波信号采集的影响外，也可以通过降噪的方式降低实验环境、设备等因素对实验信号真实值的干扰，本节选用了 WPT 对环境噪声进行降噪。

可以用下面的模型来简化表示含噪信号[133-134]：

$$f(t) = s(t) + \beta e(t) \tag{5-7}$$

式中　$f(t)$——实验采集到的信号；

β——噪声强度；

$e(t)$——噪声信号；

$s(t)$——原始信号。

实验采集的次声波与声发射信号均为非平稳非线性的信号，受噪声的影响大多数都含有突变与尖峰。通过对本次实验的噪声信号进行分析可知，相较于实验采集到的次声波与声发射信号，噪声的频率偏大，因此可通过小波包重构法对其进行降噪计算。通过对采集到的信号进行小波包变换分解可得到低频的原始信号与高频的噪声信号，然后将分解之后得到的一系列小波包分解系数作用阈值分为硬阈值和软阈值。通过硬阈值对声波原始信号进行提取，然后使用软阈值对临界阈值的噪声信号进行一定的收缩提取，其他噪声信号舍弃，随后对提取的频带进行重构，得到一组去除噪声信号的声波信号，然后将此信号用于后续的分析，以达到降噪的目的。

在综合考虑次声波与声发射信号的特点以及小波函数的适用性基础上，选择 db8 小波函数进行 6 层分解，然后采用 stein 无偏风险估计获得阈值，采用软阈值对高频系数进行处理，最后采用 waverec 函数进行小波的重构，对次声波信号进行降噪处理；选择 db10 小波函数进行 5 层分解，同样采用 stein 无偏风险估计获得阈值，采用软阈值对高频系数进行处理，最后采用 waverec 函数对声发射信号进行小波的重构，整个计算过程，借助于 MATLAB 软件进行实现。次声波与声发射的降噪效果如图 5-4 所示。

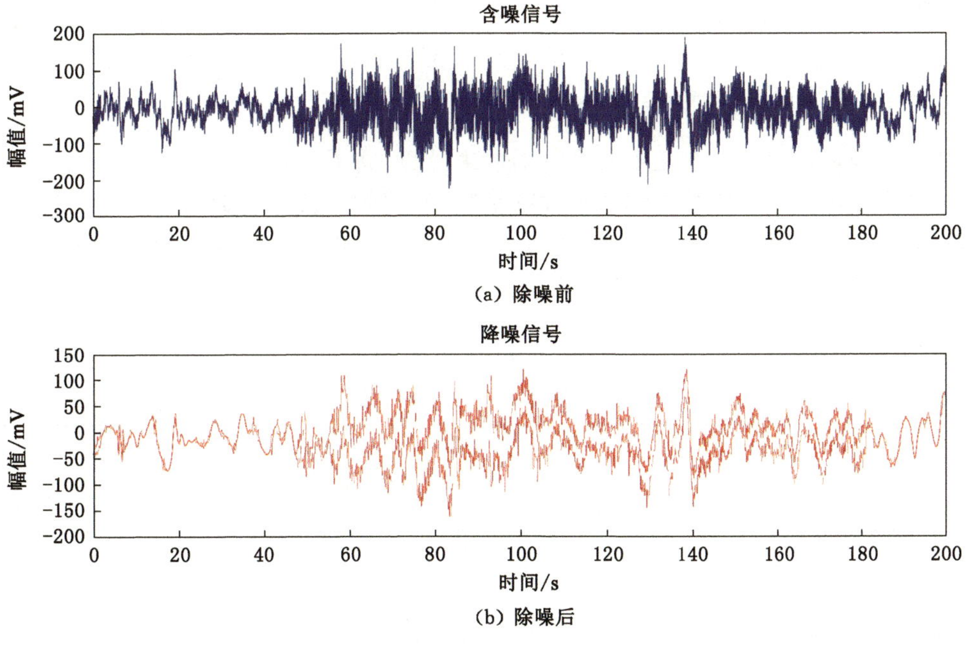

图 5-4　次声波信号除噪前后对比图

如图 5-4 和图 5-5 所示，次声波与声发射的波形信号经过降噪之后在消除信号突变与尖峰的前提下，其波形信号能够较好地保留。其中图 5-4 中的信噪比达到了 12.637，图 5-5 中的信噪比达到了 8.425，说明本节使用的降噪方法可以较好地消除环境噪声对实验的影响，保障数据处理的准确性。

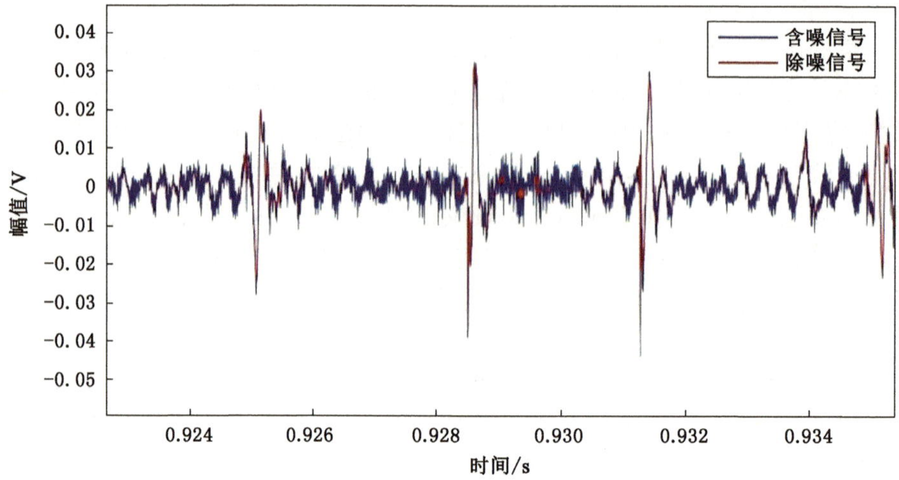

图 5-5　声发射信号除噪前后对比图

第三节　声波信号频域特征分析预处理

一、不同频率声波信号小波基优选

小波包变换通过使用一个基本的小波函数来计算，将原始信号转换为一系列小波函数的叠加。这个基本的小波函数被称为小波基函数，不同的小波基函数对声波信号分解的结果是不同的。因此，选取适合所采集信号的小波基函数是进行小波包变换需要解决的第一个问题。小波基函数的种类多样，以下列举了常见的小波基函数的定义及其曲线，见表 5-1 和图 5-6。

表 5-1　常见小波基函数及定义

基函数	定义
Haar 小波	$\Psi_H(x)=\begin{cases}1, & 0\leqslant x\leqslant 1/2\\ 0, & 1/2\leqslant x\leqslant 1\\ -1, & \text{其他}\end{cases}$
Morlet 小波	$\Psi(x)=Ce^{-x^2/2}\cos 5x$
Sym8 小波	无显式表达式
db8 小波	无显式表达式

由图 5-6 可以直观地看出，对于不同的基函数，其表现形式千差万别。在利用小波包变换相关技术对信号进行处理时，引入小波基函数就是用小波来一步步逼近要处理的信号，这表现出来的就是信号和基函数之间的相似性[135]。Daubechies 小波因其良好的紧支性和连续性，以及对非平稳信号的灵敏而被广泛使用[136]。综合考虑煤自燃过程中次声信号与小波基的相似性，选择 Daubechies 小波族中的 db8 小波进行小波包分解。为了验证 db8 小波

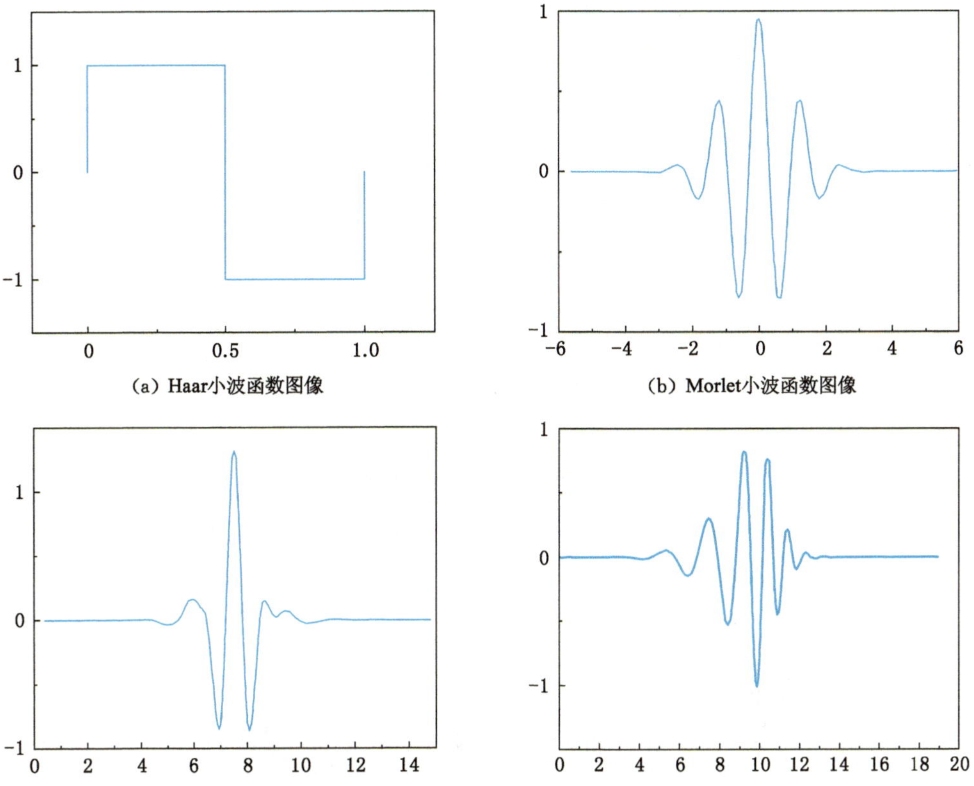

(a) Haar小波函数图像　(b) Morlet小波函数图像

(c) Sym8小波函数图像　(d) db8小波函数图像

图 5-6　常见小波基函数图像

的合理性，本节将图 5-7(a)中一段次声波信号波形作为基准图，加入随机白噪声得到信号波形如图 5-7(b)所示，然后利用 db8 小波作为小波基对其进行 6 层小波包分解，其波形如图 5-7(c)所示。为了验证所选取小波基函数的适应性，利用相关理论对图 5-7(a)与图 5-7(c)的波形进行分析，两个变量之间的相关性可用函数关系来进行描述[137]：

$$\rho_{xy}=\frac{\sigma_{xy}^{2}}{\sigma_{x}\sigma_{y}}=\frac{E[(x-u_{x})(y-u_{y})]}{\sqrt{E[(x-u_{x})]^{2}E[(y-u_{y})]^{2}}} \tag{5-8}$$

式中　σ_{xy}——随机变量 x,y 的协方差；

σ_x,σ_y——随机变量 x,y 的标准差；

u_x,u_y——随机变量 x,y 的均差。

根据柯西-许瓦兹不等式可知，当 $|\rho_{xy}|\leqslant 1$ 时，x 与 y 线性相关，且当 $0.8\leqslant|\rho_{xy}|\leqslant 1$ 时，称 x 与 y 高度相关[137]。

利用 MATLAB 软件中的相关下属命令 corrcofe 计算信号 a 和信号 c，得到它们的相关度为 0.995 6(大于 0.8)，说明信号 a 与信号 c 高度相关，利用 db8 小波基进行煤自燃过程中产生的次声波信号是合理的。

同样综合考虑煤自燃过程中声发射与小波基的相似性，选择 Daubechies 小波族中的 db10 小波对声发射信号进行小波包分解。为了验证 db10 小波的合理性，采用与次声波信号小波基优选同样的方法，将图 5-8(a)中的一段煤自燃声发射信号波形作为基准图，加入随

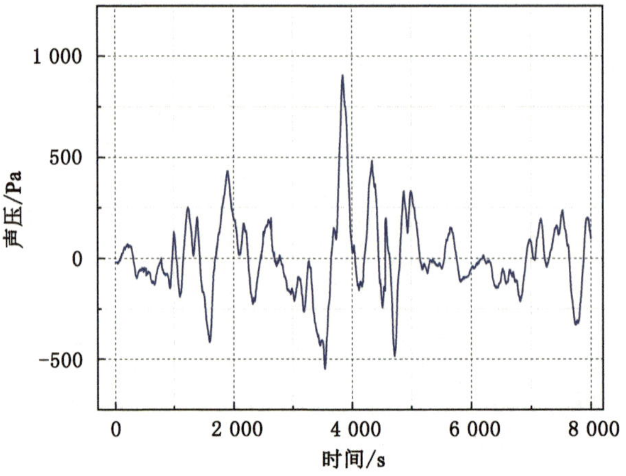

(a) 次声波原始信号波形图

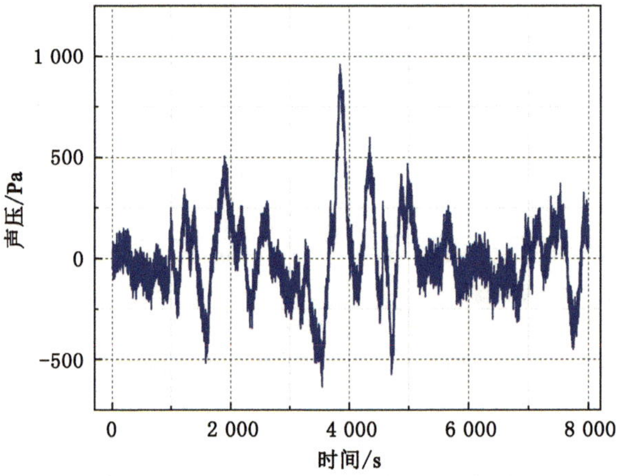

(b) 加入白噪声后的次声波信号波形图

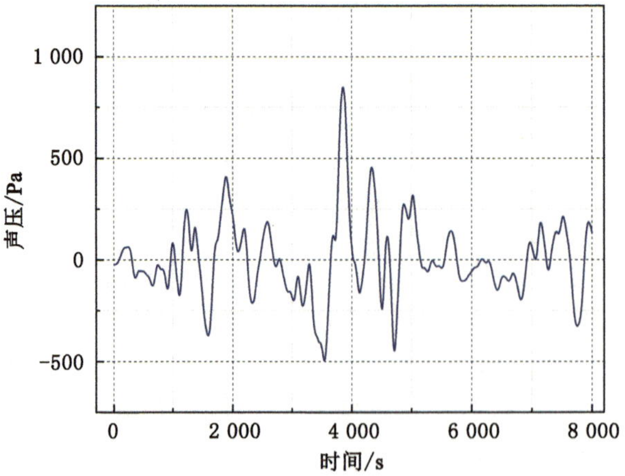

(c) 处理后的次声波信号波形图

图 5-7　煤自燃过程中产生的次声波信号波形图

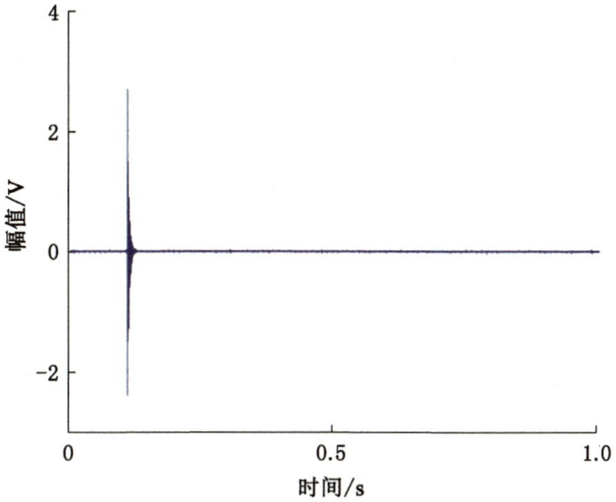

(a) 声发射信号原始波形图

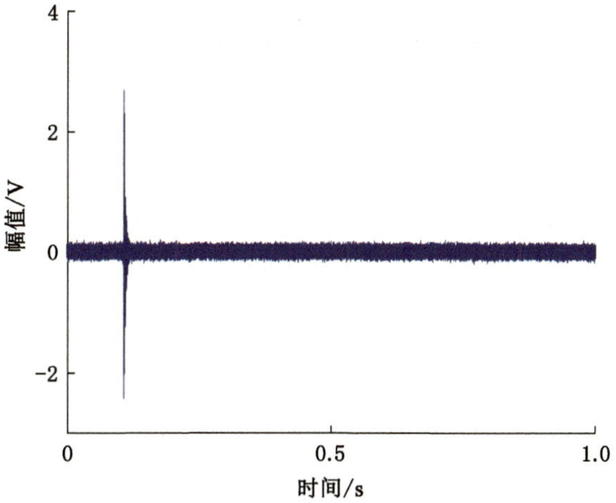

(b) 加噪后的声发射信号波形图

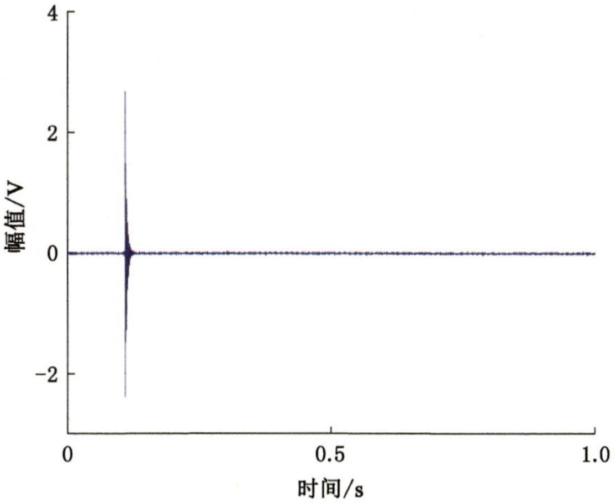

(c) 处理后的声发射信号波形图

图 5-8　煤自燃过程中产生的声发射信号波形图

机白噪声得到信号波形如图 5-8(b)所示，然后利用 db10 小波作为小波基对其进行 5 层小波包分解得到波形如图 5-8(c)所示。然后利用相关理论对图 5-8(a)与图 5-8(c)的波形进行对比分析。

通过计算得到相关系数 $|\rho_{xy}|$ 为 0.948 3(大于 0.8)，证明信号 a 与信号 c 高度相关，利用 db10 小波基分解煤自燃过程中产生的声发射信号是合理的。

二、不同频率声波信号小波包变换分解层数的确认

选取合适的小波包变换分解层数是利用 WPT 分析声波信号需要解决的第二个问题。由初步分析可知，实验收集到的声波信号集中在某一个频域段，相较于声波信号的全频率范围，其频带范围较小。

利用 MATLAB 软件编写程序实现次声波信号的 WPT，然后将煤自燃产生的次声波信号进行多层小波包分解，分解得到不同 WPT 分解层数的节点能量占比，如表 5-2 所列。

表 5-2　煤自燃过程中次声波各频带能量占比与范围分布表

小波分解层数	频带能量占比(F1～F6)						能量总和
	频率范围/Hz						
3	99.96%	0.02%	0.00%	0.00%	0.00%	0.00%	99.99%
	0～2.5	2.5～5.0	5.0～7.5	7.5～10	10～12.5	12.5～15.0	
4	99.90%	0.06%	0.01%	0.01%	0.00%	0.00%	99.98%
	0～0.15	0.15～0.30	0.30～0.45	0.45～0.60	0.60～0.75	0.75～0.90	
5	99.78%	0.12%	0.04%	0.02%	0.01%	0.01%	99.98%
	0～0.62	0.62～1.25	1.25～1.87	1.87～2.5	2.5～3.12	3.12～3.75	
6	99.21%	0.58%	0.08%	0.04%	0.03%	0.01%	99.95%
	0～0.31	0.31～0.62	0.62～0.93	0.93～1.25	1.25～1.56	1.56～1.87	
7	95.47%	3.74%	0.45%	0.12%	0.05%	0.03%	99.87%
	0～0.15	0.15～0.31	0.31～0.46	0.46～0.62	0.62～0.78	0.78～0.93	
8	79.34%	16.12%	2.93%	0.82%	0.33%	0.12%	99.66%
	0～0.08	0.08～0.16	0.16～0.24	0.24～0.31	0.31～0.39	0.39～0.47	
9	27.18%	52.14%	12.91%	3.23%	2.08%	0.85%	98.39%
	0～0.04	0.04～0.08	0.08～0.12	0.12～0.16	0.16～0.20	0.20～0.24	

分解层数为 7 层时节点(7,0)的占比为 95.47%，信号过于集中，难以分析煤自燃过程中的次声波能量占比，而当对煤自燃产生的次声波进行 9 层小波包分解时，频带的能量占比有了明显的变化，相较于其他层数次声波的能量分布特征明显，且节点(9,0)～(9,5)的能量总和为 98.39%，可以涵盖绝大多数次声波的能量特征，因此本节选取 9 层的小波包分解进行分析。

同样对煤自燃过程中声发射信号进行 3～6 层 WPT，得到不同 WPT 分解层数的节点能量占比，如表 5-3 所列。

表 5-3　煤自燃过程中声发射各频带能量占比表

小波分解层数	频带能量占比(F1～F8)								能量总和
3	90.25%	4.43%	1.17%	3.02%	0.65%	0.23%	0.17%	0.08%	100.00%
4	81.71%	8.54%	2.24%	2.19%	0.72%	0.45%	1.34%	1.68%	98.87%
5	37.31%	44.40%	7.12%	1.42%	0.75%	1.49%	1.24%	0.95%	94.68%
6	14.97%	22.34%	18.13%	16.79%	4.31%	2.81%	1.14%	0.88%	81.37%

由表 5-3 可知，当分解层数为 3～5 层时前 8 个频带的能量占比较高，均在 90%以上，当分解层数为 6 层时，节点(6,0)～(6,7)频带能量占比为 81.37%，过高的层数导致能量占比产生损失，影响最终的分析结果，因此不选用 6 层及以上的分解层数。

当煤自燃产生的声发射进行 5 层小波包分解时，频带的能量占比有了明显的变化，相较于其他层数声发射的能量分布特征明显，且节点(5,0)～(5,7)的能量总和为 94.68%，可以涵盖绝大多数次声波的能量特征，因此本节选取 5 层的小波包分解层数对煤自燃过程中的声发射信号进行分析。

第四节　次声波信号频域变化特征

通过前文的研究发现，随着煤自燃过程的进行，次声波信号随时间变化具有明显的规律，但缺少次声波信号频域特征与温度变化的对应性特征研究，因此本节利用 FFT、STFT 等方法将次声波的时域信号转变为频域信号，并对煤自燃过程中次声波的频域信号的变化特征与温度对应性进行了分析。

一、煤自燃过程中次声波频谱特征

在声波频域信号中，定义如果在二维频谱中某个频率对应的幅值在一个事件中最大，则幅值最大所对应的频率称之为主频。主频的幅值携带着重要的信息，它能反映声波在一段时间内的能量强度。因此为了研究次声波的频域特征在温度变化上的规律，以每 10 ℃为一个区间，分别取温度升至 30～270 ℃时次声波的波形数据 200 s(N=8 000)作为样本进行 FFT，得到不同温度时煤自燃次声波频谱图，然后将温度数据作为变量，主频幅值数据作为响应导入 Origin 软件中进行拟合，分析次声波信号与温度的对应性特征。

如图 5-9(a)所示，以 DT 烟煤为例，随着温度上升，次声波主频幅值逐渐增大，在 80 ℃后逐渐超过 100，随后次声波的幅值在 100～200 的区间内波动，而当温度在 90 ℃、130 ℃、180 ℃、190 ℃内主频幅值小幅下降，这是因为实验炉内煤体氧化燃烧的过程中，煤层中的供氧通道和供氧条件也在实时发生变化，导致了测点处短暂的供氧不足使得温度出现了波动，但整体上随着温度的上升次声波主频幅值都有增大的趋势，主频幅值与温度的变化呈正相关，相关度 R^2=0.86。PZ 褐煤实验具有相同的变化趋势，相关度 R^2 为 0.87，次声波信号的变化与温度具有较高的对应性，说明次声波信号可以作为用于监测煤自燃的一项有效指标。

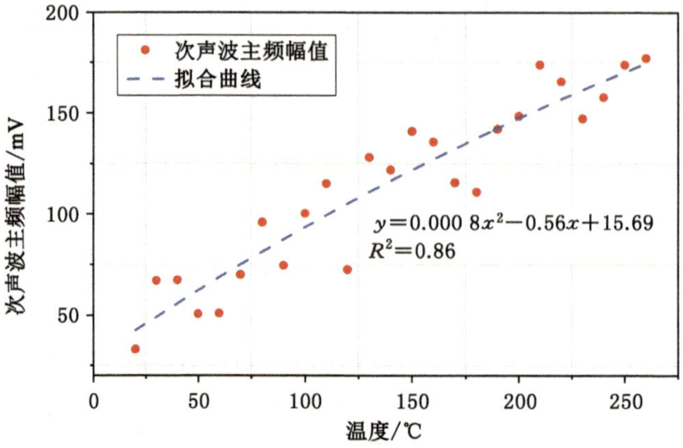

(a) DT烟煤拟合曲线

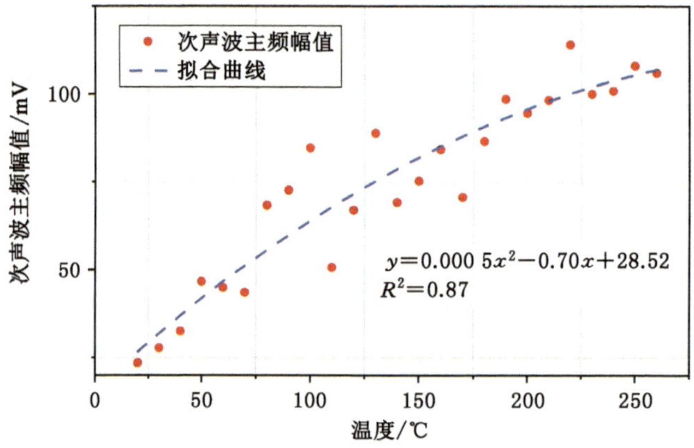

(b) PZ褐煤拟合曲线

图 5-9　温度-主频幅值相关性拟合曲线

二、煤自燃过程中次声波时频特征

使用 STFT 对煤自燃全过程的次声波时域信号进行分析，选用高斯窗作为窗函数，如图 5-10 所示，实验采集到的次声波频率主要为 2 Hz 以下的低频信号，在进行 STFT 时，对频率需要更高的分辨率，设置 nfft 为 4 096，noverlap 为 2 048，所得煤自燃不同阶段次声波时频图，如图 5-10 所示。

如图 5-10 所示，随着实验的进行，煤样在受热升温的不同阶段均能够产生不同频率的次声波信号，声波频率主要集中在 1 Hz 以下。在煤自燃的平稳阶段，次声波信号的强度逐渐增大，次声波事件数逐渐增多；在发展阶段次声波信号事件愈发明显，但发生的数量较少，信号强度较弱。这是由于在煤自燃的前期，煤受外部热源的影响，内部开始升温，此时气体脱附造成煤体破裂，产生小裂纹，而随着实验的进行煤氧反应进入加速阶段，此时次声波的强度进一步提高，次声波事件出现的频率逐渐增多，次声波频率的能量密度进一步增大。由此可以看出，次声波并非持续释放，而是阶段性的脉冲。这与煤自燃的燃烧特性对应，煤自燃是热量逐渐累积的过程，在热应力的作用下逐渐造成煤体的热损伤，这个过程也是阶段性

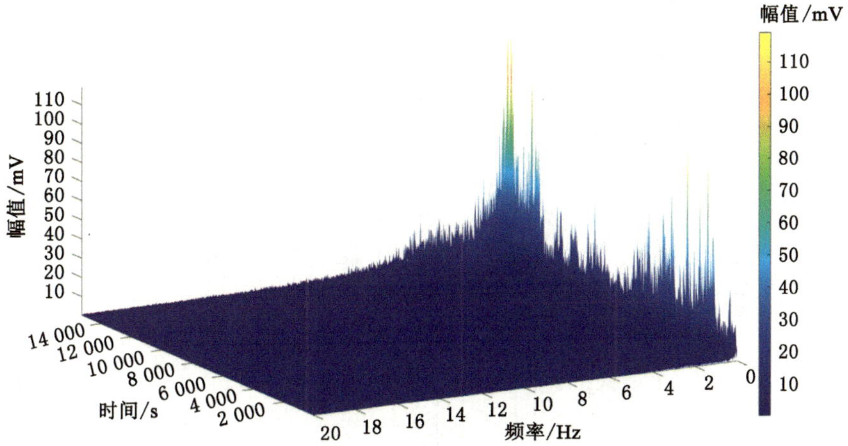

(a) DT烟煤时频图

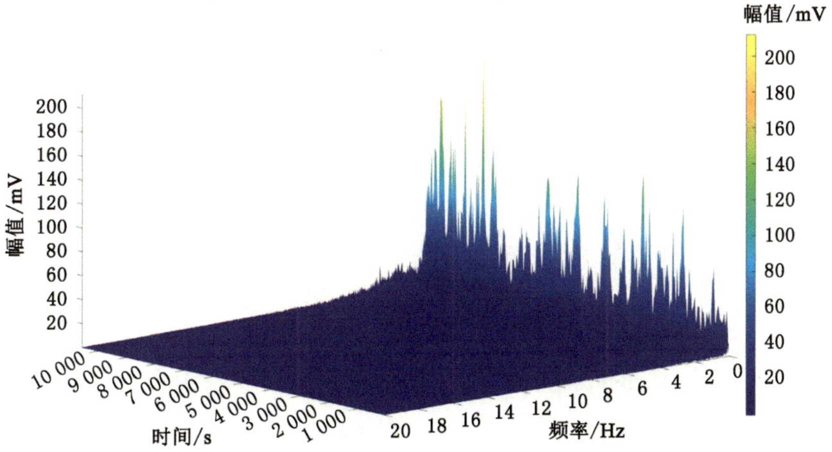

(b) PZ褐煤时频图

图 5-10　煤自燃次声波三维次声波时频图(0～20 Hz)

进行的。

三、基于 WPT 的次声波信号频域特征

为了研究随着温度的变化次声波信号能率的变化规律，得到煤自燃过程中次声波信号的主要频带，根据上节划分的煤自燃阶段，对煤自燃缓慢氧化阶段、加速氧化阶段、剧烈氧化阶段的次声波分别进行 9 层小波包分解，所得三个阶段的能量占比如图 5-11 所示。

如图 5-11(a)所示，在煤自燃的三个不同阶段次声波存在不同的能量分布特征，节点(9,0)频率随着温度的上升能量占比逐渐降低，在三个不同阶段占比分别为 35.91%、28.87%、17.86%，比重分别下降 7.04、11.01 个百分点。节点(9,1)的频率随着温度的上升能量占比逐渐升高，占比分别为 45.60%、48.59%、60.24%，比重分别上升 2.99、11.65 个百分点。这说明随着煤自燃的进行，次声波的主要频带逐渐发生偏移，整体上向节点(9,1)的频率发生转移，但次声波的频带变化范围比较小。PZ 褐煤实验具有相似的变化趋势，随着煤自燃的进行，节点(9,0)频率的能量占比小幅缩小，节点(9,1)的频率能量占比小幅增大。且

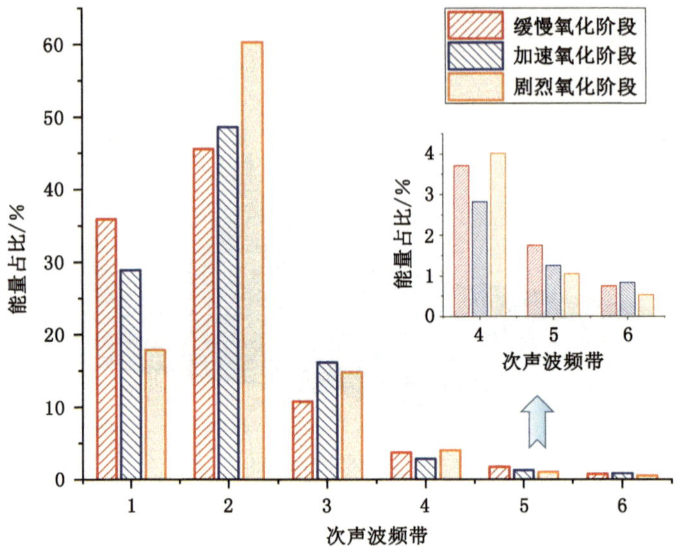

(b) PZ褐煤不同频带能量占比图

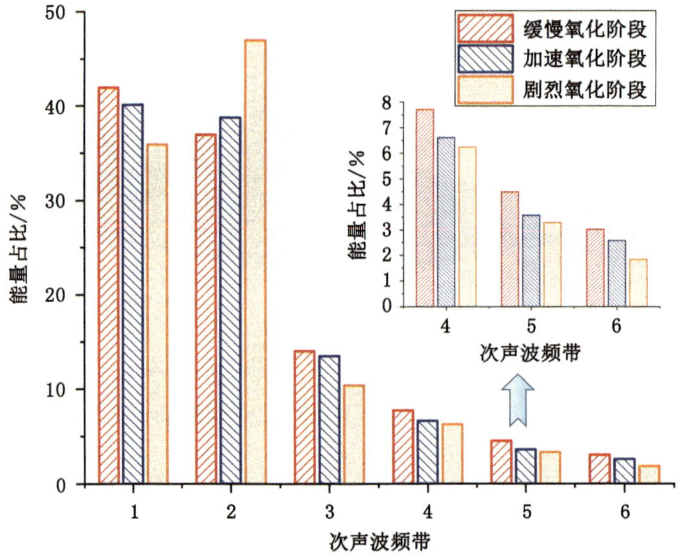

(a) DT烟煤不同频带能量占比图

图 5-11　煤自燃不同阶段次声波 9 层 WPT 能量占比图

DT 烟煤实验三个不同阶段的次声波信号频带(9,0)～(9,2)的能量占比分别为 92.31%、93.62%、92.96%，说明随着煤自燃过程的进行，煤体在不同阶段的热破裂产生次声波信号的频率较为稳定，主要以 0～0.12 Hz 的低频频带为主。说明随着煤自燃过程的进行，煤体在不同阶段的热破裂产生次声波信号的频率较为稳定，主要以 0～0.12 Hz 的低频频带为主。

四、不同频带次声波与温度变化相关性

为了进一步研究不同频带次声波能量变化与温度的相关性，明确煤自燃过程中次声波

的优势频带，以 DT 烟煤实验为例，分别将煤自燃全过程不同频带的次声波信号与温度进行拟合，所得图像如图 5-12 所示。

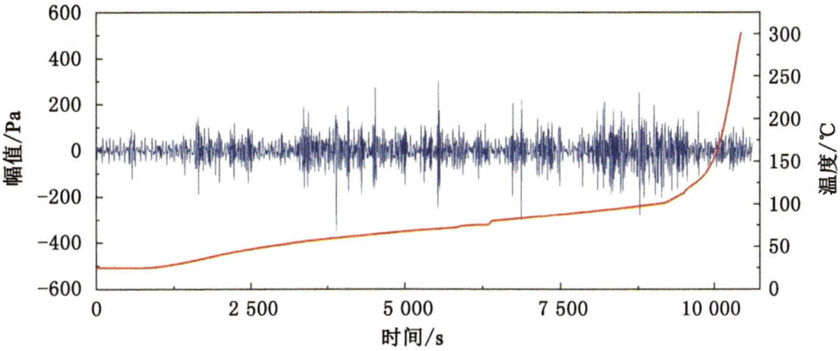

(a) 节点 (9,0)

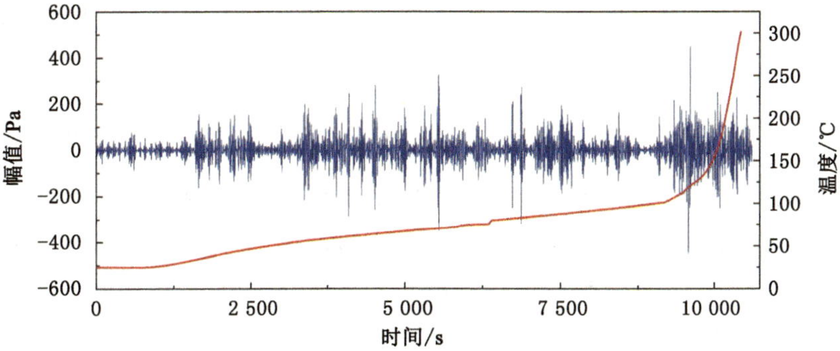

(b) 节点 (9,1)

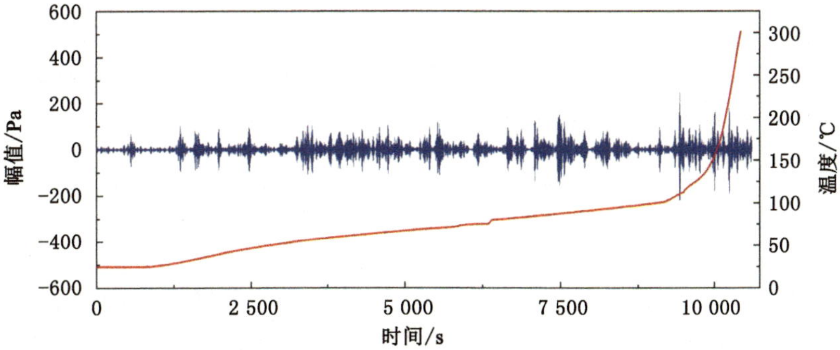

(c) 节点 (9,2)

图 5-12　节点(9,0)～(9,2)波形与温度拟合图

如图 5-12 所示，节点(9,0)，(9,1)内随着温度的上升次声波信号的强度与密度都进一步增大，次声波信号的峰值出现在节点(9,1)内 9 000 s 时，最大声压到达 500 Pa，与次声波的时域特征对应，而节点(9,2)频带随着温度的上升也有异常的次声波事件产生，但是信号的幅值比较小，不同阶段次声波的变化情况没有明显的区别，节点(9,2)～(9,4)能量占比较小且与温度没有明显的映射关系。由图 5-12 可以看出，煤自燃产生的次声波信号主要来源于(9,0)与(9,1)频带，但随着温度的上升处于(9,0)频带内快速增大阶段的次声波信号没有

明显的增大趋势。

为了进一步分析(9,0)与(9,1)频带次声波信号与温度的相关性及次声波的主要频带与温度的关系,本节以每 1 300 s 为一个时间区间,将区间内的声压值累加,得到了实验全过程 8 个区间的累计声压值,然后取区间内温度的平均值,将温度作为变量,将累计声压值作为响应进行了线性拟合,结果如图 5-13 所示。

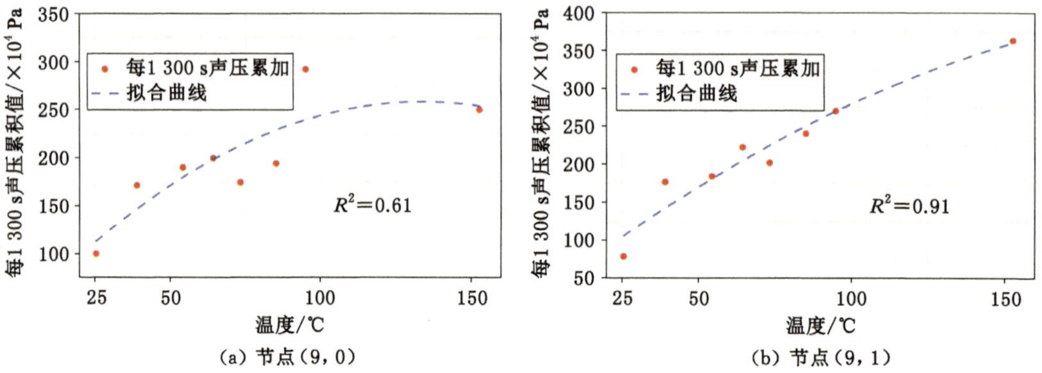

图 5-13　节点(9,0)和节点(9,1)每 1 300 s 累计声压与温度变化相关性拟合曲线

如图 5-13 所示,(9,0)频带内的累计声压值与温度整体上呈现正相关度,但相关度仅为 0.61。通过分析可知,在 100～150 ℃的温度区间内,累计声压值开始降低,通过图 5-9 可知,此时次声波信号的主频幅值整体上与温度具有较强的相关性,说明煤体升温产生的次声波信号的主频幅值发生了变化,(9,0)频带产生的次声波信号能量值逐渐减小。这说明图 5-11 中(9,0)频带的次声波能量占比值的减小,既是因为(9,1)频带值的增大,又是因为自身声波的来源减少,导致声压累加值减小。(9,1)频带煤自燃过程次声波的累计声压值随着温度的增大逐渐增大,相关度为 0.91,具有明显的正相关性。0.4～0.8 Hz 频带的能量占比较高,且次声波信号的强度与温度具有较强的正相关性,可将此频带内声波信号能量占比增大作为判断煤自然发火状态的前兆特征。

第五节　声发射信号频域特征

前文对实验测得煤自燃过程中 0～20 Hz 次声波信号的频域特征进行了分析,为了分析其他频域范围内声波信号的频域特征,本节对实验采集的声发射信号进行处理,分析煤自燃过程中的声发射信号频域的变化规律与前兆特征。

一、煤自燃过程中声发射频谱特征

利用 FFT 将声发射时域信号转变为频域信号,以每 5 s 为一个声发射区间进行 FFT,得到声发射信号的主频与主频幅值等频域特征信息,从而分析在煤升温与燃烧过程中不同温度下的声发射信号的频域变化特征。与次声波信号相同,利用 MATLAB 软件编写程序实现次声波信号的 FFT,以每 10 ℃为一个区间,取热电偶 1～4 的温度范围在 30～270 ℃的声发射主频幅值的平均值作为取样点,提取不同温度下声发射的主频与主频幅值,然后将温度数据与主频幅值数据导入 Origin 软件中进行拟合,所得声发射主频幅值与温度的拟合曲线如图 5-14 所示。

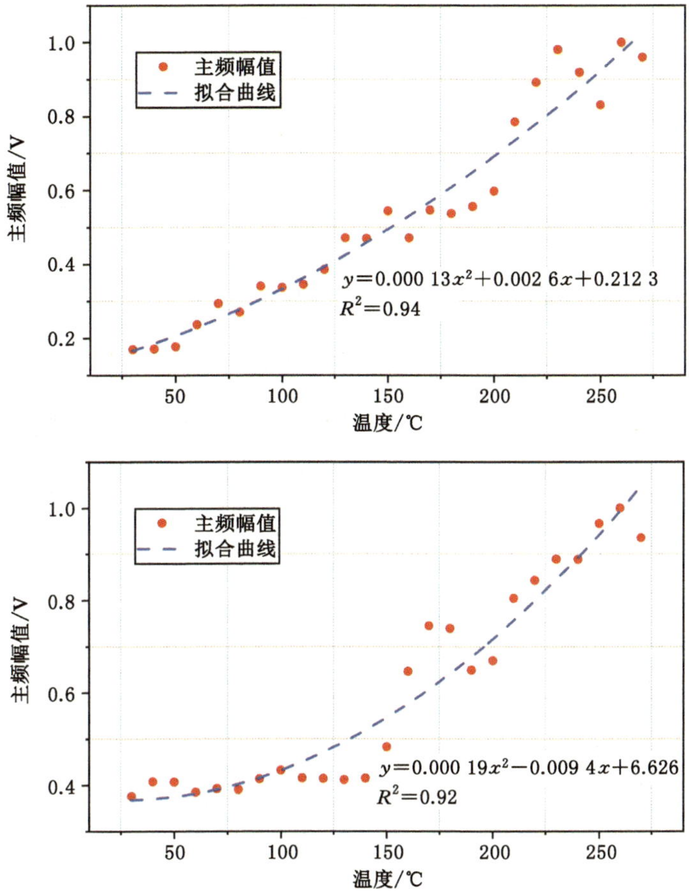

图 5-14　声发射主频幅值与温度拟合曲线

如图 5-14 所示，声发射主频幅值与温度呈现二次多项式分布，随着温度的上升声发射的主频幅值逐渐增大，相较于次声波信号声发射在煤自燃的前期增长得更为缓慢，但与次声波信号相同的是声发射主频幅值与温度变化仍呈正相关，其中 DT 烟煤与 PZ 褐煤实验的相关度 R^2 分别为 0.94、0.92。相较于次声波信号，声发射信号主频幅值与温度的相关性更强，分析是由于两者的采样原理不同而导致的，声发射是由波导杆进行声传导，介质为固体，波导杆布置于热源处，而次声波信号布置在炉体的边缘，传输介质为空气，因此次声波的信号相比于声发射信号受环境的影响更大，但由于利用次声波信号进行煤自燃监测是非接触式监测，因此利用次声波信号进行煤自燃监测能适应更复杂的井下工况条件。对比两种方法的采样方式可发现，次声波与声发射两种监测方式各有利弊，声发射可以更为准确地确定发火源燃烧程度与位置，次声波信号在远距离监测更有优势。

二、煤自燃过程中声发射时频特征

同样以每 5 s 为一个声发射区间进行 FFT，提取声发射信号频谱中的主频，并根据前文划分的煤自燃阶段将声发射信号的主频进行归纳分析，进而得到煤自燃不同阶段声发射主频分布情况，如图 5-15 所示。

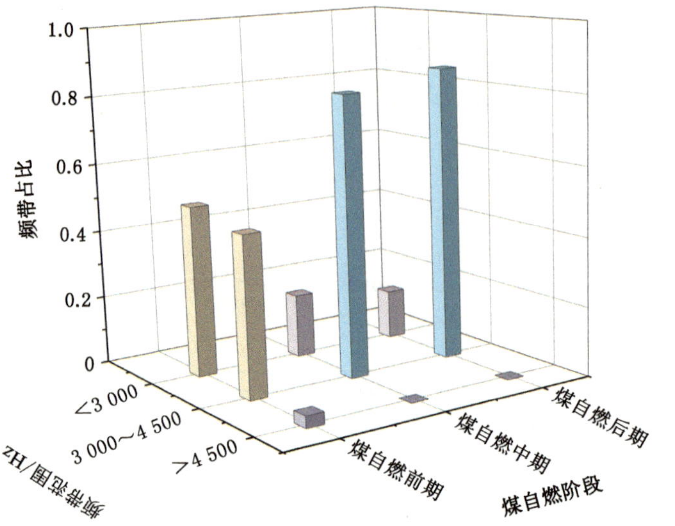

(a) DT烟煤声发射主频分布

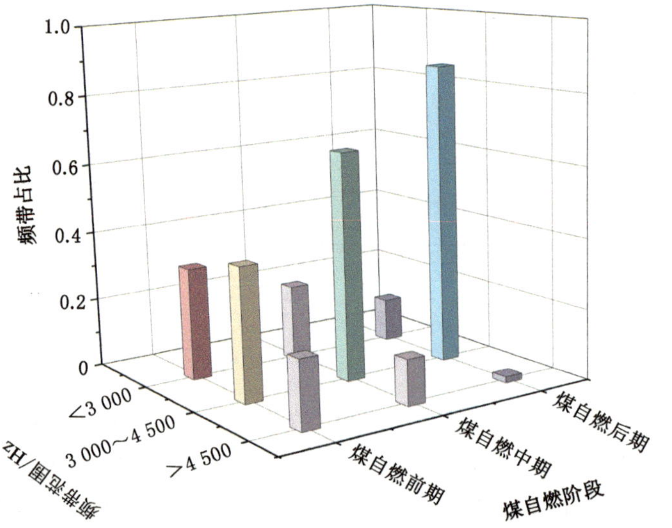

(b) PZ褐煤声发射主频分布

图 5-15 煤自燃不同阶段声发射主频分布图

如图 5-15 所示，在煤自燃的初始阶段，DT 烟煤与 PZ 褐煤缓慢氧化所产生的声发射信号的主频分布范围较大，DT 烟煤主频小于 3 000 Hz 的声发射信号占比为 49.86%，主频在 3 000～4 500 Hz 之间的声发射信号占比为 46.70%，大于 4 500 Hz 的声发射信号占比为 3.4%，此时受热煤体内部的气体脱附造成微裂纹的产生与原生孔隙的增大，导致声发射的信号主频发生变化。而随着煤自燃过程的进行，煤体蓄热完成，煤自燃进入快速氧化阶段，煤自燃的化学反应加剧，煤体在热应力作用下发生破裂，煤自燃产生的声发射信号的主频集中在 3 000～4 500 Hz 的频带内，主频小于 3 000 Hz 与大于 4 500 Hz 的声发射信号的占比逐渐减小。PZ 褐煤实验具有相似的变化趋势，随着煤自燃的进行，主频在 3 000～4 500 Hz

之间的声发射信号占比逐渐增大，在煤自燃期占比超过了85%，超过4 500 Hz的声发射信号占比逐渐减小，仅为1.75%。因此，在实际的煤自燃监测预警中可以结合声发射信号的主频与主频幅值等参数的综合测试结果对煤自燃状态进行判断。

三、基于WPT的声发射信号频域特征

为了研究随着温度变化声发射信号频带的变化规律，得到煤自燃过程中声发射的主要频带，将上节中根据声发射信号能量划分的煤自燃初始阶段、发展阶段、快速增大阶段的声发射信号分别进行5层小波包分解，所得三个阶段的能量占比如图5-16所示。

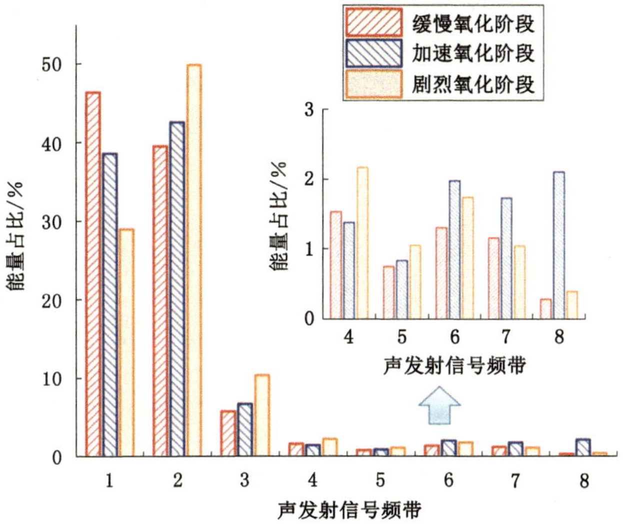

(a) DT烟煤声发射信号不同频带能量占比图

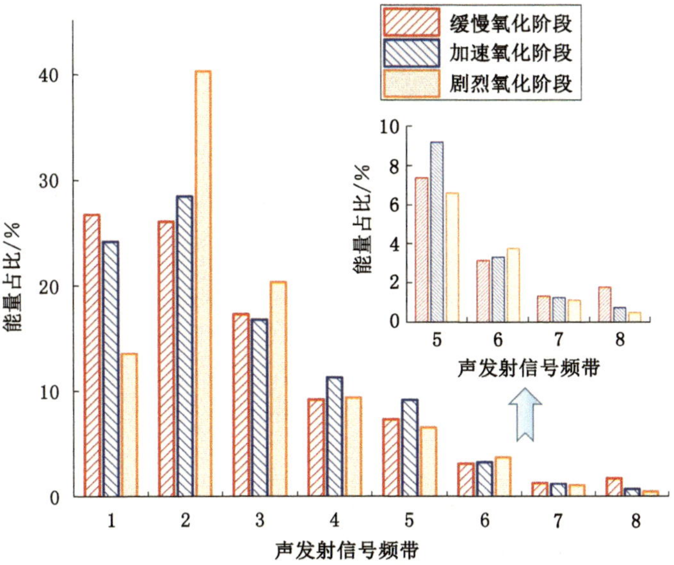

(b) PZ褐煤声发射信号不同频带能量占比图

图5-16　煤自燃不同阶段声发射信号5层WPT能量占比图

如图 5-16 所示，在煤自燃的三个阶段声发射信号存在不同的能量分布特征，以 DT 烟煤为例，频带 1 与频带 2 的能量占比相较其他频带较为明显，因此 20～6 300 Hz 为声发射的主要频带。频带 1 内的声发射信号随着温度的上升能量占比逐渐降低，在三个不同燃烧阶段占比分别为 46.91%、38.27%、28.86%，比重分别下降 8.64、9.41 个百分点。煤自燃剧烈氧化阶段的变化尤为明显，随着煤自燃的进行，20～3 125 Hz 频带内的声发射信号能量逐渐降低，3 125～6 300 Hz 频带内的声发射信号的能量占比逐渐增大，说明煤自燃进行到剧烈氧化阶段时，煤氧复合反应程度加剧，此时煤体在热应力的作用下热破裂逐渐增加，声发射信号的频带分布也发生了变化，呈现出逐渐扩大的变化规律。PZ 褐煤的不同频带能量变化特征与 DT 烟煤具有相似性，频带 1 随着煤自燃的进行能量占比逐渐减小，频带 2 能量占比逐渐增大，不同的是整体上频带 1 与频带 2 的能量占比相较于烟煤较小，频带 3 的能量占比增大。因此，可将 20～3 125 Hz 频带能量占比的逐渐降低与 3 125～6 300 Hz 频带能量占比的逐渐增大作为判断煤自燃燃烧程度的前兆特征。

第六章　基于声波技术的煤自燃隐蔽火源反演

结合前文扫描电镜实验和本章电子自旋共振实验，对煤自燃升温过程声速变化宏微观感温机制进行了分析。基于煤自燃升温过程中单路径声速测试实验结果，本节进行了松散煤体升温多路径声速信息测试实验，并基于 SIRT 算法对松散煤体高温区域进行了反演研究，分析了松散煤体声学法温度检测误差来源。

第一节　煤升温过程中自由基变化规律及声波感温机制

一、煤升温过程中自由基变化规律

（一）ESR 图谱分析

煤体在成煤、开采和利用的过程中会对其化学结构产生破坏，从而生成大量自由基，自由基极易与氧气发生反应进而生成过氧化物并放出热量，生成更多的自由基，同时引起自由基的链式反应，当煤体所处的环境供氧和蓄热条件适宜时，就会引起煤体自燃。采用德国 Magnettech 公司生产的 MS-5000 电子顺磁共振波谱仪测试在常温、100 ℃、200 ℃、300 ℃处理之后的煤样自由基变化，实验中每次测试取 5 mg 煤样装入样品管中进行电子顺磁共振波谱（ESR）测定。实验设备如图 6-1 所示。

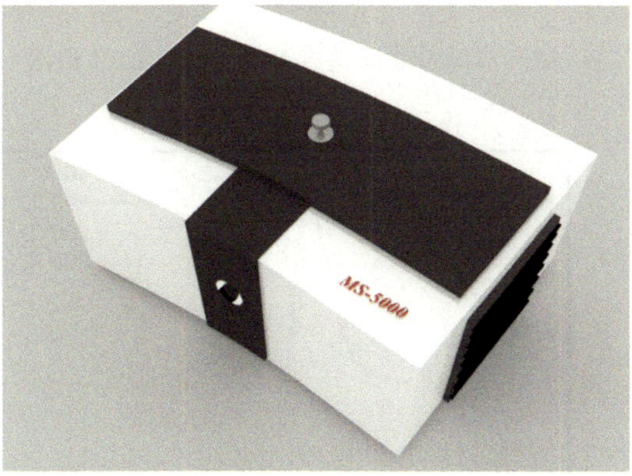

图 6-1　MS-5000 电子顺磁共振波谱仪

实验参数设定：微波频率 947 MHz，调制频率 100 kHz，微波功率 10 mW，中心磁场强度 338 mT，调制宽度 0.2 mT，扫描时间 60 s。TS 褐煤、DT 烟煤、BJG 无烟煤三种变质程度煤样在温度处理之后的电子自旋共振光谱如图 6-2～图 6-4 所示。

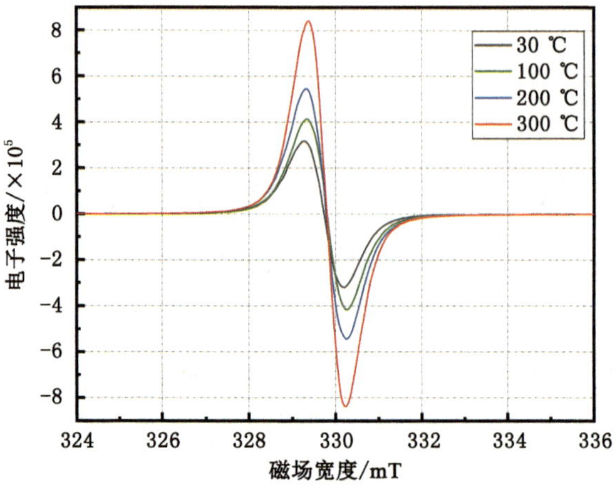

图 6-2 不同温度处理后 TS 褐煤的 ESR 谱图

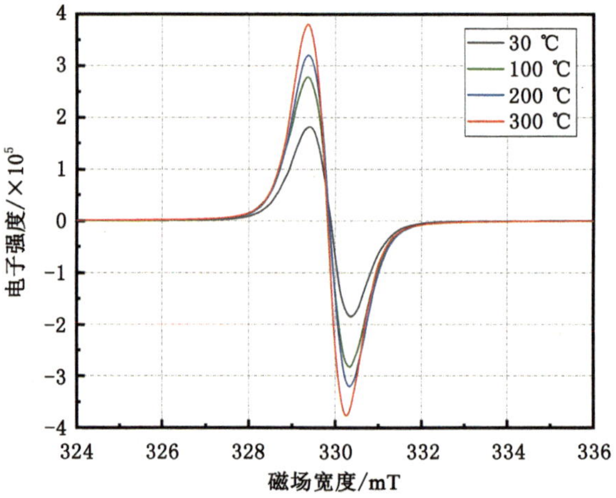

图 6-3 不同温度处理后 DT 烟煤的 ESR 谱图

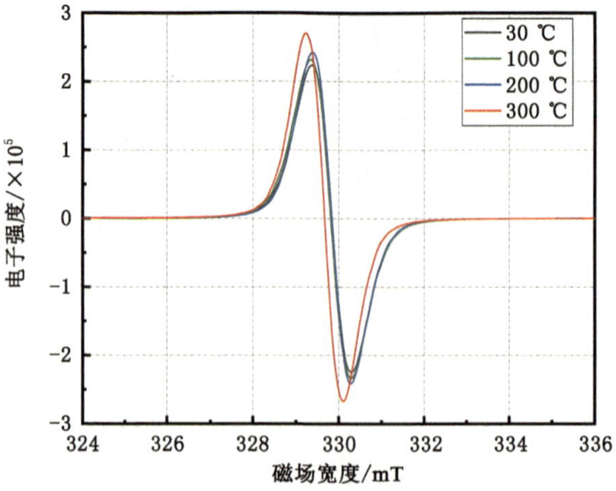

图 6-4 不同温度处理后 BJG 无烟煤的 ESR 谱图

分析图 6-2～图 6-4 可得，经过不同温度处理的三种不同变质程度煤样电子自旋共振谱线中都出现超精细分裂的单峰，所有吸收线形状基本相同。图 6-2 和图 6-3 显示出经 100 ℃、200 ℃、300 ℃温度处理后 TS 褐煤和 DT 烟煤的线高相比未经高温处理煤样的线高均有所升高，且随着处理温度的增加线高也随之升高，但谱线水平位置和线宽变化较小。在经 100 ℃、200 ℃处理之后的 BJG 无烟煤线高变化较小，但经 300 ℃处理之后其线高明显升高。经温度处理之后 ESR 谱图线高升高说明煤中自由基的生成速率高于消耗速率，因此煤中总自由基含量升高。因此，在经温度处理之后，煤中的自由基含量呈现升高的趋势。

（二）自由基浓度与 g 因子值分析

根据 ESR 谱图，通过软件直接读取出不同曲线的 g 因子值和自旋数，自由基浓度用单位质量中所含未成对电子的数目表示。在 ESR 实验测试中，每次测试都严格控制测试样品质量，因此可以通过自旋数确定出测试样品的自由基浓度。自由基具体数值如表 6-1 所列。

表 6-1　三种变质程度煤样在不同温度处理后的 ESR 波谱主要参数

处理温度/℃	TS 褐煤		DT 烟煤		BJG 无烟煤	
	g 因子值	自由基浓度 N_g /10^{18}g^{-1}	g 因子值	自由基浓度 N_g /10^{18}g^{-1}	g 因子值	自由基浓度 N_g /10^{18}g^{-1}
常温	2.003 126	4.40	2.003 190	2.86	2.003 404	2.92
100	2.003 041	6.12	2.003 296	4.20	2.003 470	3.18
200	2.003 100	7.39	2.003 313	4.34	2.003 410	2.99
300	2.003 324	9.80	2.003 424	7.81	2.003 463	3.68

通过分析表 6-1 可得，随着煤样处理温度的升高，g 因子值变化较为复杂，但自由基浓度 N_g 呈现升高的趋势。g 因子值代表自由基的种类，经过温度处理之后不同煤阶 g 因子值变化较小，但数值大小均高于自由电子的 g 因子值（g_e＝2.002 3），说明煤中存在自由基的未成对电子轨道-自旋偶合作用，作用强度较弱[138]。N_g 代表自由基浓度，自由基浓度升高代表自由基的生成速率大于反应速率。其中 TS 褐煤和 DT 烟煤的自由基浓度增长较为明显，并呈现随处理温度升高持续增长的规律，而 BJG 无烟煤在 100 ℃和 200 ℃处理之后其变化幅度较小，不同变质程度煤温度处理后自由基浓度变化如图 6-5 所示。

通过电子自旋共振实验可得，在煤温 100 ℃时，自由基浓度分别超过常温下自由基浓度 39.09％、46.85％、8.9％，随着温度的升高，自由基链式反应加剧，从而生成更多的自由基，煤体氧化活性迅速增强，因此，有必要在煤体处于较低温度时就采取措施抑制其继续升温。

二、松散煤体升温过程中声速规律感温机制

根据煤自燃自由基理论得到，煤氧化自燃是煤和氧气产生的复杂化学反应，在反应过程中产生多种自由基。自由基分为大分子自由基（芳香核以及周围侧链或者官能团）和小分子自由基（煤分子夹杂自由基），稳定自由基和非稳定自由基，以 C、H、O 原子为中心和以杂原子为中心的自由基。煤中除了上述自由基外，还含有以非金属离子（Mn^{2+}、Cu^{2+}、Fe^{3+}、Fe^{2+}）组成的过渡金属离子自由基，这类自由基则称为由杂原子组成的金属离子自由基。

自由基反应是具有未成对的电子参加的化学过程，反应活性较强。煤中自由基产生之

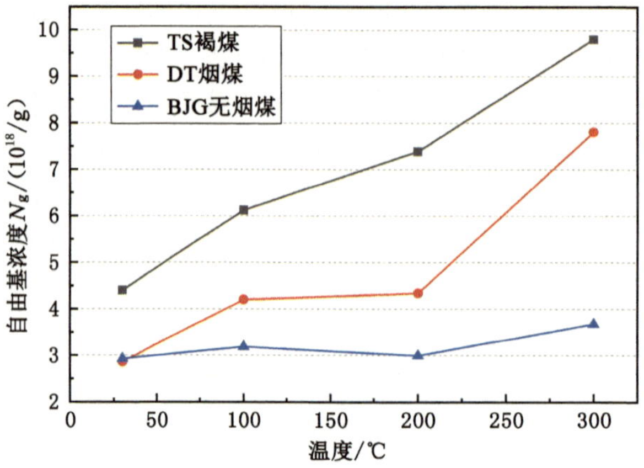

图 6-5　不同变质程度煤经升温处理后自由基浓度变化

后，能够和 O_2 结合并发生化学反应，产生过氧化自由基。自由基的反应过程的时间比较短，在自由基连锁反应进程中，由于自由基具有自由价电子，因此自由基可以与分子中的基团反应，同时自由基也会与该分子间的电子进行竞争，从而破坏该分子中的连接键。自由基的生成和消失过程与化学反应密切相关，同时也与材料的物理性质有关。由于自由基会参与化学反应，因此其生成和消失会影响煤中热解产物和矿物质含量的变化，进而影响煤中的孔隙结构和密度[139]，其中密度是煤样矿物组分、胶结类型、孔隙裂隙和内部流体形式等综合性质，因此自由基反应也对煤中声波传播速度产生影响。

声学测温的原理是基于穿越介质的声波波速与媒介温度呈单值函数关系，通过测量声波在介质中的声速，利用声学温度场重建算法可重构温度场。采空区和煤仓中的松散煤体属于非均匀介质，声波在其中传播受多种因素影响，传播过程较为复杂。

随着煤炭开采的推进，采空区的遗煤不断积聚，由于漏风的存在，使采空区的遗煤与漏风中的氧气发生反应导致热量不断积聚，进而导致了煤自燃的发生。可以把采空区遗煤自燃看成一种多孔介质中的传质传热问题。关于声波在多孔介质中的有关研究，从发展趋势上经历了由一开始的单相等效介质模型到固-液耦合的双相介质模型以及裂隙-孔隙介质模型，其中较为经典的声波在多孔介质中传输理论为 Biot 理论。根据 Biot 理论可知，声波在多孔介质中的传播受到声波频率、多孔介质孔隙率、渗透率、弯曲度等参数的影响[95-97]。

在基于声学法的粮食测温方面，颜华教授团队将堆积粮食颗粒之间的孔隙看作刚性狭窄的圆柱细管，并认为在声学测温过程中声波是从堆积粮食之间的空隙进行传输的，在声学测温的基础之上搭建了堆积粮食测温系统并对温度场进行了反演[140-141]。R. Hickling 等通过构建模拟粮仓实验设备对小麦中声波传播特性展开研究，研究者将声波换能器埋入小麦中，分别向小麦中充入空气、氩气和二氧化碳三种气体，以此来对不同声波频率下的声速进行测试分析，实验测试结果如图 6-6 所示[142-143]。

通过声速测试实验可得，随着小麦颗粒空隙之间的气体发生变化，声速测量结果也会发生明显改变，据此证明声波在堆积小麦中主要通过空隙中的气体进行传播。声波在小麦中同种气体情况下的声速要比纯气体中的声速慢，表明声波在粮食中并非以一条直线传播，而是沿着粮食颗粒空隙之间曲折的路径进行传播的。

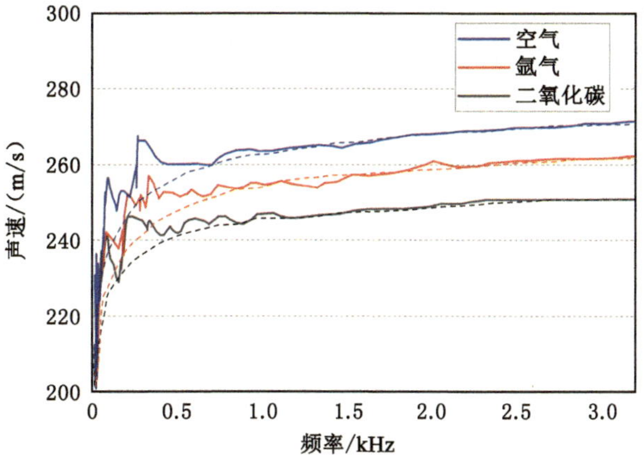

图 6-6　小麦堆中充入不同气体时声波频率与实测声速的变化关系曲线[143]

邓军教授等通过实验研究了不同气体条件下松散煤体中的声速[144]。实验首先测试了在氮气、空气和二氧化碳三种气体条件下的声速，通过实验发现声波在二氧化碳中传播速度最慢，在空气和氮气中声速接近。之后实验研究了三种气体条件下声波在松散煤体中的飞渡时间，结果表明在二氧化碳条件下声波飞渡时间最长，而在氮气条件下声波飞渡时间最短，与在三种气体中的声波传输规律相同，据此证明在松散煤体中声波的传输介质为空隙中的气体。为了分析声波在松散煤体中的传播路径，通过重装煤样的方式改变松散煤体的堆积形式，进而使声波在松散煤体中的传播路径发生改变，结果显示在重装煤样后声波的飞渡时间均有所增加，这表明声波在松散煤体中并不是直线传播，而是在空隙中曲折传播，在煤样重装之后总传播路径的增加才导致了声波飞渡时间的改变(图 6-7)[145]。

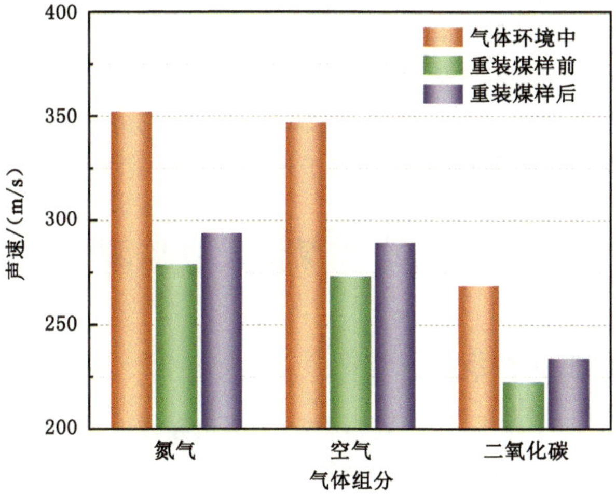

图 6-7　煤样重装前后不同气氛中声速[142]

在相同的级配条件下，向松散煤体中注入不同气体会明显改变声波的传播时间。松散煤体不同气体条件下的声速变化规律与自由空间气体中的变化规律相同，表明声波传播速度与松散煤体孔隙中的气体密切相关。声波在气体中进行传播时，其传输速度随温度升高而发生变化，这是由气体条件下声速与温度的线性关系决定的。因此在已知各路声波换能器距离的情况下，测试声波传播时间，进而通过声速计算出介质的温度。气体介质条件下声速与温度的关系如下式：

$$c=\sqrt{\frac{\gamma RT}{m}}=Z\sqrt{T} \tag{6-1}$$

式中 c——声速，m/s；

γ——气体介质比定压热容与比定容热容的比值；

R——气体常数，通常为 8.314 J/(mol·K)；

T——热力学绝对温度，K；

m——气体分子量，kg/mol；

Z——给定气体的常数。

对于空气的给定气体常数为 20.05。由式(6-1)可知：

$$Z=\sqrt{\frac{\gamma R}{m}} \tag{6-2}$$

声波在气体中的传播速度与气体的温度密切相关，随着气体温度的升高，声波的传播速度也随之增加。本节通过实验发现随着温度的升高声波在松散煤体中的传播速度呈现增加的趋势，因此不同温度下声波在气体介质中的传播速度规律验证了本节实验得出的结论。

通过实验研究发现，在煤岩试块中声速随着温度的升高呈现降低的规律，有学者认为在升温后，煤体内部产生的热应力大于外围有效应力，体积膨胀，煤岩孔隙体积增大微裂缝增多，产生“膨胀”，煤发生“软化”，从而引起速度降低[144]。但在松散煤体的实验中，声速随着温度的升高呈现增大的趋势，分析认为这主要是因为在松散煤体中声波传输主要通过煤体孔隙之间的气体进行传输，受气体的性质影响较大，而煤岩体本身的孔裂隙变化在声波传输过程中起次要作用。在松散煤体温度监测过程中，随着煤体温度的升高引起其孔隙之间的气体温度升高，通过松散煤体的声波飞渡时间随着气体温度的升高逐渐减小，而在煤低温监测过程中，由于煤自燃产生的 CO、CO_2 等气体较少，对声波速度的总体规律影响较小，因此可通过实验室实验建立松散煤体温度与声速的动态关系式，并实现基于声速的松散煤体温度感知。

第二节　声学法松散煤体温度监测重建算法

一、重建算法的要求和步骤

在声学法温度场层析成像中，正问题是在已知被测区域温度分布的情况下，根据温度值和声速的数学关系式，以及空间内声波换能器的位置，求解声波在各个路径上的飞渡时间。逆问题是已知各路径上的声波飞渡时间，利用声学温度场重建算法与插值法重构出被测区域的温度分布情况。通常情况下逆问题的解决要比正问题的求解困难很多，在逆问题的求解过程中需要一些先验知识和约束条件才能得到有效解。

声学法温度检测是通过对空间内的声速层析成像而实现温度分布的测量，它通过多个声波换能器以非接触的方式测量不同路径的声波飞渡时间，在声波声速数据准确测量的基础之上，通过反演算法对空间内的温度场进行重建。由于煤是热的不良导体，所以在松散煤体升温测试实验过程中温度变化比较缓慢，升温范围比较小，所以在松散煤体声波传播时间的测量中可以使用抑制噪声能力强的时延估计算法，以及多次测量等方法来保证信号较高的信噪比。松散煤体中可能出现的热源数目多，分布随机性强，因此针对声学法松散煤体温度场重建的反演算法，应该具备被测区域网格数目多、高温热点定位精确、抗噪能力强等要求，只有这样才能实现对松散煤体中的复杂温度场分布和热源位置的准确反演和监测。

声学法温度场重建包括以下两个步骤：第一步是建立声波传播速度与空间内温度分布的数学关系式，第二步是利用重建算法实现对温度场的反演重构。当前比较典型的温度场重建算法包括滤波反投影重建算法，最小二乘法，代数迭代法等[146]。本节选择同时迭代重建算法对松散煤体温度进行层析成像分析，其算法具体过程如下：

在同时迭代重建算法中首先需要建立网格模型并为每个网格赋予初始值 $a_j^{(0)}$，然后根据网格的初始值和传输射线穿过网格的距离 r_{ij} 来计算声波接收点处的估计值 $p_i^{(k)}$，据此就可得到观测值与估计值的差为 $\Delta = Y_i - P_i^{(k)}$，则平均修正值为：

$$\Delta a_j^k = \frac{1}{N_j}\sum_{i=1}^{n}\left(\frac{\Delta_i \times r_{ij}}{\sum_{j=1}^{m} r_{ij}^2}\right) \tag{6-3}$$

式中　N_j——对应的是第 j 个网格的射线数；

n——射线的条数；

m——离散网格的个数[147]。

通过式(6-3)对第 j 个网格的吸收系数 a_j 进行修正，得到 $a_j^{(k+1)} = a_j^{(k)} + \Delta a_j^{(k)}$。

算法停止条件：当 Δ_i 小于设定好的误差值时迭代才能停止，否则迭代将继续进行。

SIRT 算法的具体步骤如下[148]：

(1) 首先给网格吸收系数赋予一组初值 $a_j^{(0)}$，令 $a_j = a_j^{(0)}, j = 1,2,\cdots,n$。

(2) 在此基础上计算 M 个方程的估计值 P_i。

$$P_i = \sum_{j=1}^{n} r_{ij} a_j^{(0)}, i = 1,2,\cdots,m \tag{6-4}$$

式中　r_{ij}——由射线追踪算法求取到的射线通过各网格的距离。

(3) 求取观测值与估计值的差为

$$\Delta_i = Y_i - P_i^{(k)}, i = 1,2,\cdots,m \tag{6-5}$$

(4) 第 i 条射线在第 j 个网格的第 q 次吸收系数修正值为 $\Delta a_{ij}^{(q)}$，

$$\sum_{j=1}^{n} r_{ij}\Delta a_{ij}^{(q)} = Y_i - P_i = \Delta_i \tag{6-6}$$

在假定 $\Delta a_{ij}^{(q)}$ 与第 j 个网格内射线所通过的路径 r_{ij} 与该射线长度 r_i 之比成正比的前提下，求取修正值 $\Delta a_{ij}^{(q)}$ 的公式如下：

$$\Delta a_{ij}^{(q)} = \beta_i \frac{r_{ij}}{r_i} \tag{6-7}$$

式中　β_i——对应于第 i 条射线的比例常数；

r_i——对应于第 i 条射线的长度。

$$r_i = \sum_{j=1}^{n} r_{ij} \tag{6-8}$$

将式(6-8)代入式(6-7)和式(6-6)中，整理简化，可得

$$\beta_i = \Delta_i \frac{r_i}{\sum_{j=1}^{n} r_{ij}^2} \tag{6-9}$$

将式(6-9)代入式(6-7)中可得：

$$\Delta a_{ij}^{(q)} = \Delta_i \frac{r_{ij}}{\sum_{j=1}^{n} r_{ij}^2} \tag{6-10}$$

(5) 在假设 j 网格内共用 n_j 条射线通过的前提下，则第 j 个网格内的平均修正值 $\Delta a_j^{(q)}$ 用式(6-11)进行计算：

$$\Delta a_j^{(q)} = \frac{1}{n_j} \sum_{i=1}^{n_j} \Delta a_{ij}^{(q)} \tag{6-11}$$

(6) 第 j 个网格内的吸收系数根据平均修正值 $\Delta a_j^{(q)}$ 进行修正。实际数据处理时，吸收系数值需同时满足式(6-12)中物理条件的限制，直至收敛为止。

$$\begin{cases} a_{\min}, a_j \leqslant a_{\min} \\ a_j, a_{\min} < a_j < a_{\max} \\ a_{\max}, a_j \geqslant a_{\max} \end{cases} \tag{6-12}$$

式中　$\alpha_{\min}$——介质吸收系数的最小值；

$\alpha_{\max}$——介质吸收系数的最大值。

根据现有研究显示，不同声波传输介质所对应的吸收系数值的范围也有所不同。

(7) 用 $|a_j^{(q)} - a_j^{(q-1)}| \leqslant e$ 判断 a_j 值的收敛程度。

同时迭代重建算法(SIRT)重建声速场的流程图如图 6-8 所示。

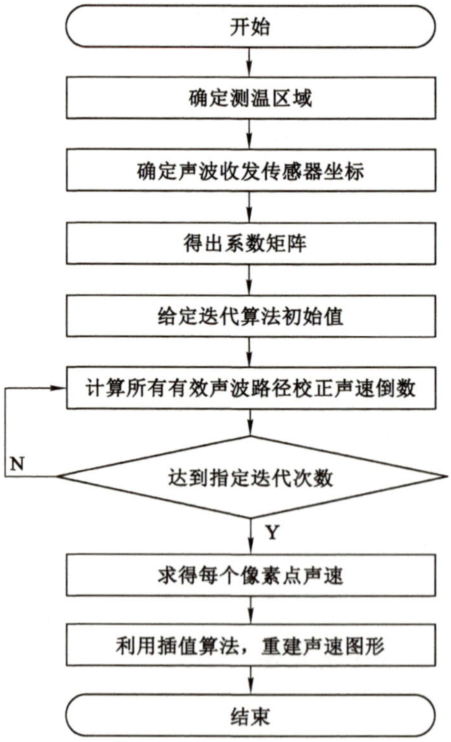

图 6-8　SIRT 重建声速场流程图

二、多路径声速信息测试实验

多路径声速信息测试步骤如下：利用搭建的声时声速测试系统进行多路径声速信息测试。为减少设备的移动，避免测试过程中煤体实验条件的改变。声波的发射与接收均由跨孔换能器实现。利用声波仪配合 3 个跨孔换能器实现声波的发射，3 个跨孔换能器接收声波。其中探头 4、5、6 位于测试区域一侧用于发射声波，探头 1、2、3 位于另一侧用于接收声波。同侧传感器两者之间相距 20 cm，两侧传感器间距 40 cm。传感器 2 与传感器 5 距离中心热源 20 cm。实验共存在 9 条传输路径，分别用 4-1、4-2、4-3、5-1、5-2、5-3、6-1、6-2、6-3 标记。采用 9 个 K 型热电偶测量松散煤体温度，其中贴近电热管的热电偶用于控制电热管温度。实验采用电热棒对煤体进行升温。电热管、跨孔换能器及热电偶共用同一坐标系，标记电热管右侧 3 cm 处热电偶为 1#。测点布置示意图如图 6-9 所示。

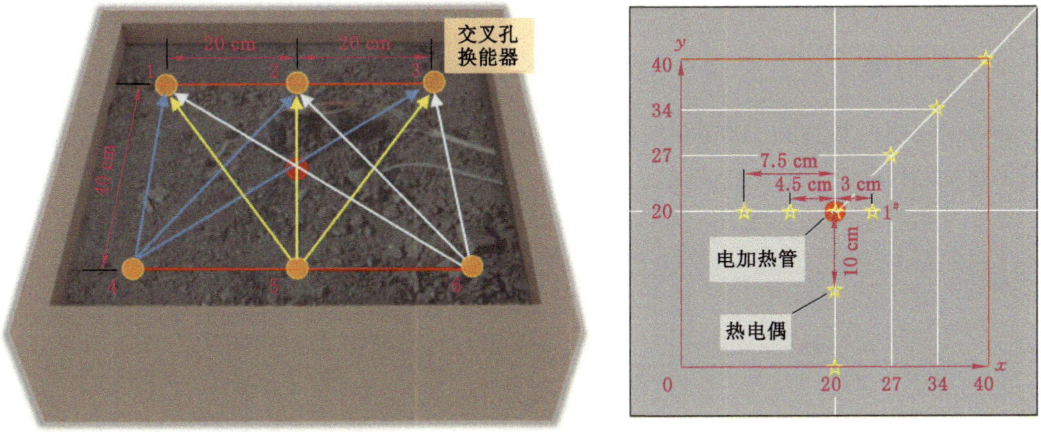

图 6-9　多路径测点布置示意图

实验采用电热棒对煤体进行升温，电热棒温度开始设置为 100 ℃，每间隔一个小时升高 100 ℃，最高升至 600 ℃。在升温实验过程中每隔 10 min 记录 9 条传输路径的声波数据，每次记录重复两遍。实验中距离电热管 3 cm 处最高温度为 211 ℃。

通过 8 个热电偶测量的温度数据对松散煤体的温度场进行分析，升温 840 s、11 700 s、21 240 s 时距离电热管 3 cm 处分别升温至 30 ℃、100 ℃和 200 ℃。将升温区域设置为 40 cm×40 cm 的正方形区域，根据现场热电偶实际位置分别列出 8 个热电偶的坐标位置，升温 840 s、11 700 s、21 240 s 时热电偶的温度数据如表 6-2 所列。

表 6-2　升温 840 s、11 700 s、21 240 s 时热电偶测量数据

坐标位置/cm		温度/℃		
X	*Y*	30	100	200
27	27	22.8	44.4	81.3
34	34	22.3	24.1	24.2
40	40	21.7	23.8	22.5

表 6-2(续)

坐标位置/cm		温度/℃		
X	Y	30	100	200
23	20	30.0	100.0	200.0
12.5	20	23.0	31.6	55.4
15.5	20	22.9	62.3	94.6
20	10	23.9	27.7	40.3
20	0	24.4	25.0	24.5

第三节　声学法松散煤体高温区域反演及误差分析

一、松散煤体高温区域反演

根据表 6-2 的坐标和温度数据,利用 Surfer 软件绘制出三个时刻所对应的煤体剖面温度分布图,如图 6-10～图 6-12 所示。

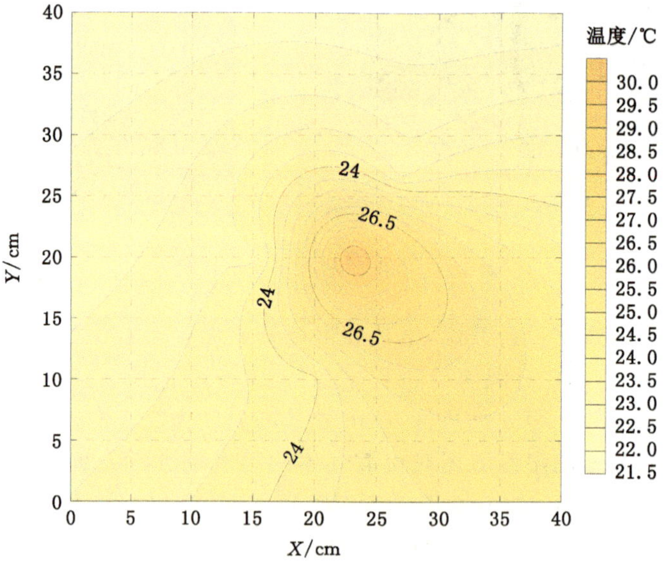

图 6-10　加热 840 s 煤体剖面温度等值线图

由于实验现场布置误差与煤的升温不均匀性,热电偶测量的温度中心并非实验现场布置的物理几何中心,升温 840 s、11 700 s、21 240 s 时热电偶最高温度分别为 30 ℃、100 ℃、200 ℃,温度分布呈现单热点分布,温度由热源中心向四周逐渐减小。图 6-10～图 6-12 三幅 Surfer 图片较好地反映出升温 840 s、11 700 s、21 240 s 时松散煤体温度分布情况。实验筛选出升温 840 s、11 700 s、21 240 s 距离加热管 3 cm 处 30 ℃、100 ℃和 200 ℃的数据进行分析反演,三种温度下 9 条传输路径的声时、声速数据如表 6-3 所列。

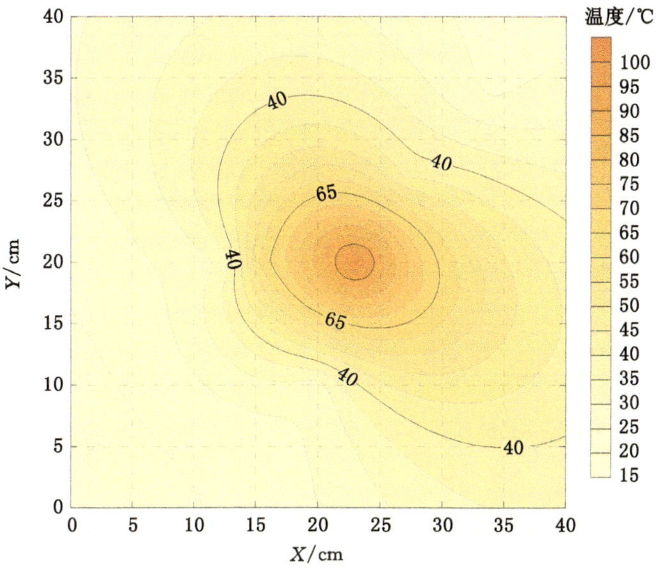

图 6-11　加热 11 700 s 煤体剖面温度等值线图

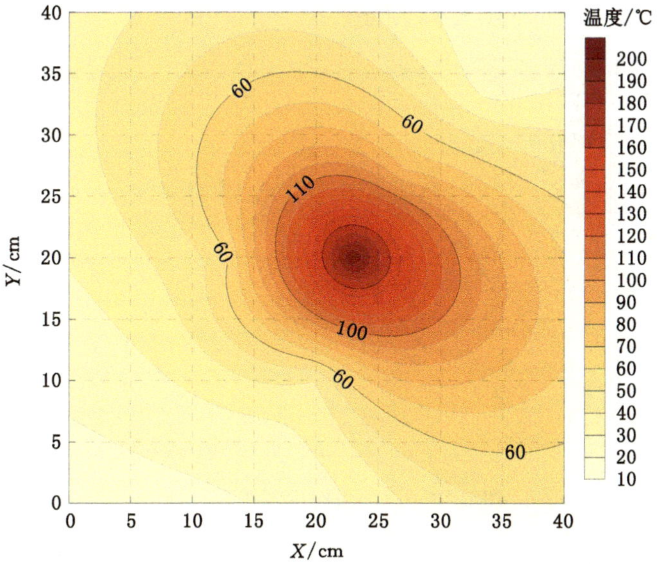

图 6-12　加热 21 240 s 煤体剖面温度等值线图

表 6-3　不同温度下声波参数变化

路径	路径长度/m	30 ℃		100 ℃		200 ℃	
		声时/ms	声速/(km/s)	声时/ms	声速/(km/s)	声时/ms	声速/(km/s)
1	0.400	2.600	0.154	2.640	0.152	2.560	0.156
2	0.447	2.799	0.160	2.879	0.155	2.520	0.177
3	0.566	3.319	0.170	2.839	0.199	2.520	0.225

表 6-3(续)

路径	路径长度/m	30 ℃		100 ℃		200 ℃	
		声时/ms	声速/(km/s)	声时/ms	声速/(km/s)	声时/ms	声速/(km/s)
4	0.447	3.079	0.145	2.999	0.149	2.919	0.153
5	0.400	2.720	0.147	2.520	0.159	2.280	0.175
6	0.447	3.039	0.147	2.999	0.149	2.839	0.157
7	0.566	3.559	0.159	3.359	0.168	3.319	0.170
8	0.447	2.959	0.151	2.919	0.153	2.919	0.153
9	0.400	2.720	0.147	2.680	0.149	2.640	0.152

通过表 6-3 分析可知,随温度升高,声时呈减小趋势,其中穿越热源的4-3、5-2、6-1 声时数据减小最为明显。

选择 SIRT 对声速进行反演重建,SIRT 的思想在于利用穿过网格的全部射线来进行迭代更新。在算法迭代过程中,通过对每条投影线根据贡献因子进行加权平均,之后再通过反投影便可获得反演后的图像。在实际使用的过程中,SIRT 具有较高的稳定性,但是在计算过程中收敛速度较慢,并且所需的储存容量更大。通过弹性波 CT 反演分析软件对平面内声速进行反演重建,软件界面如图 6-13 所示。

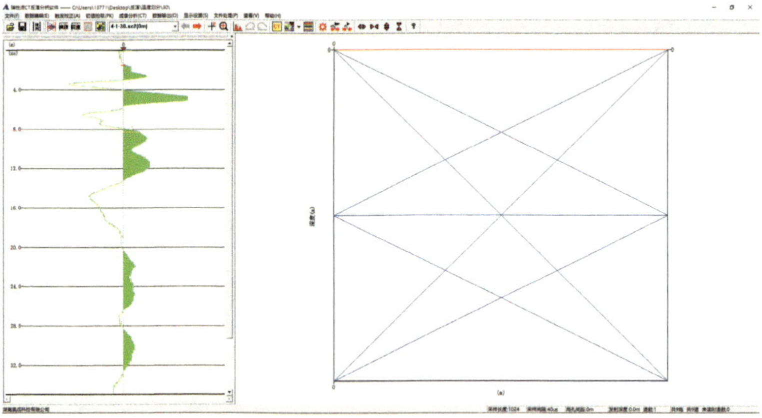

图 6-13　声学法温度场重建软件

弹性波 CT 软件分为数据导入、数据处理、数据导出三大功能,层析成像参数设置主要包括以下四步。

第一步,点击初始化,对网格数据赋初值;初始化速度模型有平均速度和 BPT 反投影两种。

第二步,设置收敛条件、波速上下限。

第三步,迭代次数和迭代算法选择。

第四步,点击"计算"项目,软件将自动进行迭代和收敛运算。

将实验测试数据导入软件中,通过排列发射与接收换能器探头的坐标实现软件中的传感器排列符合现场实际情况,声波传感器的排列参数如表 6-4 所列。

表 6-4　声波传感器排列参数

路径名称	发射端坐标		接收端坐标	
	X/cm	Y/cm	X/cm	Y/cm
4-1	0	0	40	0
4-2	0	0	40	20
4-3	0	0	40	40
5-1	0	20	40	0
5-2	0	20	40	20
5-3	0	20	40	40
6-1	0	40	40	0
6-2	0	40	40	20
6-3	0	40	40	40

声波在传播过程中，若速度场分布不均匀，声线会存在弯曲效应。在声速发生突变时，声波就会存在折射的现象。声速的弯曲效应受到温度的影响，当温度场分布不均匀时，声波在传播过程中会发生弯曲，由费马定理可知，若在空间中存在两点，则声波在从点 A 传输到点 B 的过程中遵循时间最小原则。由于松散煤体中温度梯度场的存在会对声波的传输路径产生影响，使声波在传输过程中会由高温区域向低温区域产生弯曲，并且随着温度梯度的增大，声波传输过程中的弯曲效应也会更加明显，因此在松散煤体温度场重建的过程中，考虑声波在传播过程中的弯曲效应将会有效提高声学法温度场重建的精度。现有研究对部分粮食中的声波传输弯曲度进行了测试，其中玉米中的声波传输弯曲度为 1.28，大豆中的声波传输弯曲度为 1.23。

声速反演通过 SIRT 进行，声波射线采用弯曲射线，网格迭代修正算法设置为众数。网格模型初始化参数设置网格大小为 0.08 m，初始化速度采用 BPT 反投影方式，并利用线性插值算法对生成的反演色谱进行平滑处理。在完成参数设置后，可对声速进行反演分析，利用弹性波 CT 反演分析软件对声速进行反演处理，导出网格数据通过克里金插值网格化进行声速反演图绘制。升温 840 s、11 700 s、21 240 s 时的声速反演图如图 6-14～图 6-16 所示。

从图 6-14～图 6-16 中可明显观察到声速异常区域，且反演图声速异常区域能较好地反映出现场实际情况。在重建图像中，根据绘制的平面坐标系，查询到在加热 840 s、11 700 s、21 240 s 的热源位于测量区域中心位置，与实验实际情况相符。根据第四章的结论可知，随着温度升高其声速呈现增加的趋势，在松散煤体声速反演图中可得到随着时间推移，声速反演图中最高声速分别达到 178 m/s、210 m/s、235 m/s 以上，能够较好地反映温度的变化。但由于边缘区域穿越的声波路径较少甚至为零，导致被测区域边缘的温度场重建误差较大。

基于松散煤体多路径声速测试实验区域为 40 cm×40 cm 的正方形区域。据此取单路径声波运动学特征 40 cm 距离下声速拟合方程进行分析验证。单路径声波运动学特征测试实验得到的 40 cm 下声速拟合方程为：

$$y = 155.409 + 0.213x \tag{6-13}$$

式中　y——声速，m/s；

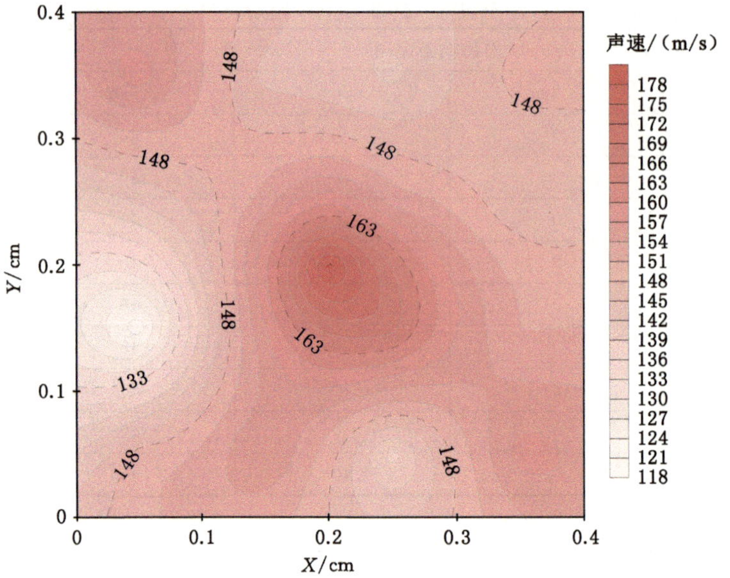

图 6-14　加热 840 s 煤体声速反演图

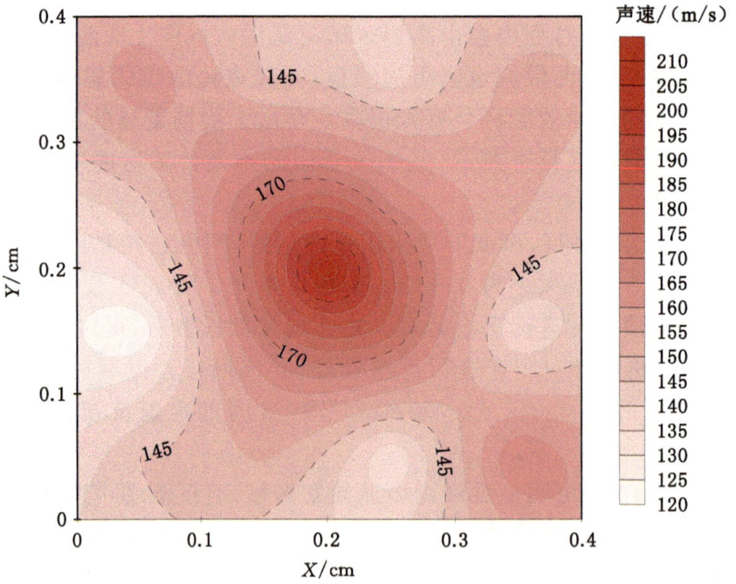

图 6-15　加热 11 700 s 煤体声速反演图

x——温度，℃。

根据拟合公式计算出 30 ℃、100 ℃和 200 ℃的声速值分别为 161.799 m/s、176.709 m/s、198.009 m/s。通过软件提取声速反演图中加热 840 s、11 700 s、21 240 s 三个时刻，1[#] 测点的声速数据分别为 165.87 m/s、181.06 m/s、200.48 m/s。相同温度条件下，重建的声速场中提取的数据与单路径测量拟合数据接近。此外，选取温度场中多个温度点的坐标，并根据坐标信息从反演的声速场中提取对应声速值。利用提取的声速值与前文声速拟合方

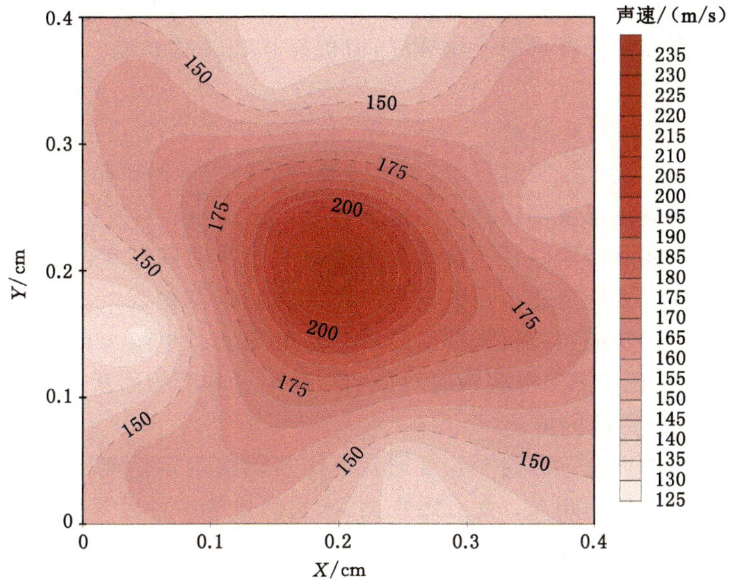

图 6-16　加热 21 240 s 煤体声速反演图

程(6-13)计算得到的声速值进行比较。对比多个温度条件下声速场与声速拟合数据最小误差为 1.01%,最大误差为 5.17%。据此证明重构的二维声速场能较好地反映出松散煤体温度场的分布规律,如图 6-17 所示。

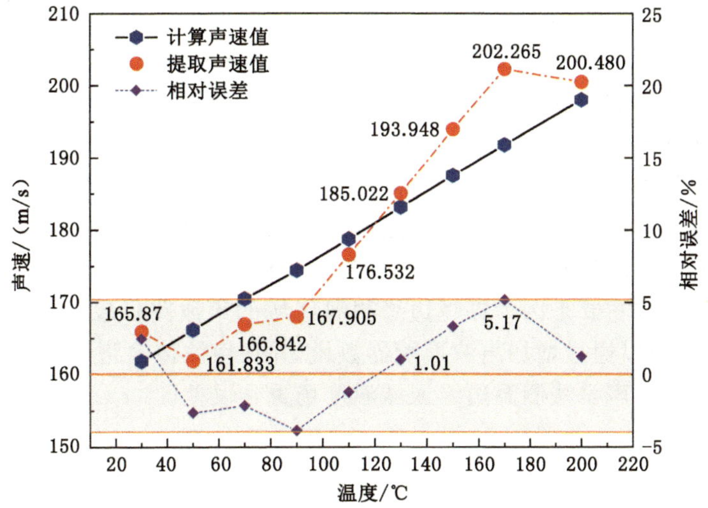

图 6-17　声速场重构误差分析

二、温度场重构误差分析

在实验过程中产生的误差会有很多种,误差根据性质可以分成系统误差、随机误差和粗大误差三类,这些误差通常由测量装置误差、环境误差、方法误差和人员误差等原因产生。

由上述实验可知，虽然本节所采用的基于声学法松散煤体二维温度场重建技术能够较为准确地反映出松散煤体中温度场的变化情况，但仍然存在一些误差。在此对产生误差的原因进行分析：

（1）声波传播时间测量误差

在松散煤体声学温度检测过程中，声波飞渡时间的准确测试是影响测温准确性的关键，声时误差将对松散煤体温度场检测产生很大影响。声波换能器发出的声波在松散煤体两个声波换能器之间的实际传输路径不稳定会引起声波飞渡时间测量波动，松散煤体在升温过程中的气体成分和湿度的变化也会引起声波飞渡时间的测量误差。此外，测试环境中的声波噪声信号也会对多功能声波仪识别出的声信号信噪比产生较大影响，为了提高声学法温度检测的准确性，在现场测温过程中应对影响声速测量精度的因素进行改善。

（2）换能器测量距离的误差

测量松散煤体中声波飞渡路径长度通常采用目测法确定换能器中心位置，并用米尺测量两个声波换能器之间的距离。受人眼视角、米尺测量等多种因素的影响，导致声程测量过程会产生一定的偏差。换能器距离测量误差在声波飞渡路径较短的情况下具有较大影响，所以在声波飞渡路径短的情况下，如需提高松散煤体温度场测量的精度，需要提高声波飞渡路径实测精度。

（3）换能器空间位置的误差

换能器在摆放安装过程中，要求两个换能器在同一平面高度的一条直线上，但是在实际布置过程中，容易产生偏差，导致两个声波换能器不在同一平面高度上，从而产生倾斜造成一定的误差，所以在布置换能器的过程中也应注意换能器摆放位置和水平高度的准确。

（4）重建误差

由于重建算法的特性，声时测量的微小误差造成反演过程出现较大误差。此外，逆问题求解通常是没有精确解的，只能寻找近似解，而这种近似解并不具备唯一性，因此即使在声波飞渡时间测量准确的情况下，声学法温度场重建过程中也会存在误差。逆问题的求解通常以正问题模型为基础，但正问题模型也难免会存在误差。虽然 SIRT 能在一定程度上减小由于声波飞渡时间测量误差所带来的重建误差，但实际反演出的松散煤体温度场重建结果与热电偶传感器测温结果对比发现，通过声学法温度场重建算法反演出的测温边缘区域仍存在较大的误差。这主要是因为穿越边缘测温区域的声波路径较少，因此在松散煤体现场实际测温过程中，可以通过增加声波换能器数量，并在声波传输路径少的区域采用接触式辅助测温的方法来改善声学法测温边缘区域温度场重建误差。

第七章　煤田高温异常区域声波-电磁前兆特征及规律

第一节　声-电信号现场测试

一、火区概况

新疆煤田资源非常丰富，但长期受到煤田火灾的困扰。第三次煤田火灾普查工作结果表明，新疆的煤田火灾数量已超过 50 处，并且每年都会有新的火区产生[149]。造成新疆煤田火灾多发的原因与煤田位置有很大关系，新疆煤田的成煤时期比较晚，煤层埋深比较浅，煤的自然发火期很短(有的自然发火期小于 30 d)，加上新疆气候干燥，夏季温度高，昼夜温差大，因此浅部及露头煤炭极易发生自燃。新疆煤田火灾的多发还与人为开采因素有关，煤田开采前，开采设计没有全面考虑发生火灾的潜在危险，在开采过程中挑肥拣瘦，造成煤田上覆岩层破坏引起漏风，开采技术的落后加之火灾防治意识的欠缺，造成了后期煤自燃，逐渐发展演化成煤田火灾。

新疆煤田火灾具有以下特点：煤田火灾发生的历史较长；火灾的分布范围比较广，并且燃烧的深度比较浅。有探测发现，煤田火灾大都发生在浅部煤层；煤田火灾燃烧面积比较大，并且火区表面温度比较高。

大泉湖火区位于天山北部、盆地南边、市区西郊、头屯河以东，隶属于西山煤田，行政区划属乌鲁木齐县管辖，是新疆典型的煤田火区之一。其地理坐标为：E87°25′29.71″～87°27′17.25″，N43°47′31.23″～43°47′57.15″，面积 2.5 km^2。火区总体地势呈北高南低，平均海拔 1 006 m，气候干旱，常年少雨，平均风速 2.8 m/s，年平均日照 2 775 h，年平均降水量 236 mm，降水适中，蒸发旺盛，平均无霜期 176 d 具有新疆煤田火区典型特征，选择该区作为测试现场非常具有代表性。

大泉湖火区燃烧煤层呈东西走向，倾角在 52°～62°之间，煤层厚度约为 7 m，长约 2.6 km，南北倾向，长约 125 m，火区的面积在 3.1×10^5 m^2左右，燃烧深度在 7～130 m。大泉湖火区地表温度较高，其中最高温度达到 121 ℃。使用热红外成像仪测试得到的地表温度如图 7-1 所示。

大泉湖煤田是明显的北倾单斜构造，地表比较缓，深部逐步变陡，该地区矿山出露的含煤地层为中侏罗统西山窑组，含煤约 5～16 层，3～15 层是可采煤层，煤层厚度 33.38～57.11 m，自燃倾向性较高的不黏煤占绝大部分比例，矿山的露头煤层极易自燃，西山窑组底部大槽煤尤为严重。现场通过环境监测，虽然未发现气体中存在有毒物质，但由于煤自燃造成地下水污染后被蒸发，残余部分赋存在烧空区，造成了巨大的环境危害和资源浪费。

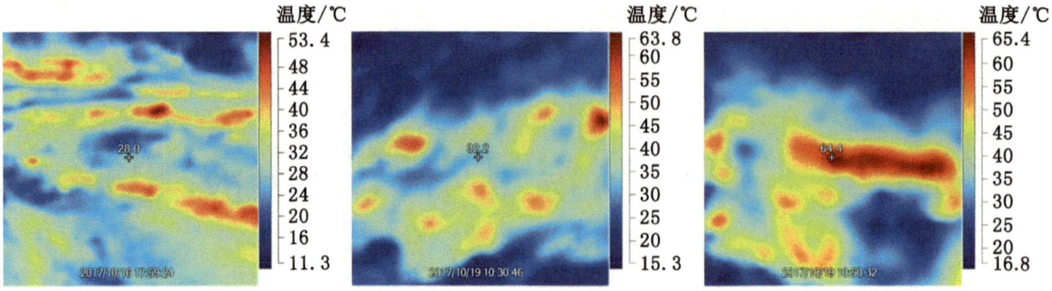

图 7-1　地表温度红外成像

二、测点布置及现场测试

（1）测试装备及仪器

为实现新疆大泉湖煤田高温异常区域的电磁-声发射信号现场测试，采用改进的声发射系统和电磁信号探测装置。

改进的声发射测试系统设计和配置是为了适应煤田火灾监测的特殊需求。该系统包括声发射测试主机、前置放大器、采集传感器和电脑等关键组件，它们通过声发射数据线相互连接，并最终接入电脑主机。连接方式为传感器连接波导杆，前置放大器、声发射主机和电脑依次相连，这样的连接方式确保了信号传输的准确性和稳定性，测试过程中的采样频率设定为 25 kHz。

电磁信号探测装置包括监测主机和电磁信号天线，电磁信号探测装置的监测主机主要由前置放大器、滤波器、模数转换器、中央处理器和显示通信端口组成。连接好设备后，采用 10 kHz、30 kHz 和 60 kHz 的定向磁棒天线，采样频率为 25 kHz，现场测试时，监测主机各通道分别与不同频率的天线连接。

（2）测试方案

在进行新疆大泉湖高温异常区域的电磁-声发射信号现场测试时，必须尽可能排除环境噪声的影响，在实验测试的过程中，为了最大限度地减少周边环境噪声的干扰，采取了以下措施：首先，选择了一个没有施工活动的测试区域，以确保现场不存在大型机械施工和其他环境噪声的干扰。其次，选择了一个岩体较为稳定的区域进行测试，以防止岩体垮塌和变动产生的环境噪声对声发射测试的干扰。最后，通过地表特征选择高温异常区域进行测试，以确保现场测试效果的明显性。选定的大泉湖火区测试区域为 100 m×20 m 的长方形区域，共布置 5 条测线，每条测线的间隔为 25 m，每条测线布置 3 个测点，每两个测点间隔 10 m，如图 7-2 所示（为方便分析，对测点进行简化命名，如第一条测线第一测点为 1-1）。

在现场测试中电磁信号事件的强度及声发射时间幅值动态变化曲线，如图 7-3 和图 7-4 所示。

由图 7-3 和图 7-4 可知，在现场同步测试得到的电磁-声发射信号均随时间呈现出波动性的变化，表明在煤自燃过程中会产生相应的电磁-声发射信号，且与温度的变化和破裂程度存在一定的关系，通过分析声发射计数、能量和电磁信号强度等参数的变化，可以更准确地判断煤田火灾的发展情况，为火灾的防治提供科学依据。

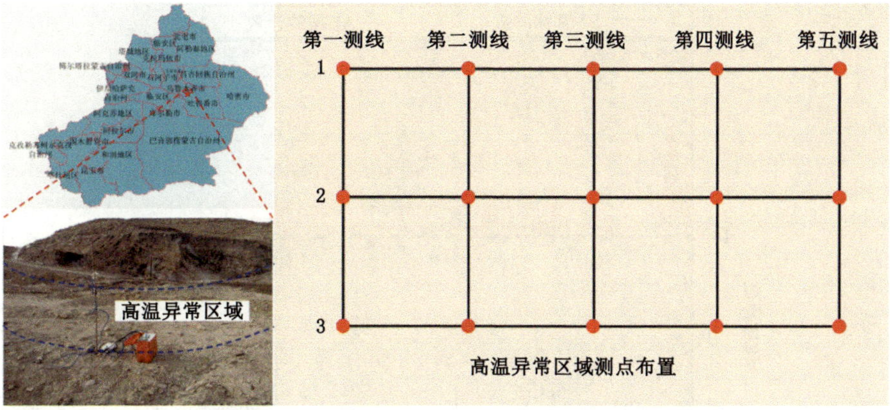

图 7-2 煤田火区测点布置图

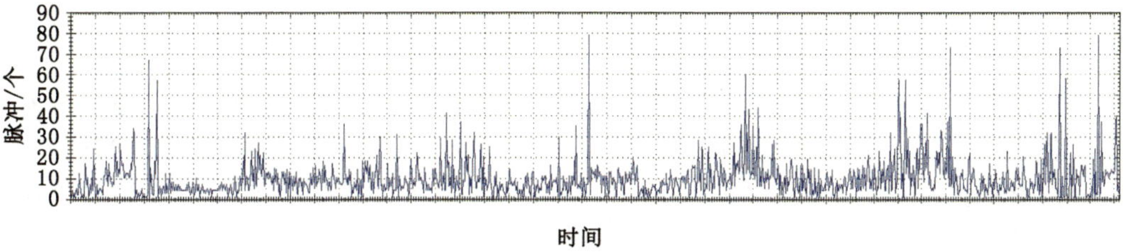

图 7-3 高温异常区域的电信号事件强度动态变化曲线图

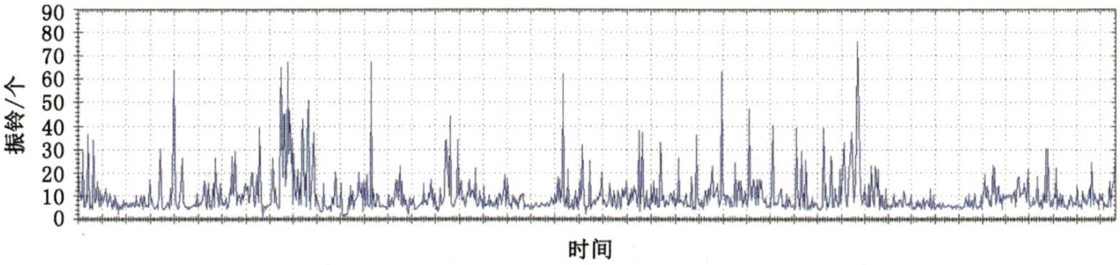

图 7-4 高温异常区域的声发射信号强度动态变化曲线图

第二节 声-电前兆信号时空及频域特征

一、声-电信号时序特征

基于新疆大泉湖煤田高温异常区域的现场测试数据，分析了在同步采集过程中不同测点高温异常区域的电磁-声发射信号的脉冲数和振铃计数的变化规律，并绘制了不同测点的电磁信号脉冲数和声发射振铃计数变化图，如图 7-5 所示。

由图 7-6 可知，高温异常区域在测试的过程中产生了大量的电磁-声发射信号，并且声发射信号的变化具有明显的阶段性特征，主要由热应力导致的煤体热破裂产生声发射信号，

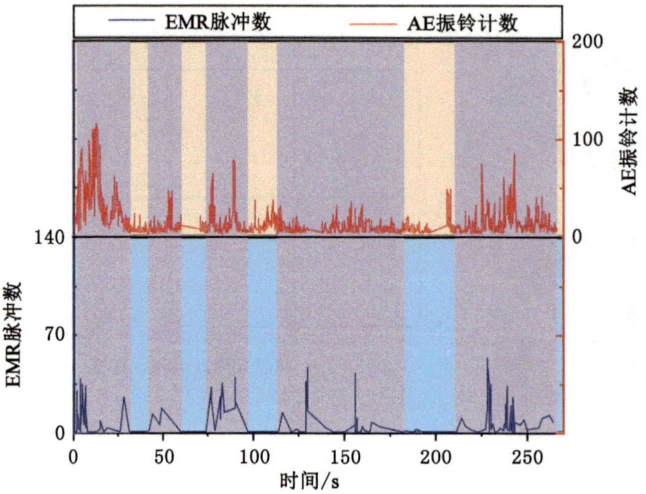

图 7-5　高温异常区域 1-2 测点电磁-声发射信号特征

因此声发射信号呈现间歇性的变化，测试过程持续 267 s，温度变化幅度较小，整体声发射信号没有明显的增大。通过对比声发射信号和电磁信号的变化过程表明，随着时间的推移，电磁信号和声发射信号均间歇性出现峰值，且峰值具有良好的对应性，但在每个峰值阶段形成时，电磁信号均稍晚于声发射信号，声发射信号的强度和数量远大于电磁信号。

为保证测试结果的准确性，对不同测线的测点进行了重复性分析，并绘制了 2-2 和 4-2 测点的电磁-声发射信号特征变化规律图，如图 7-6 和图 7-7 所示。

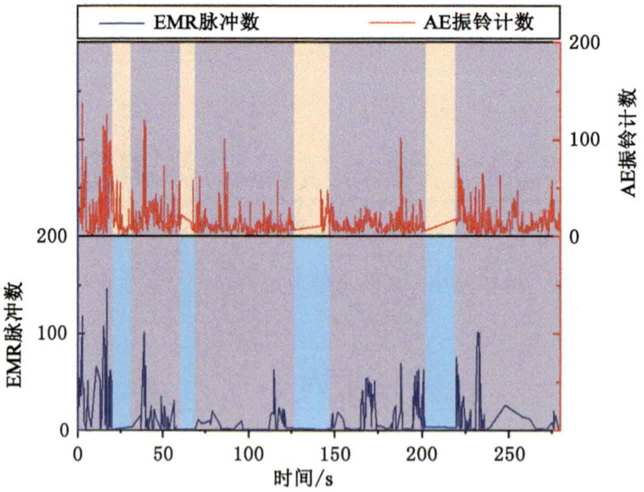

图 7-6　高温异常区域 2-2 测点电磁-声发射信号特征

由图 7-6 和图 7-7 可知，随着时间的推移，两个测点的电磁-声发射信号均表现出阶段性的变化特征，且间歇性产生的电磁-声发射信号具有较好的对应性，但声发射信号数量多于电磁信号。综上所述，在煤自燃过程中会产生明显的电磁-声发射信号，且电磁-声发射信号具有较好的对应性，但声发射信号较多，电磁信号较少。

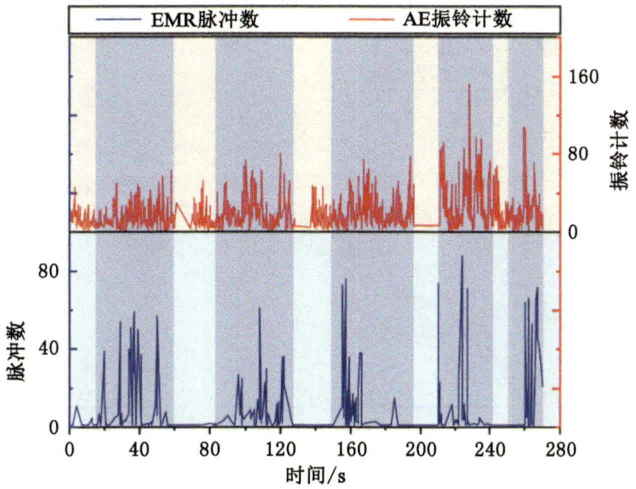

图 7-7 高温异常区域 4-2 测点电磁-声发射信号特征

结果表明，电磁信号和声发射信号在数量上具有一定的差距，为对比分析电磁-声发射信号的数量特征，对 1-2、4-2、5-2 三个测点的电磁-声发射信号的脉冲数和振铃计数进行统计分析，并绘制了不同测点的电磁-声发射信号累计数量随时间变化的趋势图，如图 7-8 所示。

如图 7-8 所示，在相同采集时间内两种信号的累计数量具有较大的差异，且电磁信号的阶段性变化相比于声发射信号更为明显。通过对比分析图 7-8(a)和图 7-8(b)的数值(信号总数)表明，电磁信号和声发射信号的总数相差较大，1-2、4-2、5-2 三个测点的电磁信号分别是声发射信号的 7.68%、16.25%、16.57%，在煤自燃过程中电磁信号和声发射信号的数值差异较大，因此表明两类信号并不是一一对应的，但在总体上却是具有同步变化特征。

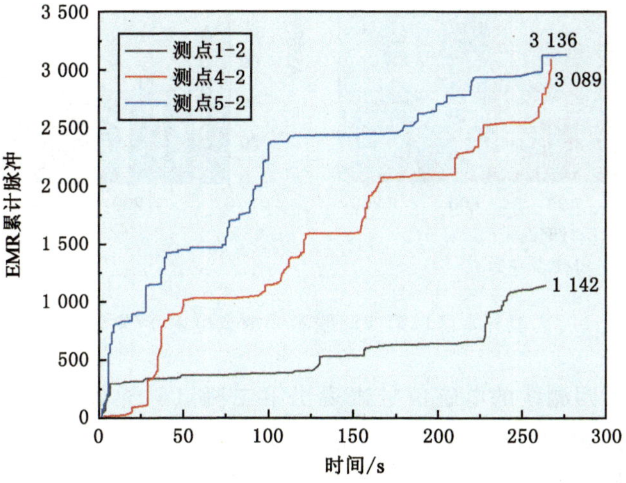

(a) EMR累计脉冲

图 7-8 高温异常区域不同测点电磁-声发射信号统计特征

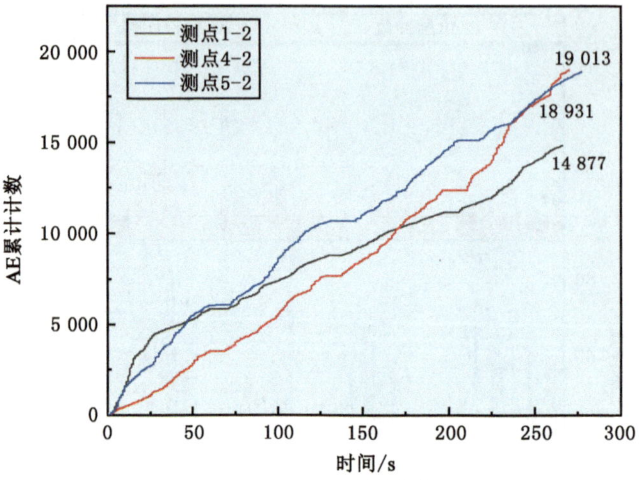

(b) AE累计计数

图 7-8 (续)

二、声-电信号空间特征

声-电信号时序特征分析结果表明,在煤自燃过程中电磁-声发射信号在时间上具有明显的同步变化特征。为进一步分析煤自燃过程中电磁-声发射信号相关性,分别对同一测线不同测点和不同测线同一测点的电磁信号脉冲数和声发射信号振铃计数进行分析,并绘制了高温异常区域不同测点的电磁-声发射信号特征图,如图 7-9 所示。

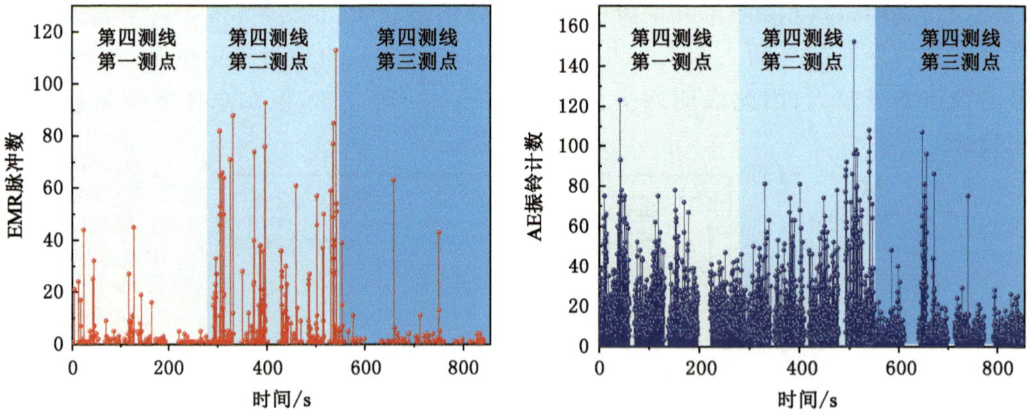

(a) EMR脉冲数 (b) AE振铃计数

图 7-9 高温异常区域第四测线不同测点电磁-声发射信号特征

由图 7-9 可知,第四测线的电磁信号表现出第二测点脉冲数大于第一测点脉冲数和第三测点脉冲数的规律,由此表明,在高温异常区域的竖直方向(图 7-2)上具有中间温度高、两侧温度低的分布特征,同时对比图 7-9(b)中的声发射信号振铃计数特征也表明,中间温度高、两侧温度低的分布特征,因此表明在煤自燃过程中的电磁-声发射信号强弱具有明显的一致性,能够有效反映高温异常区域的温度变化特征。

针对不同测线同一测点的电磁-声发射信号特征进行分析，绘制高温异常区域不同测线第二测点电磁-声发射信号特征，如图 7-10 所示。

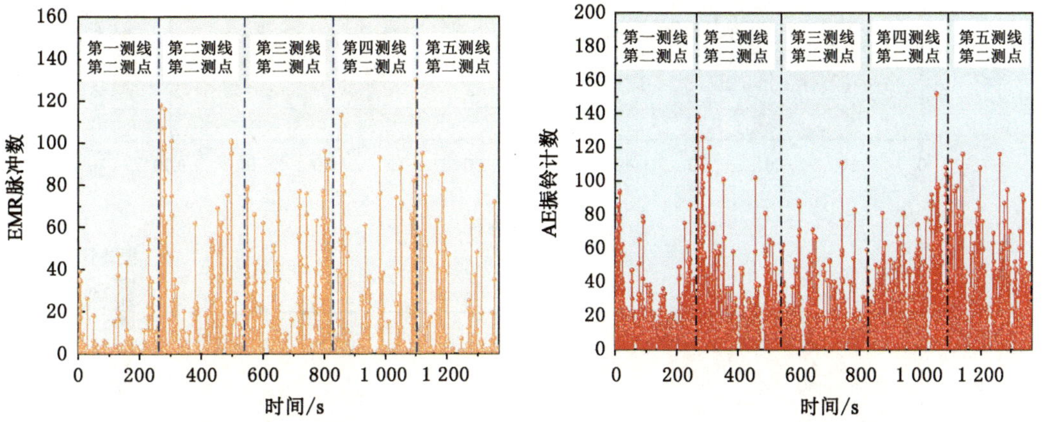

(a) EMR脉冲数　　(b) AE振铃计数

图 7-10　高温异常区域不同测线第二测点电磁-声发射信号特征

图 7-10 表示了高温异常区域不同测线第二测点的电磁信号和声发射信号在横向上(图 7-2)的分布特征，通过对比分析表明，在横向分布上的 5 个测点表现出相同的电磁-声发射信号分布特征，第二测线和第四测线的电磁信号和声发射信号数量较大，其余 3 个分布数量较小。

综上所述，高温异常区域的电磁-声发射信号在时-空分布上具有较强的相关性，声发射信号较大时，电磁信号也较大，反之亦然。基于此，为确定电磁-声发射信号与温度的对应性，采用克里金插值法对高温异常区域测试得到的 5 条测线的 15 个测点的电磁-声发射信号数据进行函数计算，绘制高温异常区域的电磁-声发射信号空间分布图，并与钻孔的温度进行对比分析，绘制高温异常区域的电磁-声发射信号空间分布特征及温度特征，如图 7-11 所示。

如图 7-11 所示，通过电磁信号和声发射信号进行函数计算和克里金插值法得到的高温异常区域的电磁-声发射信号的等值线分布图，图中颜色的变化代表了脉冲数、振铃计数和温度的大小变化，黄色越深，数值越大。图 7-11 中，电磁信号和声发射均显示具有两个颜色较深的区域，表明这两个位置的脉冲数和振铃计数较大，同时与钻孔得到的温度反演图中该位置的温度较高相对应，表明电磁信号脉冲数和声发射振铃计数的变化与温度具有一致性，能够有效反映该高温异常区域的温度变化情况。

三、声-电信号频域特征

通过声-电信号空间特征的分析表明，电磁-声发射信号特征具有较强的一致性，且能够有效反映高温异常区域温度的变化规律，实现煤田火区的温度监测。为进一步保证电磁-声发射信号监测预警的准确性，通过 MATLAB 软件对煤田高温异常区域产生的电磁-声发射信号进行小波包变换和傅立叶变换，从而研究煤田高温异常区域的电磁-声发射信号的频域特征。

实际情况中，信号在传输和采集的过程中会受到外界环境和采集系统的影响，导致在信

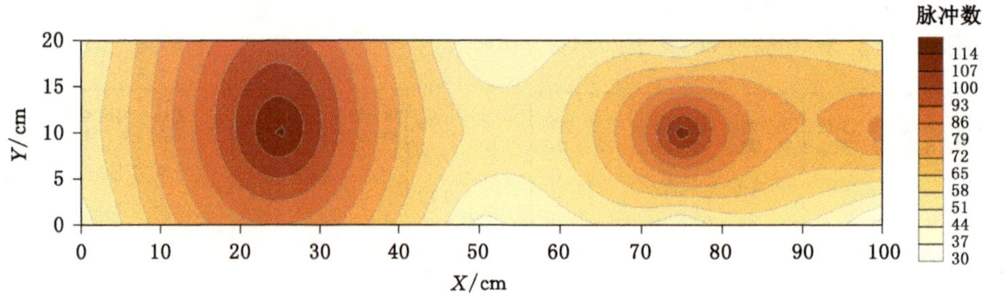

(a) 电磁信号分布

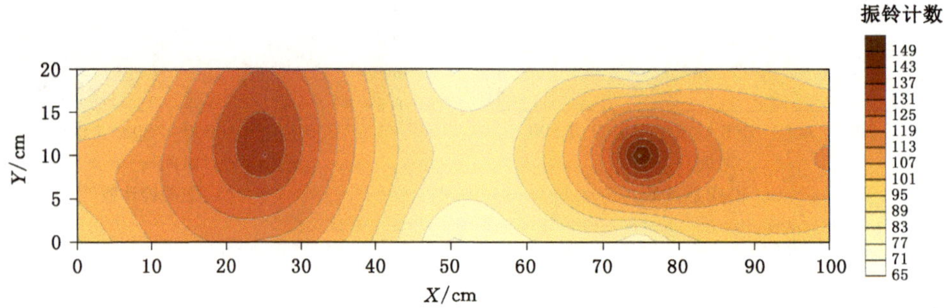

(b) 声发射信号分布

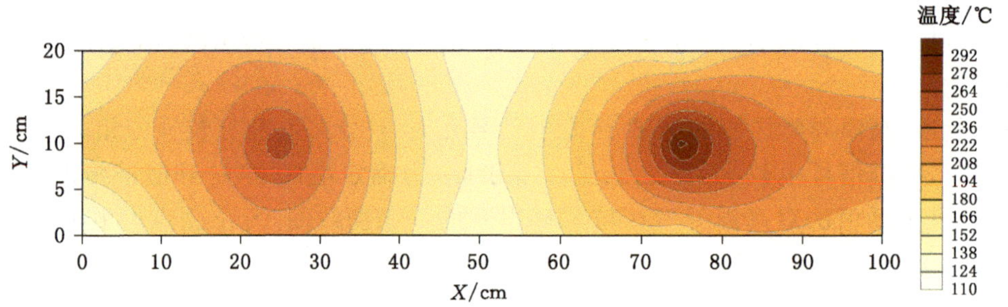

(c) 温度分布

图 7-11　高温异常区域的电磁-声发射信号与温度等值线分布图

号采集的过程中伴有一定程度的环境噪声，使得某些特定的电磁-声发射信号无法有效拾取，基于此，需要对采集到的电磁-声发射信号进行降噪处理，而小波包变换的多分辨率分析能实现突变信号和非平稳信号的降噪，从而提高数据的准确性和合理性[150]。

从信号学角度看，小波降噪能够对信号进行滤波处理，并在降噪后能够有效保留信号特征。首先通过 MATLAB 软件进行计算后，进一步对含有数据信息的小波信号进行分解，由于噪声的小波系数小于采集信号的小波系数，从而保留大于设置阈值的信号，实现了信号的降噪处理。因此，小波包变换降噪的原理是信号的特征提取和低通滤波的综合应用(图 7-12)，具体流程如下：

一维含噪信号模型可表示为[151]：

$$S(k)=f(k)+\beta\times e(k),k=0,\cdots,n-1 \tag{7-1}$$

式中　$S(k)$——含噪信号；

$f(k)$——真实信号；

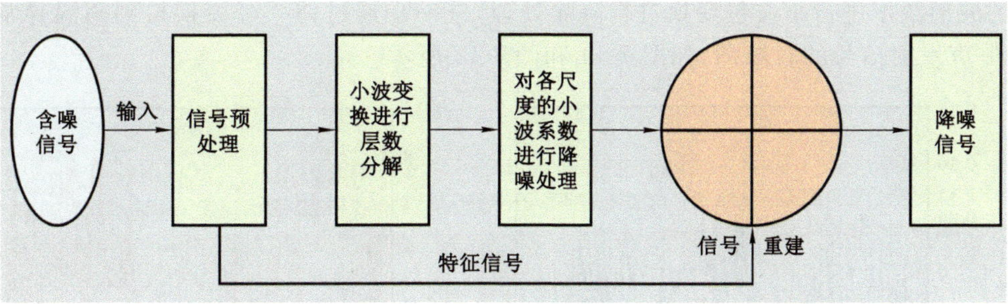

图 7-12　小波包变换降噪原理图

$e(k)$——噪声信号；

β——噪声强度；

k——数据点的数量。

一维含噪信号的小波阈值降噪过程可分为以下四个步骤：① 确定小波基函数和信号的分解层数；② 对含噪信号进行小波层分解；③ 进行阈值量化处理并实现一维小波重构；④ 实现降噪效果评价。

基于小波包变换对不同测点的信号进行降噪处理，其中测点 2-2 的电磁-声发射信号降噪效果如图 7-13 所示。

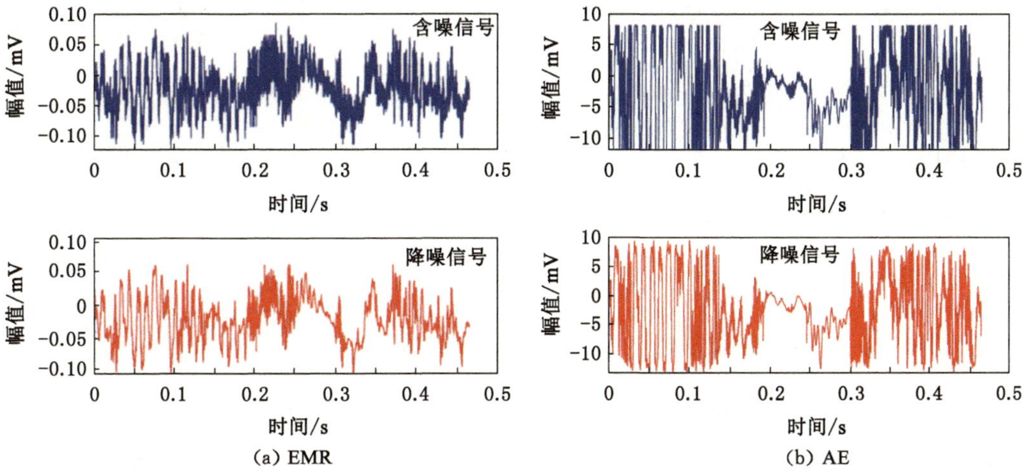

图 7-13　2-2 测点电磁-声发射信号降噪效果图

傅立叶变换广泛应用于表述及分析离散时域信号领域，主要原理如下式：

$$F(\omega)=\int_{-\infty}^{\infty}f(t)\mathrm{e}^{-\mathrm{i}\omega x}\mathrm{d}x \tag{7-2}$$

式中　$F(\omega)$——傅立叶变换后得到的频域；

t——时间，s；

$f(t)$——信号波形关于时间的函数；

ω——声波频率，Hz。

由于数据量较大，因此分别选取 2-2 测点和 3-2 测点在 0.48 s 和 0.55 s 时电磁-声发射信号的波形数据进行小波包变换进行降噪处理，进一步通过傅立叶变换得到高温异常区域的电磁-声发射信号的时域图，如图 7-14 和图 7-15 所示。

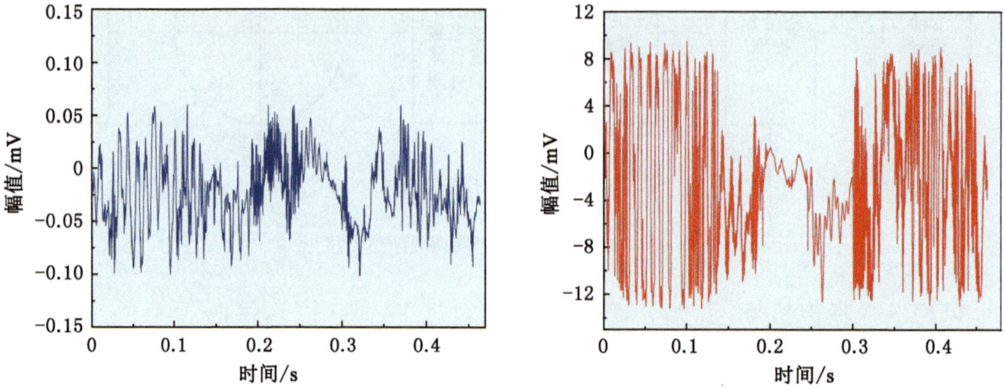

(a) EMR　　(b) AE

图 7-14　2-2 测点电磁-声发射信号时域图

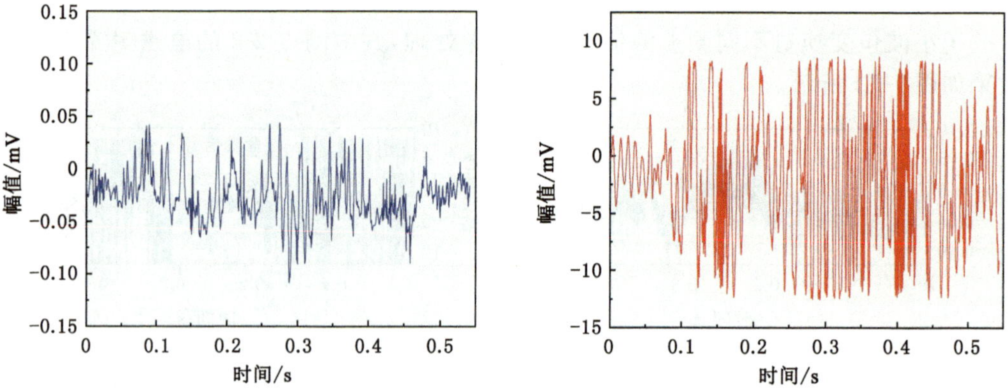

(a) EMR　　(b) AE

图 7-15　3-2 测点电磁-声发射信号时域图

如图 7-14 和图 7-15 所示，随着时间的推移，电磁信号和声发射信号均出现不同程度的峰值，虽然声发射的峰值和信号数量明显多于电磁信号，但峰值整体上具有较好的对应性，这与前部分研究的脉冲数和振铃计数相一致。

电磁信号和声发射信号均由煤岩体同一破裂源产生，电磁-声发射信号的频谱特征与裂纹的萌生、扩展和贯通有密切关系。基于此，在研究电磁-声发射信号时域特征研究的基础上，选取相同时长的电磁-声发射信号波形数据通过小波包变换和傅立叶变换计算得到了高温异常区域的电磁-声发射信号频谱，并绘制电磁-声发射信号频谱图，如图 7-16 和图 7-17 所示。

如图 7-16 所示，高温异常区域电磁信号的频谱图，不同测点的电磁信号事件具有不同的频谱特征，但整体上的频率范围集中在 0.06～1.20 kHz 频段，在其他频率范围内的电磁信号占比较小。

如图 7-17 所示，高温异常区域不同测点的声发射信号也具有不同的频谱特征，优势频

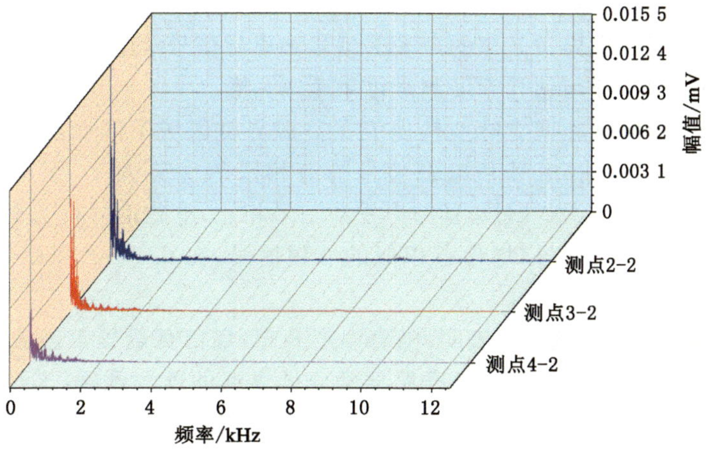

图 7-16　高温异常区域的电磁信号频谱图

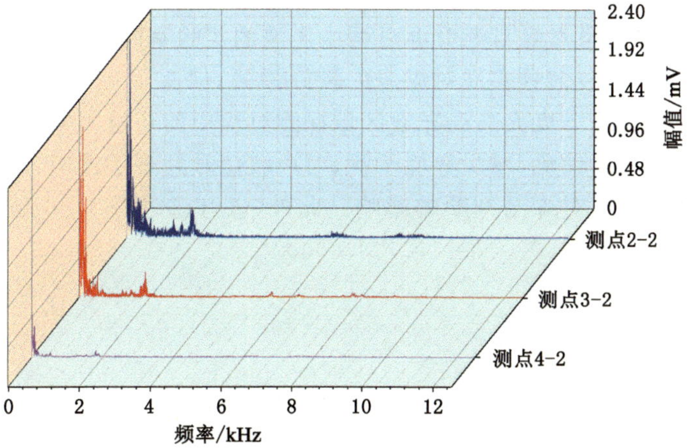

图 7-17　高温异常区域的声发射信号频谱图

带主要集中于 0.1～2.0 kHz 频段，与电磁信号频谱相比，声发射信号的优势频带比电磁信号的频带宽，电磁信号的优势频带较小且较窄，在 0.1～2.0 kHz 频段，电磁信号和声发射信号具有较好的一致性。综上所述，在煤自燃过程中电磁信号和声发射信号主要是由于温度变化导致的热破裂产生的，且无论是电磁信号还是声发射信号，同一破裂源产生的电磁-声发射信号具有较好的一致性，均含有相似的低频信号。

第三节　声-电前兆信号及规律综合分析

本章节基于在新疆大泉湖煤田火区进行的煤自燃高温异常区域现场测试，研究了高温异常区域的电磁-声发射信号时序特征和统计特征。测试结果表明，高温异常区域随时间的推移均阵发性地产生声发射-电磁信号，且声发射-电磁信号具有良好的对应性。分析了高温异常区域在不同测线方向上的空间特征。高温异常区域的声发射信号和电磁信号在 2-2

和 4-2 两个测点处的信号较其余测点更强，两种信号在空间上的变化表现出一致性，并基于克里金插值法绘制了高温异常区域的声发射信号和电磁信号等值线图，声-电信号表明高温异常区域温度的演化特征与钻孔温度测试结果基本一致。

基于小波包变换降噪和傅立叶变换研究了高温异常区域不同测点的声-电信号频谱特征，发现不同测点的声发射信号和电磁信号具有相同的优势频率，频率范围分别集中在 0.1～2.0 kHz 和 0.06～1.20 kHz，且与声发射信号相比，电磁信号优势频带较小且窄。无论是电磁信号还是声发射信号，均含有相似的低频信号，在 0.1～1.2 kHz 频段，电磁信号和声发射信号具有较好的一致性。

通过测点声-电信号测试结果表明，随着温度升高，煤田高温异常区域的声-电信号变化明显，这说明能够利用声-电信号进行高温异常区域煤温的预测预判，实现煤田高温异常区域的温度变化监测。进而对煤田高温异常区域的联合监测探测预警提供一定的理论支持，为精确判定高温异常区域提供依据。

但由于现场煤田高温异常区域与实验室的热源条件不同，地下煤火发生发展导致的温度分布不均，且受环境变化、采动影响、机械噪声等多种外界因素影响，致使测试结果与实验室结论存在一定的差异。虽然煤自燃升温过程中声波的实验室测试结果和煤田火区现场测试结果均表明能够利用声波信号实现对煤温的较好预测，但实际上煤升温及燃烧过程中声波信号易受环境干扰，而地下煤火高温异常区域探测过程中的环境因素等更加复杂，在后续的研究中，应从测量方案的优化、减少环境干扰、对声波信号处理手段等方面进行改进，以减少声波受阻碍和干扰，防止对煤温判断的影响。此外，煤升温过程中声-温定量关系还需进一步研究揭示。

参考文献

[1] Energy Institute. 2024 statistical review of world energy[EB/OL]. [2024-06-20]. https://www.energyinst.org/statistical-review.

[2] 国家统计局. 中华人民共和国 2023 年国民经济和社会发展统计公报[EB/OL]. (2024-02-29)[2024-06-15]. https://www.stats.gov.cn/sj/zxfb/202402/t20240228_1947915.html.

[3] 国家统计局. 2012—2023 年 12 月份能源生产情况[EB/OL]. (2024-01-17)[2024-06-15]. https://www.gov.cn/lianbo/bumen/202401/content_6926507.htm.

[4] LAN H, QI Q X, PAN J F, et al. Analysis on features as well as prevention and control technology of mine strata pressure bumping in China[J]. Coal science and technology, 2011, 39(1): 11-15.

[5] HE M C, GUO P Y. Deep rock mass thermodynamic effect and temperature control measures[J]. Chinese journal of rock mechanics and engineering, 2013, 32(12): 2377-2393.

[6] 梁运涛，罗海珠. 中国煤矿火灾防治技术现状与趋势[J]. 煤炭学报，2008，33(2)：126-130.

[7] KUENZER C, STRACHER G B. Geomorphology of coal seam fires [J]. Geomorphology, 2012, 138(1): 209-222.

[8] WANG D M. Mine ventilation and safety[M]. Xuzhou: China University of Mining and Technology Press, 2007.

[9] 邓军，肖旸，张辛亥，等. 煤火灾害防治技术的研究与应用[J]. 煤矿安全，2012，43(增刊1)：58-61.

[10] 张建民，等. 中国地下煤火研究与治理[M]. 北京：煤炭工业出版社，2008.

[11] 邓军，李贝，王凯，等. 我国煤火灾害防治技术研究现状及展望[J]. 煤炭科学技术，2016，44(10)：1-7，101.

[12] YUAN L M, SMITH A C. CFD modeling of spontaneous heating in a large-scale coal chamber[J]. Journal of loss prevention in the process industries, 2009, 22(4): 426-433.

[13] SONG Z Y, ZHU H Q, JIA G W, et al. Comprehensive evaluation on self-ignition risks of coal stockpiles using fuzzy AHP approaches[J]. Journal of loss prevention in the process industries, 2014, 32: 78-94.

[14] QUEROL X, ZHUANG X, FONT O, et al. Influence of soil cover on reducing the environmental impact of spontaneous coal combustion in coal waste gobs: a review and new experimental data[J]. International journal of coal geology, 2011, 85(1):

2-22.

[15] 贾宝山,章庆丰,孙福玉.煤矸石山自燃防治措施[J].辽宁工程技术大学学报(自然科学版),2003,22(4):512-513.

[16] 刘增全.采空区煤自燃机理研究分析及应用[J].山西化工,2017,37(5):123-125.

[17] 邓军,徐精彩,陈晓坤.煤自燃机理及预测理论研究进展[J].辽宁工程技术大学学报,2003,22(4):455-459.

[18] 王省身,张国枢.中国煤矿火灾防治技术的现状与发展[J].火灾科学,1994,3(2):1-6.

[19] 李增华.煤炭自燃的自由基反应机理[J].中国矿业大学学报,1996,25(3):111-114.

[20] LOPEZ D,SANADA Y,MONDRAGON F. Effect of low-temperature oxidation of coal on hydrogen-transfer capability[J]. Fuel,1998,77(14):1623-1628.

[21] WANG H,DLUGOGORSKI B Z,KENNEDY E M. Theoretical analysis of reaction regimes in low-temperature oxidation of coal[J]. Fuel,1999,78(9):1073-1081.

[22] 徐精彩.煤自燃危险区域判定理论[M].北京:煤炭工业出版社,2001.

[23] 陆伟,胡千庭,仲晓星,等.煤自燃逐步自活化反应理论[J].中国矿业大学学报,2007,36(1):111-115.

[24] 谭波,牛会永,和超楠,等.回采情况下采空区煤自燃温度场理论与数值分析[J].中南大学学报(自然科学版),2013,44(1):381-387.

[25] 邓军,文虎,张辛亥,等.煤田火灾防治理论与技术[M].徐州:中国矿业大学出版社,2014.

[26] 易欣,胡震,王伟峰,等.煤自然发火智能监测与早期预警关键技术[J].煤矿安全,2022,53(9):31-37.

[27] 郭军,蔡国斌,金彦,等.煤自燃火灾防治技术研究进展及趋势[J].煤矿安全,2020,51(11):180-184.

[28] 秦波涛,仲晓星,王德明,等.煤自燃过程特性及防治技术研究进展[J].煤炭科学技术,2021,49(1):66-99.

[29] 王德明.矿井火灾学[M].徐州:中国矿业大学出版社,2008.

[30] 瓦斯通风防灭火安全研究所.火灾防治的50年耕耘[J].煤矿安全,2003,34(增刊1):23-27.

[31] 程卫民,陈平,崔洪义,等.矿井煤炭自燃高温火源点区域的探测实践[J].煤炭科学技术,1999,27(11):4-7.

[32] 王省身,张国枢.中国煤矿火灾防治技术的现状与发展[J].火灾科学,1994,3(2):1-6.

[33] 王振平,程卫民,辛嵩,等.煤巷近距离自燃火源位置的红外探测与反演[J].煤炭学报,2003,28(6):603-607.

[34] 田裕鹏.红外检测与诊断技术[M].北京:化学工业出版社,2006.

[35] 李治纬,李福存,王凯,等.采空区分布式光纤测温系统在王楼煤矿中的应用[J].煤炭技术,2020,39(12):156-158.

[36] 单亚锋,马艳娟,付华,等.分布式光纤测温系统在煤矿火灾监测中的应用[J].传感技术学报,2014,27(5):704-708.

[37] 朱令起,周心权,谢建国,等.自然发火标志气体实验分析及优化选择[J].采矿与安全

工程学报,2008,25(4):440-443.
[38] DENG J,LEI CK,XIAO Y,et al. Determination and prediction on “three zones” of coal spontaneous combustion in a gob of fully mechanized caving face[J]. Fuel,2018,211:458-470.
[39] ADAMUS A,ŠANCER J,GUŘANOVÁ P,et al. An investigation of the factors associated with interpretation of mine atmosphere for spontaneous combustion in coal mines[J]. Fuel processing technology,2011,92(3):663-670.
[40] 陈汝豪,王德明,曹凯. 煤炭低温氧化自燃过程指标气体影响因素关联分析[J]. 矿业工程研究,2012,27(1):32-38.
[41] 陆伟. 煤自燃过程气态产物产生机理[J]. 湖南科技大学学报(自然科学版),2009,24(2):10-14.
[42] 马汉鹏,陆伟,王宝德. 煤自燃过程指标气体产生规律的系统研究[J]. 矿业安全与环保,2007,34(6):4-6,9,95.
[43] 费金彪,文虎,金永飞. 测氡法在浅埋煤层火区探测中的应用[J]. 西安科技大学学报,2018,38(1):26-30.
[44] 崔洪义,王振平,王洪权. 煤层自然发火早期预报技术与应用[J]. 煤矿安全,2001,32(12):16-18.
[45] 刘洪福,白春明,舒祥泽,等. 用测氡技术探测煤矿地下火区的研究[J]. 煤炭学报,1997,22(4):402-405.
[46] 文虎. 矿井煤自燃灾害“时空-分级-适配”监测预警与应急防控[J]. 西安科技大学学报,2020,40(6):932.
[47] GUO Q,REN W X,LU W. A method for predicting coal temperature using CO with GA-SVR model for early warning of the spontaneous combustion of coal[J]. Combustion science and technology,2022,194(3):523-538.
[48] 赵晓虎,孙鹏帅,杨春,等. 应用于煤自燃指标气体体积分数在线监测系统[J]. 煤炭学报,2021,46(增刊1):319-327.
[49] 邓军,肖旸,陈晓坤,等. 矿井火灾多源信息融合预警方法的研究[J]. 采矿与安全工程学报,2011,28(4):638-643.
[50] SHAO Z L,JIA X Y,ZHONG X X,et al. Detection,extinguishing,and monitoring of a coal fire in Xinjiang,China[J]. Environmental science and pollution research international,2018,25(26):26603-26616.
[51] KONG B,LI Z H,YANG Y L,et al. A review on the mechanism,risk evaluation,and prevention of coal spontaneous combustion in China[J]. Environmental science and pollution research international,2017,24(30):23453-23470.
[52] WU J J,LIU X C. Risk assessment of underground coal fire development at regional scale[J]. International journal of coal geology,2011,86(1):87-94.
[53] 王海燕,冯超,檀学宇,等. 复杂火区条件下煤火圈划和火源位置探测方法及应用[J]. 中国安全生产科学技术,2013,9(7):95-99.
[54] 汪桂. 高精度磁法在煤田火烧区圈定中的应用[J]. 内蒙古经济,2017,8(3):152-154.

[55] 张秀山. 磁法探测煤层自燃火区[J]. 煤田地质与勘探,1980,8(6):43-48.
[56] ZHANG B F,XIAO F,JIN W B. Burnt coal field detection via magnetic exploration [J]. Environmental earth sciences,2023,82(7):160.
[57] HAN D D,NIU G C,ZHU H Q,et al. Exploration and frontier of coal spontaneous combustion fire prevention materials[J]. Processes,2024,12(6):1155.
[58] KARAOULIS M,REVIL A,MAO D. Localization of a coal seam fire using combined self-potential and resistivity data[J]. International journal of coal geology,2014,128:109-118.
[59] 陈龙. 煤田火灾自然电位异常反演解释方法及应用[D]. 徐州:中国矿业大学,2019.
[60] 卢放,胡文广,罗旋. 太行山北段炭灰铺煤火的地球物理特征[J]. 煤炭技术,2020,39(2):49-50.
[61] 邓强,刘锋,王刚. 煤田火区探测技术研究及应用[J]. 采矿技术,2022,22(1):95-98.
[62] 李悦达. 浸水加温及受载条件下煤样电阻率变化特征研究[D]. 廊坊:华北科技学院,2022.
[63] KING A. Cindered coal detection using transientelectromagnetic methods [J]. Geoexploration,1987,24(4/5):367-379.
[64] SHAO Z L,WANG D M,WANG Y M,et al. Theory and application of magnetic and self-potential methods in the detection of the Heshituoluogai coal fire, China[J]. Journal of applied geophysics,2014,104:64-74.
[65] MÖRBE W,YOGESHWAR P,TEZKAN B,et al. Deep exploration using long-offset transient electromagnetics:interpretation of field data in time and frequency domain [J]. Geophysical prospecting,2020,68(6):1980-1998.
[66] NABIGHIAN M N. Quasi-static transient response of a conducting permeable two-layer sphere in a dipolar field[J]. Geophysics,1971,36(1):25-37.
[67] 蔡忠勇. 高分辨和瞬变电磁法在煤田火区环境地质灾害治理中的应用[J]. 中国矿业,2008,17(9):96-98,102.
[68] 朱红青,杨成轶,秦晓峰,等. 基于瞬变电磁法的整合矿井火区分布探测方法[J]. 科技导报,2014,32(25):15-19.
[69] 孙晓磊. 煤升温过程中声波运动学特征及感温机制研究[D]. 青岛:山东科技大学,2023.
[70] HUANG L L,LIU X J,YAN S,et al. Experimental study on the acoustic propagation and anisotropy of coal rocks[J]. Petroleum,2022,8(1):31-38.
[71] 于师建. 矿山岩体探测技术[M]. 北京:地震出版社,2004.
[72] 杨磊. 不同冲击倾向性煤体声发射能量特征与时空演化规律研究[J]. 采矿与安全工程学报,2020,37(3):525-532.
[73] ZUO J P,XIE H P,ZHOU H W,et al. SEM in situ investigation on thermal cracking behaviour of Pingdingshan sandstone at elevated temperatures [J]. Geophysical journal international,2010,181(2):593-603.
[74] HE M C,MIAO J L,FENG J L. Rock burst process of limestone and its acoustic

emission characteristics under true-triaxial unloading conditions[J]. International journal of rock mechanics and mining sciences,2010,47(2):286-298.

[75] 李世愚,唐林波,刘建新,等. 地震前低频事件的实验研究[J]. 地震地磁观测与研究,2002,23(4):1-7.

[76] 魏建平,梁松杰,王云刚,等. 次声波监测煤岩动力灾害的可行性研究[J]. 地球物理学进展,2016,31(2):814-820.

[77] CHMEL A,SHCHERBAKOV I. Microcracking in impact-damaged granites heated up to 600 ℃[J]. Journal of geophysics and engineering,2015,12(3):485-491.

[78] KLEPPE J A. Engineering applications of acoustics[M]. Norwood,MA:Artech House Publishers,1989.

[79] BROWN D A. Hot topics in engineering acoustics[J]. The journal of the Acoustical Society of America,2008,124(4_Supplement):2526.

[80] KAHRS M,BRANDENBURG K. Applications of digital signal processing to audio and acoustics[M]. Berlin:Springer Science & Business Media,1998.

[81] YOUNG K J, IRELAND S N, MELENDEZ-CERVATES M C, et al. On the systematic error associated with the measurement of temperature using acoustic pyrometry in combustion products of unknown mixture[J]. Measurement science and technology,1998,9(1):1-5.

[82] LU J,WAKAI K,TAKAHASHI S,et al. Acoustic computer tomographic pyrometry for two-dimensional measurement of gases taking into account the effect of refraction of sound wave paths[J]. Measurement science and technology,2000,11(6):692-697.

[83] BARTH M,RAABE A. Acoustic tomographic imaging of temperature and flow fields in air[J]. Measurement science and technology,2011,22(3):035102.

[84] ŁUKASZ Ś,WOJDAN K,KONRAD Ś,et al. Optimization of combustion process in coal-fired power plant with utilization of acoustic system for in-furnace temperature measurement[J]. Applied thermal engineering,2017,123:711-720.

[85] 张瑞. 基于紧支径向基函数的二维温度场重建算法研究[D]. 重庆:重庆大学,2018.

[86] 冯鸣. 声学高温计:锅炉诊断的新工具[J]. 发电设备,1990,4(4):33-36.

[87] 邵富群,吴建云. 声学法复杂温度场的重组测量[J]. 控制与决策,1999,14(2):120-124.

[88] 黄庆康. 声学炉内温度场实时监测系统[J]. 电站系统工程,2000,16(4):221-223.

[89] 田丰,邵富群,王福利,等. 基于弯曲路径的复杂温度场重建算法仿真研究[J]. 系统仿真学报,2003,15(5):621-623.

[90] ZHOU X Z, DONG C L, ZHAO C P, et al. Temperature-field reconstruction algorithm based on reflected sigmoidal radial basis function and QR decomposition[J]. Applied thermal engineering,2020,171:114987.

[91] KONG Q,JIANG G S,LIU Y C,et al. 3D high-quality temperature-field reconstruction method in furnace based on acoustic tomography[J]. Applied thermal engineering,2020,179:115693.

[92] YU T, CAI W W. Simultaneous reconstruction of temperature and velocity fields using nonlinear acoustic tomography[J]. Applied physics letters,2019,115(10):104104.
[93] 刘厦. 声学层析成像温度分布重建研究[D]. 北京:华北电力大学,2018.
[94] 田昌. 基于超声法测量气固两相流颗粒相浓度研究[D]. 上海:上海理工大学,2013.
[95] 巴晶,CARCIONE J M,曹宏,等. 非饱和岩石中的纵波频散与衰减:双重孔隙介质波传播方程[J]. 地球物理学报,2012,55(1):219-231.
[96] BIOT M A. Theory of propagation of elastic waves in a fluid-saturated porous solid. II. higher frequency range[J]. The journal of the Acoustical Society of America, 1956,28(2):179-191.
[97] BIOT M A. Mechanics of deformation and acoustic propagation in porous media[J]. Journal of applied physics,1962,33(4):1482-1498.
[98] XUS Q,ZHOU Z J,YU G S,et al. Effects of pyrolysis on the pore structure of four Chinese coals[J]. Energy & fuels,2010,24(2):1114-1123.
[99] HU S,LI M,XIANG J,et al. Fractal characteristic of three Chinese coals[J]. Fuel, 2004,83(10):1307-1313.
[100] PFEIFER P,WUY J,COLE M W,et al. Multilayer adsorption on a fractally rough surface[J]. Physical review letters,1989,62(17):1997-2000.
[101] FENG Z J, ZHAO Y S. The process of pyrolysis and fracture of coal: micro-CT microscopic characteristics of pore fracture evolution[J]. Journal of coal,2015,40 (1):103-108.
[102] 杨锴. 热损伤作用对煤结构及其自燃氧化特性影响的研究[D]. 徐州:中国矿业大学,2021.
[103] 孔彪,钟建辉,陆伟,等. 煤升温过程中声发射信号变化及产生机制研究[J]. 煤炭科学技术,2023,51(增刊 2):84-91.
[104] 唐巨鹏,郝娜,潘一山,等. 基于声发射能量分析的煤与瓦斯突出前兆特征试验研究[J]. 岩石力学与工程学报,2021,40(1):31-42.
[105] 娄全,何学秋,宋大钊,等. 基于全波形的煤样单轴压缩破坏声电时频特征[J]. 工程科学学报,2019,41(7):874-881.
[106] 孙强,王少飞,葛振龙,等. 基于热声发射技术的陕北火烧岩烧变温度识别[J]. 煤田地质与勘探,2022,50(5):82-88.
[107] 李漾,刘洋,丁翠,等. 不同层理煤破坏过程声发射 RA-AF 特征研究[J]. 煤矿安全,2022,53(1):37-43.
[108] GUTENBERG B,RICHTER C F. Frequency of earthquakes in California[J]. The Bulletin of the Seismological Society of America,1944,34(4):185-188.
[109] COX S J D,MEREDITH P G. Microcrack formation and material softening in rock measured by monitoring acoustic emissions [J]. International journal of rock mechanics and mining sciences & geomechanics abstracts,1993,30(1):11-24.
[110] 葛振龙. 高温后岩石声发射 b 值特征研究[D]. 徐州:中国矿业大学,2019.
[111] SPADA M,TORMANN T,WIEMER S,et al. Generic dependence of the frequency-

size distribution of earthquakes on depth and its relation to the strength profile of the crust[J]. Geophysical research letters,2013,40(4):709-714.

[112] 张艳博,李健,刘祥鑫,等.侧压对巷道岩爆声发射及损伤特性影响试验研究[J].地下空间与工程学报,2016,12(5):1192-1197.

[113] 张建中,宋良玉.地震 b 值的估计方法及其标准误差:应用蒙特卡罗方法估计 b 值精度[J].地震学报,1981,3(3):292-301.

[114] 董陇军,张凌云.岩石破坏声发射 b 值的误差分析[J].长江科学院院报,2020,37(8):75-81.

[115] 曾正文,马瑾,刘力强,等.岩石破裂扩展过程中的声发射 b 值动态特征及意义[J].地震地质,1995,17(1):7-12.

[116] 宋晓夏,唐跃刚,李伟,等.中梁山南矿构造煤吸附孔分形特征[J].煤炭学报,2013,38(1):134-139.

[117] 纪洪广,王基才,单晓云,等.混凝土材料声发射过程分形特征及其在断裂分析中的应用[J].岩石力学与工程学报,2001,20(6):801-804.

[118] CHENG G X, JIANG B, LI M, et al. Quantitative characterization of fracture structure in coal based on image processing and multifractal theory[J]. International journal of coal geology,2020,228:103566.

[119] SALAT H,MURCIO R,ARCAUTE E. Multifractal methodology[J]. Physica A: statistical mechanics and its applications,2017,473:467-487.

[120] BOULASSEL A,ZAOURAR N,GACI S,et al. A new multifractal analysis-based for identifying the reservoir fluid nature[J]. Journal of applied geophysics,2021,185:104185.

[121] 王笑然,王恩元,刘晓斐,等.裂隙砂岩裂纹扩展声发射响应及速率效应研究[J].岩石力学与工程学报,2018,37(6):1446-1458.

[122] 丁鑫,肖晓春,吕祥锋,等.煤体破裂分形特征与声发射规律研究[J].煤炭学报,2018,43(11):3080-3087.

[123] 高保彬,李回贵,李林,等.同组软硬煤煤样声发射及分形特征研究[J].岩石力学与工程学报,2014,33(增刊2):3498-3504.

[124] 李欣.基于径向基函数的声学法温度场重建算法研究[D].沈阳:沈阳工业大学,2014.

[125] 翟进乾.克里金(Kriging)插值方法在煤层分布检测中的应用研究[D].太原:太原理工大学,2008.

[126] 郝建,刘河清,刘建康,等.基于振动信号的岩石单轴抗压强度钻进预测实验研究[J].岩石力学与工程学报,2024,43(6):1406-1424.

[127] GRIGORYAN A M. Representation of the Fourier transform by Fourier series[J]. Journal of mathematical imaging and vision,2006,25(1):87-105.

[128] LAMOUCHI H,OMRI S. Time-frequency localization for the short time Fourier transform[J]. Integral transforms and special functions,2016,27(1):43-54.

[129] ZHANG R M, XU X F, TRUHLAR D G. Observing intramolecular vibrational energy redistribution via the short-time Fourier transform[J]. The journal of

physical chemistry A,2022,126(19):3006-3014.
[130] 何睿潇.基于小波包和优化支持向量机的火炮随动系统故障诊断研究[D].西安:西安工业大学,2023.
[131] HUANG S Y,KONG W Q,YANG J,et al. Distinguishing different lightning events based on wavelet packet transform of magnetic field signals [J]. Journal of atmospheric and solar-terrestrial physics,2020,211:105477.
[132] CORTEZ S A,BOKATI L,VELASCO A,et al. Why daubechies wavelets are so successful[J]. Journal of intelligent & fuzzy systems,43(6):6933-6938.
[133] 裴嵩,孙超.声发射信号的小波阈值降噪研究[J].舰船电子对抗,2023,46(5):88-91,116.
[134] 孙海亮,訾艳阳,何正嘉.多小波自适应分块阈值降噪及其在轧机齿轮故障诊断中的应用[J].振动工程学报,2013,26(1):127-134.
[135] 苗玉杰.岩石声发射信号处理小波基选择的探讨[J].计算机光盘软件与应用,2013,16(6):15-17.
[136] 王强,陈迅.岩层破裂微震信号小波分析中小波基的选取[J].电子设计工程,2016,24(21):126-128,131.
[137] ALTWAIJRY N,FEKI K,MINCULETE N. On some generalizations of Cauchy-Schwarz inequalities and their applications[J]. Symmetry,2023,15(2):304.
[138] 刘培森.基于自由基反应的易自燃煤低温氧化过程分析[J].煤矿安全,2018,49(7):164-166.
[139] 孙建国.化学活化煤自热驱动下的孔隙及结构演化机制[D].徐州:中国矿业大学,2022.
[140] 颜华,王善辉,刘丽钧,等.一种考虑声线弯曲的温度场重建算法[J].声学学报,2014,39(6):705-713.
[141] 颜华,张力男.声学CT温度场重建系统的收发器位置优化与实现[J].仪表技术与传感器,2020(2):87-91.
[142] HICKLING R,WEI W. Sound transmission in stored grain[J]. Applied acoustics,1995,45(1):1-8.
[143] HICKLING R, WEI W, HAGSTRUM D W. Studies of sound transmission in various types of stored grain for acoustic detection of insects[J]. Applied acoustics,1997,50(4):263-278.
[144] 邓军,屈高阳,任帅京,等.松散煤体中声波传播特性及主要路径实验研究[J].煤炭学报,2023,48(3):1238-1245.
[145] 唐俊.煤声速影响因素的实验考察及机制分析[D].东营:中国石油大学(华东),2014.
[146] 安连锁,王然,沈国清,等.声学CT算法重建炉内三维温度场的仿真研究[J].动力工程学报,2015,35(1):13-18.
[147] CAO J X,HE Z H,ZHU J S,et al. Conductivity tomography at two frequencies[J]. Geophysics,2003,68(2):516-522.
[148] 孙灿烽.声学层析成像温度场重建算法研究[D].沈阳:沈阳工业大学,2020.

[149] 新疆煤田灭火工程局.新疆维吾尔自治区第三次煤田火灾普查报告[R].乌鲁木齐:新疆煤田灭火工程局,2009.

[150] 傅娟,宁新宝,李德华.小波分析应用于对心电图信号实时处理的研究[J].南京大学学报(自然科学版),2004,40(2):245-250.

[151] 李海东,李青.基于阈值法的小波去噪算法研究[J].计算机技术与发展,2009,19(7):56-58.